개정판

퍼펙트
Perfect Physics 물리

물리 주관식 문제
완전정복

   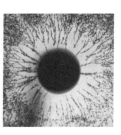

정완상 저

북스힐

개정판 서문

이번 개정판에서는 오해가 있을 만한 문제 일부를 다른 문제로 교체했고 현대 물리학 파트를 두 단원 보강했다. 물리학은 좋은 문제를 풀면서 그 과정에서 물리학의 기본공식과 원리가 어떻게 적용되는지를 아는 것이 중요하다. 그런 점에서 퍼펙트 물리는 일반물리학을 공부해야 하는 모든 사람들에게 큰 도움을 줄 수 있으리라고 생각한다.

일반물리학은 크게 힘과 운동을 다루는 역학, 전기와 자기를 다루는 전자기학, 빛의 물리를 다루는 광학, 열과 분자의 운동을 다루는 열물리학, 양자론과 방사선을 다루는 현대물리학으로 나누어지는데 이번 개정판을 통해 퍼펙트 물리는 이 모든 내용을 포함하게 되었다.

1장부터 9장까지는 역학과 관련된 문제들을 10장에서 15장까지는 전자기학과 관련된 문제들을, 16장에서 17장까지는 열물리학에 관한 문제들을, 18장에서 20장까지는 광학에 대한 문제들을 다루고 있고 새로 추가된 21장, 22장에서는 현대물리학에 대한 문제들을 다루고 있다. 21장에서는 양자론에 대한 기초적인 문제들을 22장에서는 방사선에 대한 기초적인 문제들을 다루고 있다.

이번 개정판을 통해 일반물리학의 문제 풀이를 필요로 하는 모든 학생들에게 큰 도움이 되기를 바란다.

2010년 1월
정완상

　물리학은 차근차근 개념과 원리를 쌓은 다음 접근해도 쉽지 않은 과목이다. 허나 지금의 학생들이나 수험생들은 적은 시간과 노력을 기울여 최대의 효과를 거두기를 원한다.

　저자는 강단에서 물리학을 가르치며 고등학교에서 물리를 제대로 익히지 않고 대학에 진학한 학생들이 많은 어려움을 겪는 것을 보았다. 꾸준한 시간과 인내가 필요한 물리학이지만, 그 학생들을 위해서는 당장 전공지식을 지탱해줄 수 있는, 기초를 탄탄히 하는 물리학 학습이 필요했다. 몇몇 학생들이 물리 스터디 그룹을 만들었고 저자는 그들의 고충을 함께하기로 했다. 그 학생들을 위해 투자했던 시간들이 이 책이 빚어지는 데 큰 공헌을 했다.

　물리학에서는 고등학생, 대학생, 또는 수험생과 같은 호칭 따위는 아무런 의미가 없다. 글을 해독하지 못한다면 초등교육을 받아야 하는 것처럼, 자기의 능력에 따라 공부의 난이도를 선택해야 한다. 물리학은 기초학문으로 어느 때에 배워야 하는가 하는 시기도 큰 의미가 없다. 우리 모두가 과학자일 필요는 없지만 누구나 과학에 대한 기본 실력이 있다면 생활의 원리를 이해하고 이를 유용하게 적용할 수 있을 것이다.

　이 책을 공부하는 학생(수험생)이 머릿속에 물리에 대한 기초개념을 조금이라도 가지고 있다면 행운아다. 개념정리가 되어 있다면 반은 공부가 되어 있는 상태이기 때문이다. 초등학교 시절부터 과학에 대한 호기심과 재미를 가지고 과학을 대하였으면 좋겠지만, 그렇지 못한다 해도 좌절할 필요는 없다. 지금부터 여러 번 반복해서 문제를 풀다 보면 그 길을 찾을 수 있을 것이다.

　《퍼펙트 물리》는 다양한 형태의 주관식 문제를 통해 실전에 대비할 수 있도록 한 책이다. 참고서처럼 부담 없이 접근하는 데 초점을 두고, 공식정리, 예제, 유제, 연습문제순으로 구성하였다. 각 단원에 있는 공식을 생각하며 예제를 이해한 후 유제에 도전하고 마지막으로 연습문제를 푼다면 기초 쌓기, 적용, 정리 과정을 통해 어느새 탄탄한 기초 지식을 습득하게 될 것이다. 겁부터 내지 말고 용기를 가지고 대담하게 접근한다면 물리 관련 시험에서 좋은 결과를 얻을 수 있을 것이다.

진주에서
정완상

차 례

Chapter 1   일차원운동 1

       FORMULA / 1   EXERCISE / 11

       TYPICAL PROBLEM / 2

Chapter 2   이삼차원운동 13

       FORMULA / 13   EXERCISE / 20

       TYPICAL PROBLEM / 15

Chapter 3   뉴턴의 운동법칙 I 23

       FORMULA / 23   EXERCISE / 32

       TYPICAL PROBLEM / 24

Chapter 4   뉴턴의 운동법칙 II 37

       FORMULA / 37   EXERCISE / 45

       TYPICAL PROBLEM / 38

Chapter 5   일과 에너지 49

       FORMULA / 49   EXERCISE / 59

       TYPICAL PROBLEM / 50

Chapter 6   운동량과 충격량 65

       FORMULA / 65   EXERCISE / 77

       TYPICAL PROBLEM / 67

Chapter 7   회전운동 81

       FORMULA / 81   EXERCISE / 92

       TYPICAL PROBLEM / 83

Chapter 8   평형과 중력 97

       FORMULA / 97   EXERCISE / 105

       TYPICAL PROBLEM / 98

Chapter 9   단조화운동 109

       FORMULA / 109   EXERCISE / 115

       TYPICAL PROBLEM / 110

Chapter 10   전하와 자기장 119

       FORMULA / 119   EXERCISE / 129
       TYPICAL PROBLEM / 121

Chapter 11   전기선속과 가우스법칙 133

       FORMULA / 133   EXERCISE / 138
       TYPICAL PROBLEM / 134

Chapter 12   전기퍼텐셜과 전기용량 141

       FORMULA / 141   EXERCISE / 151
       TYPICAL PROBLEM / 143

Chapter 13   저항과 전기회로 157

       FORMULA / 157   EXERCISE / 165
       TYPICAL PROBLEM / 158

Chapter 14   자기장 169

       FORMULA / 169   EXERCISE / 180
       TYPICAL PROBLEM / 171

Chapter 15   전자기 유도 185

       FORMULA / 185   EXERCISE / 196
       TYPICAL PROBLEM / 187

Chapter 16   열역학 제1법칙과 이상기체 201

       FORMULA / 201   EXERCISE / 210
       TYPICAL PROBLEM / 203

Chapter 17   열역학 제2법칙 215

       FORMULA / 215   EXERCISE / 220
       TYPICAL PROBLEM / 216

Chapter 18   빛의 반사 굴절 223

       FORMULA / 223   EXERCISE / 230
       TYPICAL PROBLEM / 225

Chapter 19   **거울과 렌즈** 233

FORMULA / 233   EXERCISE / 241
TYPICAL PROBLEM / 235

Chapter 20   **파동광학** 245

FORMULA / 245   EXERCISE / 252
TYPICAL PROBLEM / 248

Chapter 21   **양자론과 원자모형** 255

FORMULA / 255   EXERCISE / 261
TYPICAL PROBLEM / 257

Chapter 22   **핵과 방사선** 263

FORMULA / 263   EXERCISE / 268
TYPICAL PROBLEM / 265

부 록 - 해 답 271

chapter 1

일차원운동

FORMULA

1-1 평균속력 : $\bar{v}=\dfrac{\varDelta s}{\varDelta t}$ $\varDelta s$=움직인 거리, $\varDelta t$=움직인 시간

1-2 순간속력 : $v=\lim\limits_{\varDelta t\to 0}\dfrac{\varDelta s}{\varDelta t}=\dfrac{ds}{dt}=s-t$ 그래프에서 접선의 기울기

1-3 평균속도 : $\bar{v}=\dfrac{\varDelta x}{\varDelta t}$

$\varDelta x$=변위 = (나중 위치의 좌표)-(처음 위치의 좌표)

1-4 순간속도 $v=\lim\limits_{\varDelta t\to 0}\dfrac{\varDelta x}{\varDelta t}=\dfrac{dx}{dt}=x-t$ 그래프에서 접선의 기울기

1-5 평균가속도 : $\bar{a}=\dfrac{\varDelta v}{\varDelta t}$, $\varDelta v$=속도변화 = (나중속도)-(처음 속도)

1-6 순간가속도 : $a=\lim\limits_{\varDelta t\to 0}\dfrac{\varDelta v}{\varDelta t}=\dfrac{dv}{dt}=v-t$ 그래프에서 접선의 기울기

1-7 등가속도 운동

$v=v_0+at$, $x=x_0+v_0t+\dfrac{1}{2}at^2$, $v^2-v_0^2=2a(x-x_0)$

x_0 : 물체의 처음 위치, v_0 : 물체의 처음 속도

1-8 자유낙하운동

$v=gt$, $s=\dfrac{1}{2}gt^2$: 낙하거리. $v^2=2gs$ ($g\cong 10\,\mathrm{m/s^2}$)

1-9 연직투상운동(속도 v_0로 위로 던져진 경우)

$v=v_0-gt$, $x=v_0t-\dfrac{1}{2}gt^2$: 바닥에서의 높이

$T=\dfrac{v_0}{g}$: 최고높이 도달 시간, $H=\dfrac{v_0{}^2}{2g}$: 최고높이

TYPICAL PROBLEMS

예제 1 평균속력 A

자동차가 어떤 일직선 도로를 달리는 데 처음 100km는 20km/h의 속력으로 다음 100km는 25km/h의 속력으로 그 다음 100km는 100km/h의 속력으로 달렸다. 이 자동차가 300km를 달리는 동안의 평균속력은 얼마인가?

풀이 각 구간을 움직이는 걸린 시간을 구해보자.

속력이 다른 세 구간으로 나누어진다. 이제 각 구간에 걸린 시간 t_1, t_2, t_3 구해보자.

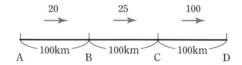

AB구간 : $t_1 = \dfrac{100}{20} = 5\,\text{h}$

BC구간 : $t_2 = \dfrac{100}{25} = 4\,\text{h}$

CD구간 : $t_3 = \dfrac{100}{100} = 1\,\text{h}$

따라서 전체 걸린 시간은 $t_1 + t_2 + t_3 = 10\,\text{h}$이다. 전체 걸린 시간은 10시간이고 이동거리는 300km이므로 이 자동차의 평균속력은 $\bar{v} = \dfrac{300}{10} = 30\,\text{km/h}$이다.

이것을 그래프로 그리면 다음 그림과 같이 빨간 선으로 표시된 직선의 기울기가 바로 구하는 평균속력이다.

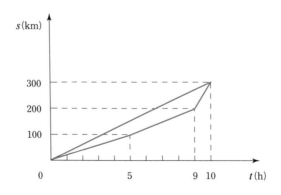

문제 1-1   자동차로 서울에서 대전을 갔다가 다시 같은 길을 따라 대전에서 서울로 되돌아온 다고 하자. 올 때 속력이 갈 때 속력의 3배라고 할 때 서울–대전을 왕복할 때의 평균속력은 갈 때 속력의 몇 배인가?

예제 2   **평균속력 B**

어떤 거리를 여행하는 데 전체 시간의 $\frac{2}{3}$는 60km/h의 속력으로 갔고 나머지 시간 동안에는 30km/h의 속력으로 갔다. 이때 평균속력은 얼마인가?

풀이   시간도 거리도 모른다. 하지만 전체 시간이 속력이 다른 두 부분으로 이루어져 있다. 이럴 때는 움직인 전체 시간을 T라고 놓자.

$$\frac{2}{3}T \text{ 시간 동안 움직인 거리} = 60 \times \frac{2}{3}T = 40T$$

$$\frac{1}{3}T \text{ 시간 동안 움직인 거리} = 30 \times \frac{1}{3}T = 10T$$

따라서 움직인 전체 거리 $= 40T + 10T = 50T$, 움직인 전체 시간 $= T$
따라서 평균속력을 $\bar{v}$라고 하면

$$\bar{v} = \frac{50T}{T} = 50 \,(\text{km/h})$$

····note

만일 어떤 사람이 전체 거리를 움직이는 데 N개의 구간 동안 평균속력이 달라진다고 하자. 예를 들어 시간 t_1동안은 평균속력 v_1으로 시간 t_2 동안은 평균속력 v_2로 해서 마지막으로 시간 t_n 동안은 평균속력 v_n으로 움직였다고 하자. 이때 전체 움직인 시간은 $\sum_{k=1}^{N} t_k$이고 전체 움직인 거리는 $\sum_{k=1}^{N} v_k t_k$이므로 전체 구간에 대한 평균속력 $\bar{v}$는 다음과 같다.

$$\bar{v} = \frac{\displaystyle\sum_{k=1}^{N} v_k t_k}{\displaystyle\sum_{k=1}^{N} t_k}$$

따라서 평균속력은 각 구간별로 달라지는 속력의 평균이다.

문제 1-2   어떤 사람이 100m의 거리를 왕복하는 데 갈 때 걸린 시간과 올 때 걸린 시간의 비 가 2 : 3 이고 전체 거리에 대한 평균속력은 4m/s였다. 이 사람이 갈 때 걸린 시간 을 구하라.

예제 3 순간속력

그림은 직선 위에서 운동하는 어떤 물체의 이동거리와 시간과의 그래프이다. A, B 사이의 평균속력을 $\bar{v}$, A, B에서의 순간속력을 각각 v_A, v_B라고 할 때 이들을 작은 것부터 차례로 써라.

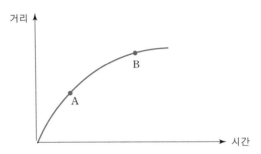

풀이 $\bar{v}$는 선분 AB의 기울기이고 v_A, v_B는 각각 A, B에서 접선의 기울기이다. 이것을 그래프에 나타내면 다음과 같다.

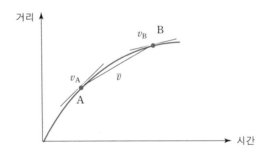

따라서 $v_B < \bar{v} < v_A$ 이다.

문제 1-3 다음 그림은 처음 정지해 있던 물체가 수평면 위에서 한쪽 방향으로 직선운동을 할 때 이동거리와 시간 사이의 그래프이다. 3초 때 이 물체의 순간속력은?

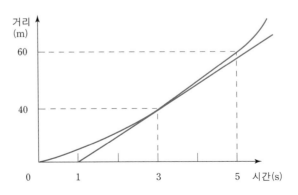

예제 4 평균속도

어떤 물체가 $t=0$일 때 $x=+5\mathrm{m}$에 $t=6s$일 때 $x=-7\mathrm{m}$에 $t=10s$일 때 $x=+2\mathrm{m}$에 있다. $t=0$에서 $t=10s$까지의 시간간격 동안 다음을 구하라.

(1) 평균속도

(2) 평균속력

풀이 (1) $\Delta x=(+2)-(+5)=-3\,(\mathrm{m})$, $\Delta t=10\,\mathrm{s}$이므로

$$\overline{v}=\frac{\Delta x}{\Delta t}=\frac{-3}{10}=-0.3\ (\mathrm{m/s})$$

(2) $t=0$에서 $t=6s$까지 움직인 거리는 12m이고 $t=6s$에서 $t=10s$까지 움직인 거리는 9m이므로 전체 움직인 거리는

$$\Delta s=12+9=21\ (\mathrm{m})\qquad \therefore\ \overline{v}=\frac{\Delta s}{\Delta t}=\frac{21}{10}=2.1\ (\mathrm{m/s})$$

문제 1-4 어떤 사람이 정지상태에 있다가 3초 후 오른쪽으로 6m를 갔고 그 다음 3초 후 왼쪽으로 6m를 갔다. 이 사람의 6초 동안의 평균속도를 구하라.

문제 1-5 다음은 일직선으로 뻗어있는 도로 상에서 주행연습을 하고 있는 자동차의 운동을 조사하여 얻은 위치 시간 그래프이다.

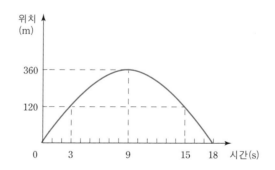

이 자동차의 운동에 대해 다음 물음에 답하라.
(1) 이 자동차가 운동 방향을 바꾸는 시각은?
(2) 15초 동안 이 자동차의 평균속도는?
(3) 15초 동안 이 자동차의 평균속력은?

예제 5 순간속도

다음은 원점에서 출발하여 일직선을 따라 움직이는 어떤 자동차의 위치 시간의 그래프이다. 물음에 답하라.

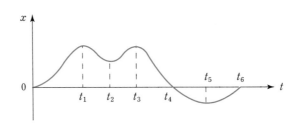

(1) 자동차의 순간속도가 0인 시각은?

(2) 자동차가 방향을 바꾸는 시각은?

(3) 자동차가 오른쪽으로 달리는 시간대는?

(4) 자동차가 왼쪽으로 달리는 시간대는?

풀•I   순간속도 $\dfrac{dx}{dt}$ 는 $x-t$ 그래프의 그 점에서 접선의 기울기이다.

(1) 접선의 기울기가 0인 곳이다.

∴ t_1, t_2, t_3, t_5

(2) 방향을 바꾸는 곳은 순간속도가 0인 곳이다.

∴ t_1, t_2, t_3, t_5

(3) 순간속도가 (+)인 곳이다.

$0 \sim t_1$, $t_2 \sim t_3$, $t_5 \sim t_6$

(4) 순간속도가 (−)인 곳이다.

$t_1 \sim t_2$, $t_3 \sim t_5$

문제 1-b   다음 그래프는 어떤 사람이 처음 원점에 정지해 있다가 오른쪽으로 움직이기 시작
한 후 9초 동안 그 사람의 위치를 기록한 위치 시간 그래프이다. 이 사람이 원점의
왼쪽에 있는 시간은?

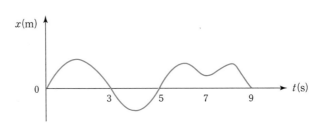

예제 b   등가속도운동

버스와 트럭이 나란히 달리고 있다. 버스가 트럭보다 2m 앞에 있을 때 버스의 속력

은 4m/s이고 트럭의 속력은 8m/s이다. 그 순간부터 버스는 일정한 속도로 움직이고 트럭은 브레이크를 밟아 일정한 가속도 감속시켰다. 버스와 트럭이 충돌하지 않기 위한 트럭의 가속도의 크기의 최소값은 몇 m/s^{2}인가?

풀이 버스가 트럭보다 2m 앞에 있을 때 두 차의 위치를 그림으로 나타내면 다음 그림과 같다.

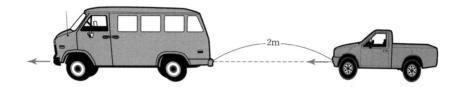

이 순간으로부터 t초 동안 버스가 움직인 거리는 $4t$ m이고 트럭의 가속도의 크기를 a라고 하면 트럭이 움직인 거리는 $\left(8t - \frac{1}{2} at^2\right)$이다.

따라서 버스가 움직인 거리와 2m와의 합이 트럭이 움직인 거리보다 클 때 두 차는 충돌을 하지 않는다.

$$4t + 2 > 8t - \frac{1}{2} at^2, \quad at^2 - 8t + 4 > 0$$

이것이 모든 t에 대해 성립해야하므로 판별식이 0보다 작거나 같아야한다.

즉 (판별식) $= 16 - 4a \leq 0. \quad \therefore a \geq 4$

그러므로 구하는 최소 가속도의 크기는 $4 \, \text{m/s}^2$이다.

문제 1-7 하니가 플랫폼을 7m/s의 일정한 속력으로 달려가고 있는 데 하니의 전방 10m 지점에 정지해 있던 기차가 $2 \, \text{m/s}^2$의 일정한 가속도로 출발했다. 하니가 같은 속도로 달릴 때 하니가 기차를 타는 시간은 기차 출발 후 몇 초와 몇 초 사이인가?

예제 7 **속도-시간 그래프**

일직선운동을 하는 어떤 물체의 속도-시간 그래프가 다음과 같다.

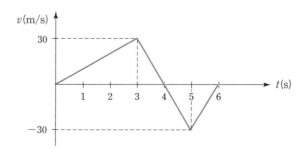

(1) 물체가 처음 위치에서 가장 멀리 떨어져 있을 때는 출발 후 몇 초 후인가?

(2) 6초 후 이 물체의 위치는 처음 위치에서 얼마나 떨어져 있는가?

[풀·이] (1) 속도 – 시간 그래프에서 속도가 양수인 곳은 물체가 오른쪽으로 움직이고 있음을 나타내고 속도가 음수인 곳은 물체가 왼쪽으로 가고 있음을 나타낸다.

따라서 이 물체는 처음 4초 동안은 오른쪽으로 가다가 방향을 바꿔 왼쪽으로 움직여 6초 때는 제자리에 온다. 그러므로 원점에서 가장 멀리 떨어져 있을 때는 출발 후 4초일 때이다.

(2) 속도 – 시간 그래프에서 속도가 양수인 곳의 넓이는 오른쪽으로 간 거리를 속도가 음수인 곳의 넓이는 왼쪽으로 간 거리를 나타낸다.

$$(오른쪽으로 움직인 거리) = \frac{1}{2} \times 4 \times 30 = 60\text{m}$$

$$(왼쪽으로 움직인 거리) = \frac{1}{2} \times 2 \times 30 = 30\text{m}$$

즉 이 물체는 6초 후 처음 위치로부터 60-30 = 30m 떨어진 오른쪽에 있다.

[문제] 1-8   다음 속도 시간 그래프에 대해 물체가 20초 동안 움직인 거리를 구하라.

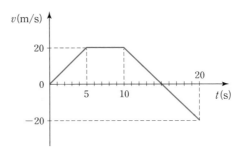

[예제] 8   자유낙하 A

샤워꼭지에서 물이 아래로 똑똑 떨어지고 있다. 물방울은 일정한 시간간격으로 떨어지고 샤워꼭지의 높이는 h이다. 다섯 번째 물방울이 샤워꼭지에서 나오는 순간 첫 번째 물방울이 바닥에 닿았다. 이 순간 두 번째 물방울과 네 번째 물방울의 낙하거리의 비는?

[풀·이]   일정한 시간 간격을 T라고 하면

5번째 물방울이 출발할 때 1번 물방울은 $4T$ 낙하한다.

$$\therefore \ h = \frac{1}{2} g(4T)^2 \qquad \therefore \ T^2 = \frac{h}{8g}$$

그 때 2번 물방울은 $3T$ 동안, 4번 물방울은 T 동안 낙하했으므로 각각의

낙하거리를 h_2, h_4라고 하면

$$h_2 = \frac{1}{2}\, g(3T)^2 = \frac{9}{2}\, gT^2 = \frac{9}{16}\, h$$

$$h_4 = \frac{1}{2}\, gT^2 = \frac{1}{16}\, h$$

$$\therefore \quad h_2 : h_4 = 9 : 1$$

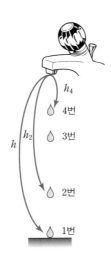

문제 1-9 높이 125m인 다리 위에서 첫 번째 돌이 강으로 떨어졌다. 첫 번째 돌이 떨어지고 2초 후 두 번째 돌이 강의 수면에서 v의 속도로 위로 수직으로 던져졌다. 두 돌이 동시에 강에 떨어졌다면 v는 얼마인가?

문제 1-10 첫 번째 공이 자유낙하를 하고 1초 후 15m/s의 속력으로 두 번 째 공을 연직 아래로 던졌다. 두 공은 첫 번째 공이 낙하하고 나서 몇 초 후에 충돌하는가?

예제 9 자유낙하 B

아파트 옥상에서 공이 떨어졌다. 아파트에 사는 김관측씨는 베란다를 청소하다가 유리창 맨 위에 공이 나타나는 순간부터 공이 유리창의 맨 아래 지점을 지나 사라질 때까지 1초가 걸렸다는 것을 알았다. 이 공은 바닥에 부딪친 후 같은 속력으로 다시 튀어 올라 김관측씨의 유리창 맨 아래 지점에 나타날 때 까지 다시 2초가 걸렸다. 유리창의 높이가 15m일 때 이 아파트의 높이는 얼마인가?

풀이 그림을 보라. y_1 낙하했을 때의 속도를 v_1, y_2 낙하했을 때의 속도를 v_2라고 하면 v_2는 v_1보다 1초 후의 속도이므로 $v_2 = v_1 + g \times 1$

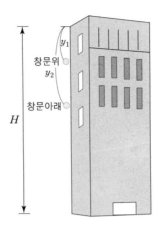

$$\therefore \quad v_2 = v_1 + 10 \tag{A}$$

1 초 동안 유리창의 길이(15m) 만큼 낙하하므로 $15 = v_1 \times 1 + \dfrac{1}{2} g \times 1^2$

$$\therefore \quad v_1 = 10 \,(\mathrm{m/s}) \tag{B}$$

(B)를 (A)에 넣으면

$$v_2 = 20 \,(\mathrm{m/s}) \tag{C}$$

공이 창문아래를 떠나 바닥에 부딪친 후 다시 창문 아래로 오는 데 2초 걸렸으므로 공이 창문아래에서 바닥에 닿을 때까지 걸린 시간은 1초이다. 이 시간 동안 공은 $H - y_2$ 낙하하므로 $H - y_2 = v_2 \times 1 + \dfrac{1}{2} g \times 1^2$

$$\therefore \quad H - y_2 = 25 \tag{D}$$

한편 옥상을 떠난 공이 y_1 낙하하는 데 걸린 시간을 T 라고 하면 y_2 낙하하는 데 걸린 시간은 $T + 1$이므로 $15 = y_2 - y_1 = \dfrac{1}{2} g(T+1)^2 - \dfrac{1}{2} g T^2$

$$\therefore \quad T = 1\,(\mathrm{s}) \qquad \therefore \quad y_2 = \frac{1}{2} g \times (1+1)^2 = 20\,(\mathrm{m}) \tag{E}$$

(D)(E)로부터 $H = 20 + 25 = 45\,(\mathrm{m})$

문제 **1-11** 공 A가 건물옥상에서 자유낙하하는 순간 공 B가 지면에서 연직 위로 던져졌다. 두 공이 부딪칠 때 공 A의 속력이 공 B의 속력의 두 배였다. 건물의 높이를 H 라고 할 때 두 공이 부딪친 지점의 바닥으로부터의 높이는?

EXERCISE

문제 1-12 v_0의 속력으로 움직이는 자동차가 브레이크를 걸어 거리 d만큼 가다가 멈췄다.
(1) 이 자동차의 가속도를 구하라.
(2) 이 자동차가 정지할 때까지 걸린 시간을 구하라.

문제 1-13   이고속군과 김저속군이 같은 지점에서 동시에 출발하여 일직선 도로를 따라 달리기 시합을 했다. 이고속군이 골인하고 2시간 뒤에 김저속군이 골인했다. 이고속군과 김저속군의 평균속력이 각각 5km/h, 4km/h라고 할 때 두 사람이 뛴 거리는 몇 km인가?

문제 1-14   시간 t(s) 동안 물체가 움직인 거리 s가 $s = 10 + 2t + 5t^2$ (m)로 주어질 때 2초 후 이 물체의 순간속력은?

문제 1-15 $t = 0$일 때 $x = 0$에 있던 물체가 시간 t(s) 후의 위치가 $x = 20t - 5t^2$(m)가 되었다고 하자. 이 물체가 처음으로 운동방향을 바꾸는 시각은?

문제 1-16   다음은 어떤 물체의 속도 시간 그래프이다. 이 물체의 5초 동안의 평균속도는?

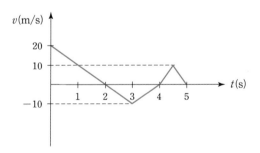

문제 1-17   20m/s의 속력으로 달리던 자동차가 벽으로부터 40m 떨어진 곳에 왔을 때 갑자기 브레이크를 밟아 일정한 비율로 속도가 줄어들어 4초 후 벽과 충돌하였다. 이 차의 벽과 충돌하는 순간의 차의 속도는?

문제 1-18   수면으로부터 80m 높이의 다리 위에서 공이 떨어졌다. 다리에서 16m 떨어진 곳에 있는 배가 이 공을 받으려면 다리를 향해 얼마의 일정한 속력으로 가야하는가?(단 배의 크기는 무시한다.)

문제 1-19 돌멩이 하나가 위로 던져졌다. 돌멩이가 올라가는 중에 어떤 지점에서 돌멩이의 속도는 v이고 그 보다 160m 위의 지점에서 돌멩이의 속도는 $\frac{v}{3}$이다. 이때 v의 값은 얼마인가?

문제 1-20 승용차가 빨간 신호등 앞에 정지해있다. 신호등이 녹색으로 바뀌는 순간 트럭이 15m/s의 일정한 속도로 지나간다. 동시에 승용차는 $1.25\,\text{m/s}^2$의 가속도로 가속되었다. 승용차가 25m/s의 속도에 도달하면 이 속도로 계속 달린다고 하자. 승용차가 트럭을 추월하는 것은 몇 초 후인가?

문제 1-21 정지하고 있던 자동차가 거리 d를 가속도 a로 등가속도 직선운동을 한 다음 일정 속도에 도달한 후 이 때의 속도로 거리 d를 등속운동하였다. 이 자동차의 평균속력을 구하라.

문제 1-22 지면으로부터 높이 h인 곳에 정지하고 있던 물체가 자유낙하한다. 전체의 $\frac{1}{4}$을 낙하하는 데 시간 T가 걸렸다면 남은 거리를 낙하하는 데 걸린 시간을 구하라.

문제 1-23 높이가 h인 건물 옥상에서 물체를 속력 v_0로 연직상방으로 던지면 시간 T 후에 지면에 떨어지고 연직하방으로 같은 속력으로 던지면 시간 $\frac{T}{2}$ 후에 지면에 떨어진다. 이때 높이 h를 T로 나타내라.

chapter 2

이삼차원운동

FORMULA

2-1

속도 가속도

속도벡터 $\vec{v} = \dfrac{d\vec{r}}{dt}$ 가속도벡터 $\vec{a} = \dfrac{d\vec{v}}{dt}$ (변위벡터 $\vec{r}$)

2-2

수평으로 속도 v_0로 던진 물체의 운동

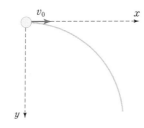

$x = v_0 t$

$y = \dfrac{1}{2} g t^2$: 낙하거리

2-3

수평과 각 θ를 이루며 속도 v_0로 비스듬히 던진 물체의 운동

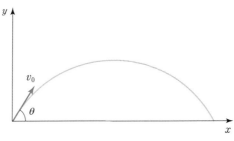

$x = (v_0 \cos\theta) t$

$y = (v_0 \sin\theta) t - \dfrac{1}{2} g t^2$

$y = (\tan\theta) x - \dfrac{g}{2(v_0 \cos\theta)^2} x^2$

최고높이 도달시간 $T = \dfrac{v_0 \sin\theta}{g}$

최고높이 $H = \dfrac{v_0^2 \sin^2\theta}{2g}$

수평도달거리 $R = \dfrac{v_0^2 \sin 2\theta}{g}$

2 -4   속도의 덧셈

$$\vec{V} = \vec{U} + \vec{W}$$

실제속도가 $\vec{U}$인 사람이 속도 $\vec{W}$로 움직이는 기차에서 기차와 같은 방향으로 움직일 때 기차 밖의 정지해 있는 사람이 보는 사람의 속도가 $\vec{V}$이다.

2 -5   상대속도

$$\vec{V} = \vec{U} - \vec{W}$$

실제속도가 $\vec{U}$인 물체를 속도 $\vec{W}$로 움직이는 관찰자가 볼 때 보이는 속도는 $\vec{V}$이다.

2 -6   구심가속도

$$a = \dfrac{v^2}{r}$$

r : 원운동의 반지름, v : 물체의 속도

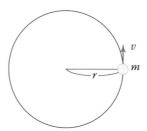

TYPICAL PROBLEMS

예제 1 이차원운동

그림과 같이 미애가 4m/s의 일정한 속도로 가고 있을 때 정지해 있던 철이는 일정한 가속도로 가속해 1초 후 두 사람은 부딪쳤다. 이때 철이의 가속도는 얼마인가?

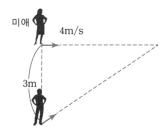

풀이 철이의 가속도를 a라고 하자.

(1초동안 미애가 간 거리) $= 4 \times 1 = 4(\text{m})$

(1초동안 철이가 간 거리) $= \dfrac{1}{2}a \times 1^2 = \dfrac{a}{2}(\text{m})$

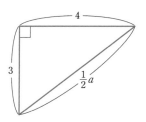

피타고라스 정리에 의해 $\left(\dfrac{a}{2}\right)^2 = 3^3 + 4^2$ ∴ $a = 10(\text{m/s}^2)$

문제 2-1 북쪽으로 16m/s의 속도로 5초 동안 운동하던 물체가 5초 후에 동쪽으로 12m/s의 속도로 5초 동안 운동을 하였다. 그 동안의 물체의 평균속도는?

예제 2 포물선운동

그림과 같이 40m/s의 일정한 속도로 500m 상공을 날아가는 비행기에서 목표지점에 폭탄을 투척하려고 한다. 비행기의 위치에서 목표지점까지 지상에서는 거리가 얼마일 때 폭탄을 떨어뜨리면 목표지점에 명중하는가?

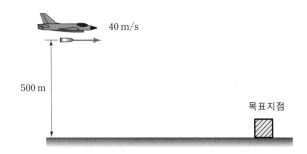

[풀·이]   폭탄은 40m/s의 초속도로 포물선운동을 한다.

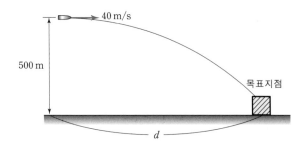

목표지점에 부딪치는 시간을 t 라고 하자.

$$500 = \frac{1}{2} g t^2 \qquad \qquad \therefore \quad t = 10$$

$$\therefore \quad d = 40t = 40 \times 10 = 400 \,(\text{m})$$

[문제] 2-2   김마처씨는 동그란 표적판 위의 중앙점을 향해 표창을 수평으로 20m/s의 속도로 던졌다. 이 표창은 중앙점보다 20cm 낮은 곳에 꽂혔다. 김마처씨는 표적판에서 얼마나 떨어진 곳에 있는가?

[예제] **3**   **비스듬히 던진 물체의 운동 A**

그림과 같이 공을 20m/s의 속력으로 수평면과 60°를 이루는 방향으로 벽을 향해 던진다. 벽과 사람사이의 거리는 20m이다.

(1) 이 공은 공중에 몇 초 동안 머무르는가?

(2) 공이 부딪친 지점의 높이는?

(3) 공은 최고높이를 지난 후 벽과 부딪쳤는가? 아니면 최고높이를 지나기 전에 벽과 부딪쳤는가?

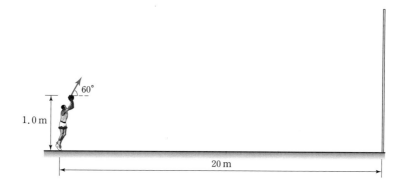

풀이 (1) 공이 벽과 부딪치는 시간을 T 라고 하면

$$(20 \times \cos 60°) \times T = 20 \qquad \therefore \; T = 2 \, (\text{s})$$

(2) 공을 던진 곳으로부터 벽에 부딪친 지점까지의 높이를 y 라고 하면

$$y = (20 \times \sin 60°) \times T - \frac{1}{2}\,gT^2 = 20(\sqrt{3}-1) \, (\text{m})$$

$$\therefore \; (\text{구하는 높이}) = y + 1 = (20\sqrt{3} - 19) \, (\text{m})$$

(3) $v_y = 20 \times \sin 60° - gT = (10\sqrt{3} - 20) \, (\text{m/s})$

$v_y < 0$이므로 공은 최고높이를 지난 후에 벽과 부딪친다.

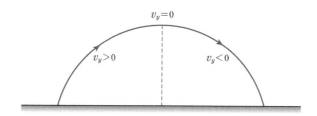

문제 2-3 어떤 물체를 수평방향과 각 θ를 이루는 방향을 향하여 v_0의 속도로 던졌을 때 최고 높이를 H, 수평도달거리를 R이라고 할 때 $\dfrac{H}{R}$를 θ로 나타내라.

예제 4 비스듬히 던진 물체의 운동 B

그림에 보이는 것처럼 이투구씨는 벽에 매달린 광주리에 공을 넣는다. 이투구씨는 얼마의 속력으로 공을 던졌는가?

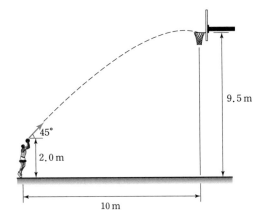

[풀·이]   좌표축을 다음과 같이 도입하자.

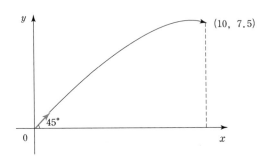

$$y = (\tan 45°)x - \frac{g}{2(v_0 \cos 45°)^2} x^2$$

이 $(10, 7.5)$을 지나므로

$$7.5 = 10 - \frac{1000}{v_0^2} \qquad \therefore v_0 = 20 \, (\text{m/s})$$

[문제] 2-4   그림에서처럼 너비가 W인 도랑을 오토바이가 건너기 위한 오토바이의 최소속력 v_0
를 구하라.

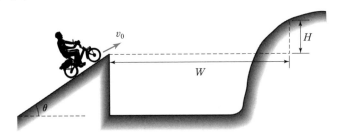

예제 5 **속도의 덧셈**

영희는 고요한 물에서 4m/s의 속력으로 배를 저을 수 있다. 영희는 강폭이 100m인 강을 이 배로 건너려고 한다. 강물이 3m/s의 속력으로 오른쪽으로 흐른다고 하자. 출발지점에서 바로 반대되는 지점에 도착하기 위해서는 뱃머리를 어떤 방향으로 해야 하며 그때 걸리는 시간은 얼마인가?

풀이 배의 속도는 고요한 물에서의 배의 속도에 강물의 속도가 더해지게 된다. 따라서 뱃머리를 똑바로 향하면 강물의 속도와 더해져 배는 오른쪽으로 기울어져 나아간다. 즉 두 속도의 합의 방향이다.

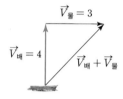

따라서 배가 똑바로 나아가기 위해서는 뱃머리를 왼쪽으로 향해 배의 속도와 강물의 속도의 합이 강폭의 방향이 되도록 해야 한다.

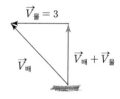

이때 두 속도의 합의 크기는 피타고라스 정리에 의해 $\sqrt{7}$m/s가 되므로 이 속도로 배가 100m를 가는 데 걸리는 시간은 $\frac{100}{\sqrt{7}}$ 초가 된다.

문제 2-5 위 문제에서 가장 시간이 적게 걸리려면 뱃머리를 어떤 방향으로 해야하며 그때 걸리는 시간은 얼마인가?

EXERCISE

문제 **2-6**   어떤 물체의 속도가 $\vec{v}=t^3\hat{i}+t^4\hat{j}(m/s)$일 때 1초 후 이 물체의 가속도의 크기는?

문제 **2-7**   높이가 45cm인 책상위에서 수평으로 굴러떨어진 구슬이 책상끝에서 30cm 떨어진 바닥에 부딪쳤다. 이 구슬이 책상을 떠나는 순간의 구슬의 속력은?

문제 **2-8**   어떤 물체를 수평방향과 각 $(45°+\theta)$를 이루는 방향을 향하여 v_0의 속도로 던졌을 때 수평도달 거리를 R이라고 하자. 이 물체를 수평방향과 각 $(45°-\theta)$를 이루는 방향으로 같은 속도로 던질 때 수평도달 거리는?

문제 **2-9**   위도 λ인 곳에서 지구자전 때문에 받게되는 구심가속도는 적도지방의 구심가속도의 몇 배인가?

문제 **2-10**   육상선수가 원형트랙의 둘레를 $10 \ m/s^2$의 구심가속도를 받으며 10m/s의 속력으로 달린다. 이 원형트랙의 반지름은?

문제 **2-11**   원판이 1분에 1200바퀴를 돈다. 원판의 반지름이 2m일 때 원판의 가장자리에서 구심가속도의 크기는?

문제 **2-12**   어느 지하철 역에 에스컬레이터가 있다. 태호는 정지해 있는 에스컬레이터를 걸어 올라갔더니 30초가 걸렸고 미애는 움직이는 에스컬레이터를 타고 서 있었더니 20초가 걸렸다. 태호가 이 에스컬레이터를 타고 걸어 올라가면 몇 초 걸리는가?

문제 **2-13**   한강애씨는 물이 고요할 때 4m/s의 속력으로 배를 저을 수 있다. 2m/s의 속력으로 흐르는 강물에서 강물이 흐르는 방향으로 12m를 왕복하는 데 걸리는 시간은?

문제 **2-14**   이강차선수가 럭비공을 10m/s의 속력으로 수평방향과 30°를 이루는 방향으로 던졌다. 공이 날아가는 방향으로 이강차선수보다 $\sqrt{3}$m 앞에 있던 김등속선수가 이 공을 받기 위해서는 얼마의 평균속력으로 달려야하는가?

문제 **2-15**   그림과 같이 100m 높이의 절벽 위에서 10m/s의 속력으로 30°의 각을 이루며 포물체가 발사되었다. 이 포물체는 절벽 끝으로부터 몇 m 되는 지점에 떨어지는가?

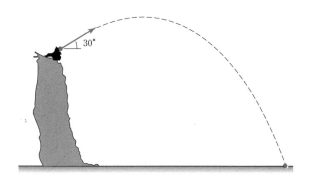

문제 **2-16**   그림과 같이 비행기가 10m/s의 속력으로 수평방향과 아래로 30°의 각을 이루며 내려오면서 폭탄을 떨어뜨려 목표지점에 명중시켰다. 폭탄을 투하한 순간 비행기의 높이는?

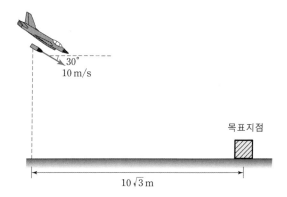

문제 **2-17**   기차가 60km/h의 속도로 오른쪽으로 달리고 있을 때 유리창을 통해 본 빗방울의 방향은 연직선에서 45° 후방으로 기울어져 있다. 기차가 정지해 있을 때 비는 연직방향으로 떨어진다고 하자. 빗방울의 낙하속도는 얼마인가?

문제 **2-18**   다음 그림과 같이 수평면에서 작은 공을 속력 v_0로 비스듬히 위로 던져 올렸다. 공이 P점에 도착할 때까지의 시간을 t_1, P점에서 지면에 닿을 때까지의 시간을 t_2라고 할 때 P점의 높이를 t_1, t_2로 나타내라.

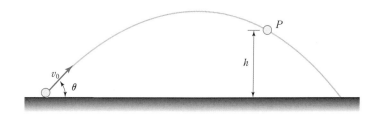

문제 2-19   그림과 같이 포수가 나무 위의 원숭이를 향해 총구를 겨누고 있다. 포수가 총을 쏘
는 순간 원숭이가 나무에서 자유낙하한다고 할 때 원숭이는 총에 맞겠는가?

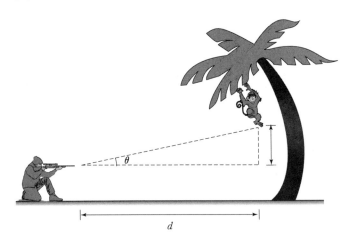

chapter 3

뉴턴의 운동법칙 I

FORMULA

3 – 1 두 힘의 합력

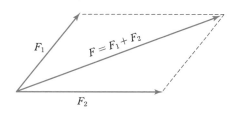

3 – 2 힘의 분해

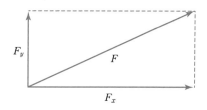

3 – 3 뉴턴의 운동법칙

$$\vec{F} = m\vec{a}$$

(여기서 $\vec{F}$는 물체에 작용한 합력이다.)

3 – 4 작용반작용

$$\overrightarrow{F_{AB}} = - \overrightarrow{F_{BA}}$$

A가 B에 작용한 힘과 똑같은 크기의 방향이 반대인 힘을 B는 A에게 작용한다.

TYPICAL PROBLEMS

예제 1 줄의 장력 응용

그림과 같이 질량이 각각 m_1, m_2, m_3인 새 개의 추가 질량을 무시할 수 있는 세 개의 줄 A, B, C에 매달려 있다. 이때 세 줄의 장력 T_A, T_B, T_C 를 구하라.

풀이 줄의 장력을 줄에 모두 표시하면 오른쪽 그림과 같다.
각각의 추에 대한 평형조건을 쓰자.

$$m_3) \quad m_3g = T_C \tag{1}$$

$$m_2) \quad m_2g + T_C = T_B \tag{2}$$

$$m_1) \quad m_1g + T_B = T_A \tag{3}$$

(1), (2), (3)을 연립하면

$$T_A = (m_1 + m_2 + m_3)g$$

$$T_B = (m_2 + m_3)g$$

$$T_C = m_3g$$

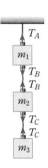

문제 3-1 그림에서 10kg 추와 20kg 추사이의 줄의 장력을 구하라.

예제 2 **두 개의 연결된 블록**

질량이 각각 M, m인 두 개의 블록이 그림과 같이 줄에 매달려 있다. 블록과 수평면 사이의 마찰을 무시할 때 다음을 구하라.

(1) 블록의 가속도

(2) 줄의 장력

풀이 마찰이 없으므로 m이 M보다 작아도 내려간다.

그림과 같이 장력과 힘을 표시하자.

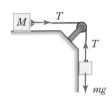

블록의 가속도를 a라 하고 두 블록에 대한 식을 세우면

m) $ma = mg - T$

M) $Ma = T$

두 식을 더하면 $(m + M)a = mg$

$$\therefore \quad a = \frac{m}{m+M} g, \quad T = \frac{mM}{M+m} g$$

문제 3-2 다음 그림과 같이 마찰이 없는 책상면 위에 2kg의 물체 A를 놓고 고정도르래를 통해 3kg의 물체 B를 매어 달았다. B가 2m 내려왔을 때 물체 A의 속력을 구하라. (실의 질량과 마찰은 무시한다.)

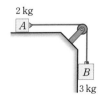

예제 3 접촉하고 있는 블록

질량이 각각 m_1, m_2인 두 블록이 마찰이 없는 면 위에 그림과 같이 붙어 있다.

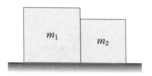

(1) 힘 F가 왼쪽에서 가해질 때 가속도 a와 두 블록 사이의 접촉력의 크기를 구하라.

(2) 힘 F가 오른쪽에서 가해질 때 가속도 a와 두 블록 사이의 접촉력의 크기를 구하라.

풀이 (1) m_1이 m_2를 미는 힘을 f라 하자. 작용과 반작용에 의해 m_2가 m_1을 미는 힘은 f와 크기는 같고 방향은 반대이다. 두 물체사이의 접촉력은 바로 이 힘의 크기인 f이다. 그림과 같이 모든 힘을 표시하자.
두 블록에 대한 운동방정식을 쓰자.

$$m_1) \quad m_1 a = F - f \qquad m_2) \quad m_2 a = f$$

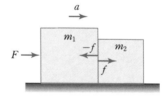

두 식을 연립하여 풀면

$$a = \frac{F}{m_1 + m_2}, \qquad f = \frac{m_2 F}{m_1 + m_2}$$

(2) m_2가 m_1을 미는 힘을 f'이라 하자. 작용과 반작용에 의해 m_1이 m_2를 미는 힘은 f'과 크기는 같고 방향은 반대이다. 두 물체사이의 접촉력은 바로 이 힘의 크기인 f'이다. 그림과 같이 모든 힘을 표시하자.
두 블록에 대한 운동방정식을 쓰자.

$$m_1) \quad m_1 a = f' \qquad m_2) \quad m_2 a = F - f'$$

두 식을 연립하여 풀면

$$a = \frac{F}{m_1 + m_2}, \qquad f' = \frac{m_1 F}{m_1 + m_2}$$

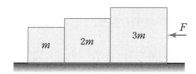

문제 **3-3** 그림과 같이 질량이 각각 m, $2m$, $3m$인 세 개의 블록을 힘 F로 밀었을 때 가속도를 구하라.

예제 **4** **줄로 연결된 블록들**

그림과 같이 마찰이 없는 면 위에 질량이 각각 m_1, m_2, m_3인 세 개의 블록이 연결되어 오른쪽으로 T_3의 힘으로 당겨지고 있다.

(1) 전체의 가속도를 구하라.

(2) 장력 T_1, T_2를 구하라.

풀이 (1) 장력의 방향을 다음 그림과 같이 표시하자.

각 블록에 대한 운동방정식을 쓰자.

$$m_1) \quad m_1 a = T_1$$
$$m_2) \quad m_2 a = T_2 - T_1$$
$$m_3) \quad m_3 a = T_3 - T_2$$

세 식을 모두 더하면

$$(m_1 + m_2 + m_3)a = T_3 \qquad \therefore \quad a = \frac{T_3}{m_1 + m_2 + m_3}$$

(2) $T_1 = m_1a = \dfrac{m_1 T_3}{m_1 + m_2 + m_3}$, $T_2 = T_1 + m_2a = \dfrac{(m_1 + m_2) T_3}{m_1 + m_2 + m_3}$

문제 3-4   다음 그림과 같이 질량이 각각 $2m$, $3m$인 두 물체를 질량을 무시할 수 있는 줄에 연결하여 한번은 a 방향으로 한번은 b 방향으로 크기가 F인 힘으로 잡아당길 때 각 경우 줄의 장력을 F로 나타내라.

예제 5   **경사면의 수직항력**

그림과 같이 경사면 위에 놓여있는 무게 20N의 블록이 힘 F에 의해 일정한 속력으로 들어 올려지고 있다.

(1) 힘 F를 구하라.

(2) 경사면의 수직항력 N을 구하라.

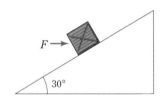

풀이   블록이 일정한 속도를 가지므로 블록에 작용하는 합력이 0이어야한다. 다음 그림을 보자.

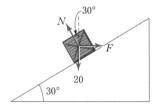

힘의 평형 조건을 쓰자.

수평) $F = N \sin 30°$ (1)

수직) $N \cos 30° = 20$ (2)

∴ $F = \dfrac{20}{\sqrt{3}}$ (N), $N = \dfrac{40}{\sqrt{3}}$ (N)

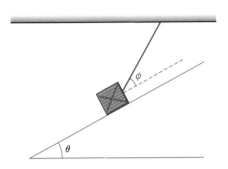

문제 3-5 그림과 같이 경사각 θ인 매끄러운 빗변 위에 무게 W인 물체가 가벼운 실로 천장에 매달려 있다. 이때 빗변에서 물체에 작용하는 수직항력을 구하라.

예제 b 판에서 줄을 당기는 문제

그림과 같이 지면 위에 놓인 질량 10kg의 판에 줄을 연결하여 질량을 무시할 수 있는 도르래에 걸었다. 그 한 끝을 판 위에 서 있는 질량 100kg인 사람이 끌어당긴다. 줄의 질량을 무시할 때 다음 물음에 답하라.

(1) 200N의 힘으로 줄을 잡아당길 때 사람이 판에 미치는 힘을 구하라.

(2) 판을 들어올리기 위해서는 최소 얼마의 힘으로 줄을 잡아당겨야 하는가?

풀이 (1) 사람이 줄을 T의 힘으로 잡아당기면 줄은 사람을 T의 힘으로 연직위방향으로 잡아당긴다.

사람이 판에 미치는 힘과 판이 사람을 받치는 힘은 작용과 반작용에 대해 같은 크기이다. 그것을 M이라고 하자. 그럼 사람에 작용하는 줄의 장력 T와 사람의 무게와 판의 수직항력 M이 평형을 이룬다.

그러므로 $T+M=$ 무게 $=1000$이고 $T=200$이므로 $M=800\,(\mathrm{N})$이다.

그러므로 사람은 800N의 힘으로 바닥을 누른다.

(2) 판이 지면을 누르는 힘은 지면의 수직항력과 크기가 같다. 그것을 N이라고 하면 $N=0$일 때 판은 지면과 분리된다.(즉 위로 올라간다.) 판에 작용하는 힘을 모두 표시하면 다음과 같다.

$$\therefore \ T+N=(사람무게)-T+(판무게)$$

$$\therefore \ \ N=(사람무게)+(판무게)-2T$$

여기서 $N=0$를 요구하면

$$2T=(사람무게)+(판무게)=1000+100$$
$$=1100\,(\mathrm{N})$$

$$\therefore \ T=550\,(\mathrm{N})$$

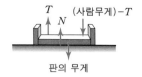

즉 550N 이상으로 줄을 잡아당기면 판이 위로 올라간다.

여기서 550N일 때는 위로 가속되는 힘이 없으므로 등속도로 올라가고 그보다 크면 가속되어 올라간다.

문제 3-6 위 문제에서 판이 $1\,\mathrm{m/s^2}$의 가속도로 올라가기 위해서는 얼마의 힘으로 줄을 잡아당겨야하는가?

예제 7   관성력

질량이 12kg인 기구가 $2\,\mathrm{m/s^2}$의 가속도로 아래로 내려오고 있다. 기구에 있는 모래를 버려 기구가 위로 $2\,\mathrm{m/s^2}$의 가속도로 올라가기 위해서는 몇 kg의 모래를 버려야하는가? (단 공기에 의한 위 방향의 부력은 달라지지 않는다고 가정하라.)

풀이 기구의 처음 질량을 M이라고 하자. ($M=12\mathrm{kg}$) 공기에 의한 위 방향의 부력을 F라고 하면 가속도 a로 내려갈 때 관성력의 크기는 Ma이고 방향은 위방향이다.

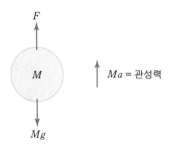

$$\therefore F + Ma = Mg \qquad \therefore F = M(g - a) = 96\,N$$

이제 버린 모래의 질량을 m이라고 하자. 그럼 기구의 질량은 $M - m$이 되고 이것이 위로 a의 가속도로 올라가므로 관성력은 아래 방향이고 그 크기는 $(M - m)\,a$이다. 이때 부력 역시 F이므로 다음과 같다.

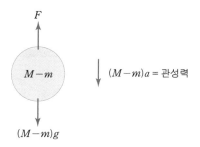

$$\therefore F = (M - m)\,(a + g) \qquad \therefore 96 = 12(12 - m) \quad \therefore m = 4\,(\text{kg})$$

[문제] 3-7 그림과 같은 열기구는 풍선내부의 공기의 양이나 온도를 변화시켜 상승하거나 하강할 수 있다. 열기구 전체의 질량이 M인 기구가 가속도 a로 낙하할 때 기구에서 질량 m인 물체를 가만히 놓아 떨어뜨렸더니 기구가 등속도로 낙하했다. 이때 기구의 부력 B와 공기 저항력 f가 변하지 않았다면 기구의 가속도 a는 중력가속도의 몇 배인가?

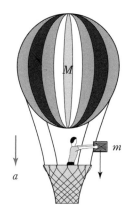

EXERCISE

문제 3-8 질량이 2kg인 상자가 그림과 같이 길이가 같은 두 줄에 매달려 있다. 이때 줄의 장력은?

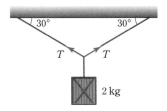

문제 3-9 20m/s로 달리는 자동차가 벽과 충돌하여 자동차 안의 질량 50kg인 사람이 40cm 앞으로 갔다가 에어백이 터져 멈추었다. 이 사람의 윗몸통이 받는 힘의 크기는?

문제 3-10 그림과 같이 질량이 m인 5개의 고리로 된 사슬이 중력가속도의 두 배의 크기의 가속도로 위로 들어 올려지고 있다. 이때 아래로부터 2번째 고리가 3번째 고리를 당기는 힘은?

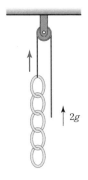

문제 3-11 그림과 같이 질량이 $2m$인 수레차 위에 질량이 m인 두 개의 블록이 줄로 연결되어있다. 수레차를 힘 F로 밀었더니 질량 m인 두 블록이 제자리에 있었다. 이러기 위한 힘 F의 크기는? (모든 마찰은 무시한다.)

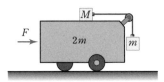

문제 3-12   그림과 같이 질량 4kg인 블록이 경사면에 놓여 일정한 가속도 a로 화살표방향으로 움직인다. 블록이 미끄러지지 않기 위한 가속도 a의 값은? (단, 모든 마찰은 무시한다.)

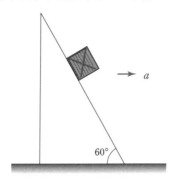

문제 3-13   그림과 같이 마찰이 없는 경사면 위에 질량이 같은 두 개의 블록이 줄로 연결되어 있을 때 가속도의 크기는?

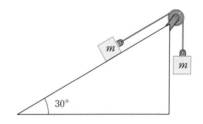

문제 3-14   그림과 같이 마찰이 없는 경사면 위에 질량이 같은 두 개의 블록이 줄로 연결되어 있을 때 가속도의 크기는?

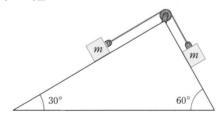

문제 3-15   다음 그림과 같이 세 힘이 한 점 O에 동시에 작용하여 평형을 이룰 때 F_1 : F_2 : F_3의 값을 구하라.

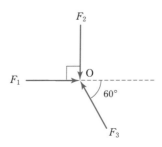

문제 3-16 다음 그림과 같이 무게 48N인 반지름 5cm의 공을 마찰이 없는 벽에 공의 중심에 서 높이 12cm인 지점에 고정된 줄로 매달았다. 이때 벽이 공에 작용하는 힘은?

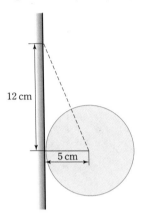

문제 3-17 마찰이 없는 수평면 위에 정지해있는 질량 8kg인 물체에 40N의 힘이 2초 동안만 작용하였다. 이 물체가 4초 동안 움직인 거리는?

문제 3-18 다음 그림에서 용수철 저울 A와 용수철저울 B에 표시된 무게의 합은?

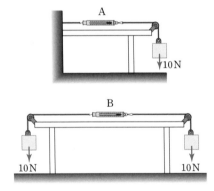

문제 3-19 그림에서 사람과 판을 합친 무게는 1000N이다. 판이 일정한 속력으로 올라가기 위해서는 사람이 얼마의 힘으로 줄을 잡아당겨야 하는가? (단, 줄과 도르래의 질량을 무시한다.)

문제 3-20 몸무게가 300N인 어린이가 $5\,\mathrm{m/s^2}$의 가속도로 점점 빠르게 내려가는 엘리베이터 안에서 용수철 저울에 올라타면 저울 눈금은 얼마를 가리킬까?

문제 3-21 그림에서 두 개의 물체가 평형을 유지할 때 F를 W로 나타내면?

W F

문제 3-22 모양이 같고 마찰이 없는 표면을 가진 무게 W인 두 개의 원판이 그림과 같이 직사각형 용기에 들어있다. 두 공의 중심을 잇는 선과 수평이 이루는 각도가 45°일 때 공 사이에 서로 작용하는 힘을 W로 나타내면?

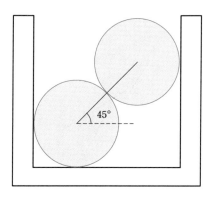

45°

뉴턴의 운동법칙 II

FORMULA

4 - 1

마찰력

최대정지마찰력 $f_s = \mu_s N$

μ_s : 정지마찰계수, N = 수직항력

운동마찰력 $f_k = \mu_k N$

μ_k : 운동마찰계수

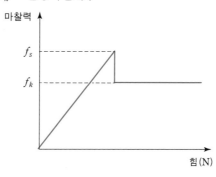

4 - 2

구심력 : 원운동을 일으키는 힘

$$F = m\frac{v^2}{r}$$

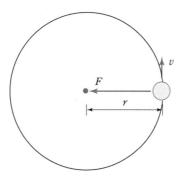

TYPICAL PROBLEMS

예제 1 **경사면의 마찰**

그림과 같이 경사면 위에 질량이 10kg인 물체가 있다. 물체가 미끄러져 내려오기 시작하는 순간의 경사면의 각도가 45°일 때 물체와 바닥 사이의 정지 마찰계수를 구하라.

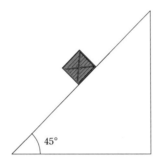

풀이 물체의 질량을 m이라고 하면 물체의 무게 mg는 경사면에 수평인 성분인 $mg\sin\theta$와 경사면에 수직인 성분인 $mg\cos\theta$로 분해할 수 있다.

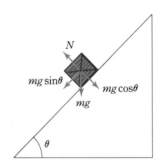

이때 수직항력 N과 $mg\cos\theta$는 평형을 이루므로 $N=mg\cos\theta$이다. 이때 내려오기 시작하는 순간은 물체를 내려가게하는 힘 $mg\sin\theta$와 최대정지마찰력 μN이 같을 때이다. 여기서 μ는 정지마찰계수이다. $N=mg\cos\theta$이므로 $mg\sin\theta$ $=\mu mg\cos\theta$이 되어 $\mu=\tan\theta$를 얻는다.

$\theta=45°$이므로 $\mu=\tan45°=1$이 된다. 이 경우 물체의 질량과는 상관이 없다는 것을 알 수 있다.

문제 **4-1**   그림과 같이 빗변의 경사각을 증가시키면서 질량 1kg인 물체의 속력을 측정했더니 그래프와 같았다. $\theta=45°$일 때 물체가 미끄러져 내려오기 시작했다. 이때 운동마찰계수를 구하라.

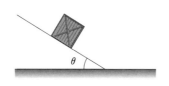
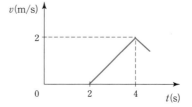

예제 **2**   **정지마찰력**

질량이 m인 원숭이 한 마리가 두 벽 표면을 이용하여 그림과 같이 누워 있다. 원숭이는 한 손으로 왼쪽 벽을 한 발로 오른쪽 벽을 누르고 있다. 원숭이의 손과 벽 사이 또 발과 벽 사이의 최대정지마찰계수를 각각 μ_1, μ_2라고 하자. 원숭이는 왼쪽 벽과 오른쪽 벽을 같은 힘으로 밀고 있다. 원숭이가 미끄러져 내려가지 않기 위해서는 최소한 어떤 힘으로 바닥을 밀어야하는가?

풀이   벽을 미는 힘을 N이라고 하면 벽의 수직항력 역시 N이다. 왼쪽 벽과 오른쪽 벽의 마찰력을 각각 f_1, f_2라고 하면 다음 그림과 같이 나타낼 수 있다.

마찰력은 수직항력에 비례하므로

$$f_1=\mu_1 N, \quad f_2=\mu_2 N$$

그러므로 두 마찰력의 합이 무게와 같을 때 원숭이는 안 미끄러진다.

$$\therefore \ f_1+f_2=mg \qquad \therefore \ (\mu_1+\mu_2)N=mg$$

$$\therefore \ N=\frac{mg}{\mu_1+\mu_2}$$

[문제] 4-2 그림에서 두 블록이 움직이지 않았다면 질량 M인 물체가 바닥으로부터 받는 정지 마찰력의 크기는?

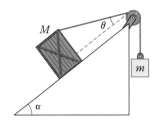

[예제] **3** **블록과 마찰력**

그림과 같이 질량이 각각 M, $2M$, $3M$인 세 물체가 중력가속도의 $\frac{1}{6}$배의 가속도로 움직이고 있다. 이때 책상 위의 물체와 책상면 사이의 마찰력을 구하라.

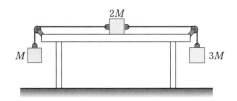

[풀이] 그림을 보자.

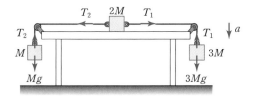

여기서 T_1, T_2는 줄의 장력을 나타낸다. 물체의 가속도를 a, 마찰력을 f라고 하면 각각의 물체에 대한 운동방정식은 다음과 같다.

$3M$) $3Ma=3Mg-T_1$

$2M$）$T_1 - T_2 - f = 2Ma$

M）$T_2 - Mg = Ma$

세 식을 더하면 $6Ma = 2Mg - f$ ∴ $f = 2Mg - 6Ma$

한편 $a = \dfrac{g}{6}$ 이므로 $f = Mg$

문제 4-3 오른쪽 그림과 같이 질량이 각각 m, M인 두 물체가 줄로 연결되어 있다. 경사면과 질량이 m인 물체 사이의 운동마찰계수는 각각 μ_k이다.

(1) 질량 m인 물체가 위로 올라갈 때 가속도를 구하라.

(2) 질량 m인 물체가 아래로 내려갈 때 가속도를 구하라.

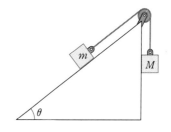

예제 4 미끄러지지 않는 블록

그림과 같이 질량이 500kg인 수레 위에 질량이 50kg인 블록이 놓여있다. 수레차가 6m/s의 속도로 움직이다가 일정한 가속도로 감속되어 정지할 때까지 수레차 위의 블록이 안 미끄러진다고 하자. 블록과 수레차의 마찰계수를 0.3이라고 하고 수레차와 지면과의 마찰은 없다고 할 때 수레차가 멈출 때까지 움직인 거리를 구하라.

풀이 수레차의 질량을 M, 블록의 질량을 m이라고 하자. 이때 블록이 안 미끄러지므로 수레차와 블록은 똑같은 가속도 a를 받는다. 이때 가속도는 음수이므로 가속도의 방향은 수레차가 움직이는 방향과 반대이다. 그러므로 블록은 수레차와 같은 방향으로 관성력을 $m|a|$를 갖게 된다. 여기서 a가 음수이기 때문에 절대값을 사용하였다.

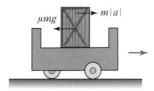

그러니까 마찰이 없으면 블록은 앞으로 미끄러진다. 그런데 마찰력이 방해하여 블록이 안 움직이게 된다.

$m|a|=\mu mg$에서 $|a|=\mu g$이므로 $|a|=0.3\times10=3(\,\mathrm{m/s^2})$

그러므로 $a=-3(\,\mathrm{m/s^2})$

수레차와 블록이 등가속도 운동을 하므로 멈출 때까지 움직인 거리를 s라고 하면

$$0^2-6^2=2\times(-3)\times s \quad \therefore s=6\ \mathrm{m}$$

문제 4-4 매끄러운 수평면 위에 질량 M인 물체를 놓고 그 위에 질량 m인 물체를 놓았다. 수평방향의 힘 F를 물체 M에 작용하여 물체 m이 미끄러지게 하기 위한 F의 최소값을 구하라. (물체 m과 물체 M 사이의 정지마찰계수는 μ이다.)

예제 5 연직방향마찰력

질량이 M인 물체를 마찰이 없는 수평면에 놓고 질량이 m인 물체가 그림과 같이 힘 F를 가한다. 두 물체사이의 최대정지마찰계수를 μ라고 할 때 질량 m인 물체가 아래로 떨어지지 않기 위한 힘 F의 최소값을 구하라.

풀이 힘 F에 의해 생기는 가속도를 a라고 하고 마찰력을 f, 두 물체 사이의 접촉력을 N이라고 하면 다음 그림과 같다.

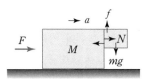

각 물체에 대한 운동방정식은 다음과 같다.

$$M)\ \ F-N=Ma \tag{1}$$

$$m)\ \ ma=N \tag{2}$$

$$수직방향)\ \ f=\mu N=mg \tag{3}$$

(1)(2)를 더하면

$$F=(M+m)a \tag{4}$$

(3)을 (2)에 넣으면

$$a=\frac{g}{\mu} \tag{5}$$

(5)를 (4)에 넣으면

$$F=(M+m)\frac{g}{\mu}$$

문제 4-5 놀이공원에 그림과 같은 원통이 있다. 원통이 빨리 돌면 그 안에 서 있는 사람이 떨어지지 않고 바닥에 붙어서 통과 같이 회전한다. 원통벽과 사람사이의 최대정지 마찰계수를 μ라 하고 원통의 반지름을 R이라고 할 때 사람이 떨어지지 않기 위한 원통의 최소 회전각속도 w를 구하라. (단, 사람의 질량을 m이라 하자.)

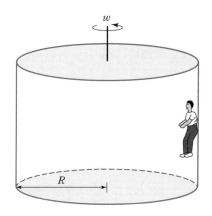

예제 6 구심력

그림과 같이 곡선궤도를 따라 내려온 질량 m인 자동차가 반지름 R인 원형궤도를 완전히 돈다고 하자. 원형궤도의 꼭대기에서 자동차가 가질 수 있는 최소 속력을 구하라.

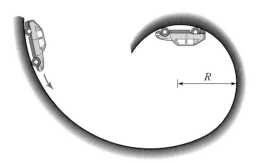

[풀•ㅣ] 꼭대기지점에 있을 때 자동차가 궤도를 누르는 힘을 N이라고 하면 그 지점에 서 수직항력 역시 N이 된다. 그러므로 다음 그림과 같다.

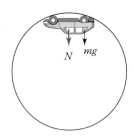

자동차에 작용하는 힘은 수직항력과 무게인데 두 힘이 합쳐져 구심력이 된다. 이때 속력을 v라고 하면

$$m\frac{v^2}{R} = mg + N$$

이때 v가 최소가 되기 위해서는 N이 최소가 되어야 한다. 즉 $N=0$

$$\therefore \ v^2 = gR \qquad \therefore \ v = \sqrt{gR}$$

[문제] 4-6   그림과 같이 길이가 5m인 원뿔진자의 끝에 질량이 2kg인 추가 매달려 반지름이 3m인 수평원운동을 할 때 추의 구심가속도의 크기는?

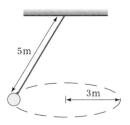

5m

3m

EXERCISE

문제 4-7 질량이 100kg인 물체를 30N의 수평방향의 힘으로 잡아당기고 있다. 물체와 바닥 사이의 최대정지마찰계수가 0.4일 때 이 물체에 작용하는 합력의 크기는?

문제 4-8 수평면 위에 놓여있는 질량이 100kg인 물체를 500N의 힘으로 잡아당긴다. 물체와 바닥 사이의 최대정지마찰계수가 0.3이고 운동마찰계수가 0.2일 때 이 물체의 가속도는?

문제 4-9 타이어와 도로 사이의 정지마찰계수가 0.25일 때 이 자전거가 반지름이 10m인 커브길을 미끄러지지 않고 회전할 수 있는 최대속도는 얼마인가?

문제 4-10 그림과 같이 두 블록이 줄에 연결되어 있고 10kg의 물체와 바닥 사이의 운동마찰계수가 0.2일 때 두 블록의 가속도는?

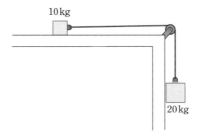

문제 4-11 그림과 같이 블록이 경사면을 따라 미끄러져 내려오고 있다. 블록의 질량은 3kg이고 블록과 경사면 사이의 운동마찰계수는 0.2일 때 블록의 가속도는?

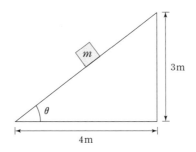

문제 4-12　그림에서 물체 A와 B의 질량은 각각 6kg, 3kg이다. 물체 A와 바닥 사이의 최대정지마찰계수가 0.3일 때 물체 B가 안 움직이기 위해 물체 A위에 올려놓아야 할 물체 C의 질량은?

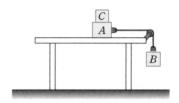

문제 4-13　그림과 같이 벽에 질량이 m인 물체에 대해 힘 F를 비스듬히 작용하여 물체가 미끄러지지 않고 벽에 붙어 있기 위한 최소의 힘 F를 구하면? (벽과 물체 사이의 최대정지마찰계수는 μ 이다.)

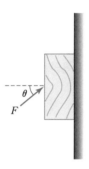

문제 4-14　그림과 같이 질량이 1kg인 추가 마찰이 없는 책상에서 구멍을 통해 질량이 2kg인 추와 연결되어 있다. 이때 질량이 1kg인 추가 얼마의 속력으로 원운동을 하면 질량 2kg의 추가 그대로 정지해 있겠는가? (원의 반지름은 5m이다.)

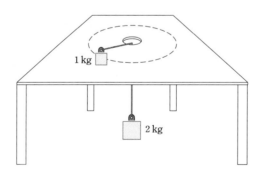

문제 4-15　그림과 같이 질량이 2kg인 공이 질량을 무시할 수 있는 두 개의 줄에 묶여 회전하는 막대에 연결되어 있다. 위쪽 줄의 장력이 50N일 때 아래쪽 줄의 장력은?

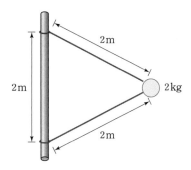

문제 4-16 그림에서 상자 A의 질량은 20kg이고 상자 A와 수평면 사이의 정지 마찰계수는 0.2 이다. 두 상자가 모두 움직이지 않기 위한 상자 B의 질량의 최대값은 얼마인가?

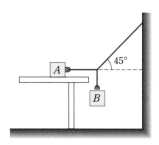

문제 4-17 그림에서 5kg짜리 물체와 수평면과의 운동마찰계수가 0.4일 때 가속도는? (단, 경사면에서의 마찰은 없다.)

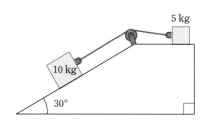

문제 4-18 그림과 같이 마찰이 없는 바닥에 4kg의 블록이 있고 그 위에 2kg의 물체를 올려놓았다. 두 물체 사이의 운동마찰계수가 0.2이다. 2kg의 블록을 10N의 힘으로 당길 때 2kg 물체의 가속도 a_1과 4kg 물체의 가속도 a_2를 구하면?

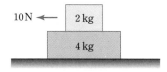

문제 4-19   자전거 경기장 도로는 그림과 같이 비스듬하게 기울어져 있다. 자전거와 경사면 사이의 마찰이 없어도 자전거가 10m/s의 속력으로 원형궤도를 미끄러지지 않고 돌 수 있기 위한 경사각 θ의 값은?

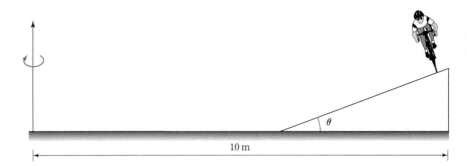

10 m

일과 에너지

FORMULA

5 - 1 일의 정의(일정한 힘)

$$W = Fs\cos\theta \ (\theta\text{는 힘 }F\text{와 이동거리 }s\text{와의 사잇각})$$

1) 나란한 경우 : $W = Fs$

2) 수직인 경우 : $W = 0$

5 - 2 일의 정의(변하는 힘)

$$W = \int F dx$$

5 - 3 일률

$$P = \frac{W}{t} = Fv$$

5 - 4 운동에너지

$$K = \frac{1}{2}mv^2$$

5 - 5 일-운동에너지 정리

$$W = \Delta K$$

5 - 6 중력에 의한 위치에너지

$$V_h = mgh$$

5 - 7 탄성력에 의한 위치에너지

$$V_k = \frac{1}{2}kx^2$$

5 - 8 에너지 보존법칙

$$E = K + V = \text{일정}$$

$$V = V_h + V_k = mgh + \frac{1}{2}kx^2$$

TYPICAL PROBLEMS

예제 1   일의 정의

절벽 위에 있는 김당겨군은 줄을 사용하여 바닥에 있는 질량 m인 이당겨양을 잡아
당기고 있다. 절벽과 바닥 사이의 거리는 d이고 이당겨양이 $\frac{g}{5}$라는 일정한 가속도로
당겨 올라갈 때 다음을 구하라.

(1) 김당겨군이 잡아당기는 힘 F

(2) 김당겨군이 한 일 $W_김$

(3) 이당겨양의 무게가 한 일 $W_이$

풀이   (1) $ma = F - mg$ 에서

$a = \dfrac{g}{5}$ 이므로 $F = \dfrac{6}{5} mg$

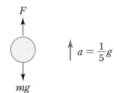

(2) 김당겨군이 작용한 힘 F와 물체(이당겨양)의 이동방향이 같으므로

$$W_김 = Fd = \frac{6}{5} mgd$$

(3) 이당겨양의 무게와 물체(이당겨양)의 이동방향이 반대이므로

$$W_이 = - mgd$$

문제 5-1 다음 그림과 같이 질량이 m인 물체 A와 질량이 $2m$인 물체 B가 줄로 연결된 채 힘 F에 의해 끌려가고 있다. 이 상태로 거리 s만큼 끌고 갔을 때 물체 A에 한 일을 구하라.(줄의 질량과 마찰력은 무시한다.)

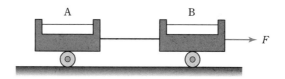

예제 2   도르래의 일

그림과 같이 도르래를 이용하여 무게가 $6w$인 짐을 거리 d만큼 들어올린다. 도르래 하나의 무게는 w이고 모든 마찰을 무시한다.

(1) 짐을 들어올리기 위해 필요로 하는 최소의 힘 F를 구하라.

(2) 짐을 들어올리기 위해 해주어야하는 일은?

(3) 줄의 한쪽 끝을 얼마나 만큼 잡아당겨 주어야 하는가?

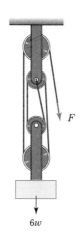

풀이 (1) 움직도르래 2개는 위로 움직이므로 짐의 무게와 움직도르래의 무게를 더한 무게를 들어 올려야 한다. 이때 움직도르래 한 개를 사용하면 잡아당기는 힘은 절반으로 줄어드니까

$$F = \frac{1}{2} \times \frac{1}{2} \times (6w + w + w) = 2w$$

(2) 짐과 움직도르래의 무게의 합과 짐이 움직인 거리의 곱이므로

$$W = 8wd$$

(3) 짐이 d 만큼 올라가면 움직도르래와 연결된 줄은 모두 d 만큼 올라가므로
$4d$ 만큼을 잡아 당겨야한다.

문제 5-2   다음 복합도르래에서 물체가 d 만큼 올라가게 하는 데 작용한 힘이 F 이면 힘 F
가 한 일은?

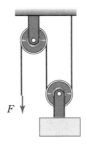

예제 3   에너지보존과 구심력

그림과 같이 질량이 m 인 공이 길이가 L 인 줄에 매달려 A지점에서 정지상태로부터
놓아주면 공은 호를 따라 가장 낮은 지점까지 내려온다. 이때 줄이 B 지점에 있는 못에
걸린 후 공이 못 주위를 한 바퀴 돌기 위한 d 의 최소값을 구하라.

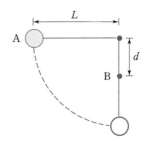

풀이   공이 바닥에 왔을 때의 속도를 v_0 라고 하고 다음과 같이 $V=0$ 인 선을 그리자.
에너지 보존법칙에 의해

$$mgL = \frac{1}{2} mv_0^2 \tag{1}$$

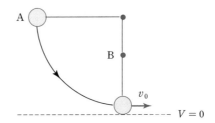

공이 못에 걸린 후에 반지름이 $L-d$인 원운동을 하게 되는 데 공이 원의 가장 꼭대기에 있을 때의 속력을 v_t라고 하면 가장 꼭대기에서 줄의 장력 T와 공의 무게의 합이 구심력이 된다.

$$\therefore\quad T+mg=m\frac{v_t^2}{L-d} \tag{2}$$

이 식에서

$$T=m\frac{v_t^2}{L-d}-mg \tag{3}$$

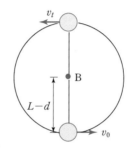

한편 공이 가장 꼭대기에 있을 때 에너지 보존법칙에 의해

$$mgL=\frac{1}{2}mv_t^2+mg(2(L-d)) \tag{4}$$

(4)에서

$$v_t^2=4gd-2gL \tag{5}$$

(5)를 (3)에 넣고 줄의 장력은 양수이므로 $T\geq 0$을 요구하면 된다.

$$\therefore\quad d\geq\frac{3}{5}L$$

문제 5-3 그림과 같이 질량이 m인 블록이 바닥으로 높이 h인 곳에서 마찰이 없는 궤도를 따라 내려온다. 이 블록이 원형궤도를 돌기 위한 h의 최소값은 얼마인가?

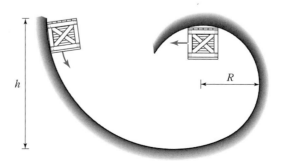

예제 4 **에너지보존법칙과 단진자**

그림과 같이 길이가 L인 질량을 무시할 수 있는 막대의 한쪽 끝에 질량이 m인 공이 매달려서 다른 한쪽 끝을 회전축으로 하여 자유롭게 회전할 수 있다. 막대가 연직선과 θ의 각을 이룰 때 공의 속력이 v라고 하자.

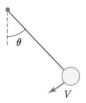

(1) 공이 수평선까지 오게 하기 위한 v의 최소값을 구하라.

(2) 공이 연직상방으로 최고 높이에 있게 하기 위한 v의 최소값을 구하라.

풀이 (1) 다음 그림과 같이 공이 수평선에 올 때 속력을 v_1이라고 하고 $V=0$인 선을 택하자.

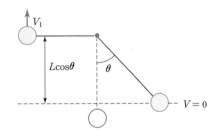

에너지 보존법칙에 의해

$$mgL\cos\theta + \frac{1}{2}mv_1^2 = \frac{1}{2}mv^2$$

따라서 $v_1 = 0$일 때 v가 최소가 된다.

$$\therefore \ v = \sqrt{2gL\cos\theta}$$

(2) 공이 맨 위에 있을 때 속력은 v_2이고 그때 막대의 장력은 T이다. 이때 $mg + T$가 반지름이 L인 원운동의 구심력이 되어야 하므로

$$mg + T = \frac{v_2^2}{L} \quad \therefore \ T = \frac{v_2^2}{L} - mg$$

장력 T는 음수가 될 수 없으므로 $\dfrac{v_2^2}{L} \geq mg$ $\therefore v_2 \geq \sqrt{gL}$

따라서 v_2 의 최소값은

$$v_2 = \sqrt{gL} \tag{1}$$

이때 에너지보존법칙을 쓰면

$$\frac{1}{2}mv^2 = \frac{1}{2}mv_2{}^2 + mgL(1+\cos\theta) \tag{2}$$

(1)을 (2)에 넣어 v 에 대해 풀면 $v = \sqrt{gL(3+2\cos\theta)}$

문제 5-4 그림과 같이 질량이 M 인 나무토막이 가벼운 줄에 매달려 있다. 여기에 질량이 m 인 총알이 v 의 속도로 날아와 박혀 하나가 되어 올라간 높이 h 를 구하라.

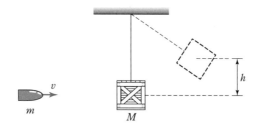

예제 5 **에너지보존법칙 응용**

그림과 같이 반지름이 R 인 반구의 가장 높은 곳에서 질량 m 인 공이 마찰이 없는 구면을 따라 내려온다. 이 공이 반구를 떠나는 곳의 높이는 얼마인가?

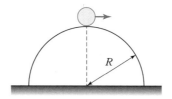

풀이 다음 그림을 보자.

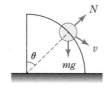

여기서 N 은 바닥의 수직항력이고 v 는 속력이다.

공이 반구에서 움직일 때는 반지름이 R 인 원운동을 한다. 이때 구심력은

$mg\cos\theta - N$이므로

$$mg\cos\theta - N = m\frac{v^2}{R}$$

공이 떠나는 순간 수직항력 $N=0$이므로 그때의 속도 v는 다음을 만족한다.

$$mg\cos\theta = m\frac{v^2}{R} \quad \therefore \quad v^2 = Rg\cos\theta \tag{1}$$

이 위치와 가장 높은 곳과의 에너지보존법칙은

$$mgR = \frac{1}{2}mv^2 + mgR\cos\theta \tag{2}$$

(1)을 (2)에 넣으면 $gR = \frac{1}{2}Rg\cos\theta + gR\cos\theta \quad \therefore \quad \cos\theta = \frac{2}{3}$

따라서 공이 반구를 떠나는 높이는 $\frac{2}{3}R$이다.

문제 5-5 그림과 같이 마찰이 없는 책상 위에서 질량이 m이고 길이가 L인 사슬이 책상모서리에서 미끄러져 떨어진다. 처음 책상 위에 있는 사슬의 길이가 l이며 정지상태로부터 미끄러져 내려간다고 할 때 사슬의 끝이 책상의 모서리를 지나는 순간 이 사슬의 속력을 구하라.

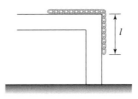

예제 6 에너지보존법칙과 마찰력 A

그림과 같이 두 개의 블록이 연결되어 있다. 그림에서와 같은 위치에서 정지상태로부터 블록들이 거리 L만큼 움직였을 때 속력 v를 구하라.(단, 블록과 책상면 사이의 운동마찰계수는 μ이다.)

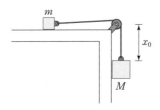

(풀이) 책상면을 $V=0$라 하면 처음 두 블록은 정지해 있었으므로 운동에너지는 0이다. 그런데 마찰력 μmg가 작용하고 마찰력이 한 일은 μmgL이므로 에너지 보존법칙을 쓰면

$$-mgx_0 = \frac{1}{2}(m+M)v^2 - mg(x_0+L) + \mu mgL$$

이 식에서 v를 구하면

$$v = \sqrt{\frac{2(M-\mu m)gL}{m+M}}$$

(문제) 5-6 무게가 w인 돌을 v_0의 속력으로 수직방향으로 쏘아 올렸다. 이때 공기의 저항력에 의해 일정한 힘 f가 이 돌에 지속적으로 작용한다고 하자.
(1) 돌이 올라갈 수 있는 최대 높이 h를 구하라.
(2) 돌이 땅에 떨어질 때의 속력 v를 구하라.

(예제) 7 에너지보존법칙과 탄성력

그림과 같이 마찰이 없는 수평면 위에 질량 m인 물체 A가 v의 속력으로 질량이 m인 물체 B에 매달린 용수철과 충돌하였다. 충돌 후 용수철이 가장 압축되었을 때 그 길이는 얼마인가?

(풀이) 용수철이 최대로 압축되어 두 물체가 하나가 되어 움직일 때 속도를 V라고 하면 운동량보존법칙으로부터

$$mv = 2mV \quad \therefore \ V = \frac{v}{2} \tag{1}$$

용수철이 최대로 X만큼 압축되었다고 하자. 이때 에너지보존법칙을 쓰면

$$\frac{1}{2}mv^2 = \frac{1}{2}(2m)V^2 + \frac{1}{2}kX^2 \tag{2}$$

(1)을 (2)에 대입하면

$$\frac{1}{2}kX^2 = \frac{1}{4}mv^2$$

$$\therefore \ X = \sqrt{\frac{m}{2k}}\,v$$

문제 5-7   그림과 같이 마찰이 없는 수평면 위에서 질량이 m인 물체로 용수철을 L만큼 압축했다가 놓았더니 물체가 용수철에서 떨어진 뒤 v의 속력으로 움직였다.

질량이 $\dfrac{m}{4}$인 물체로 이 용수철을 $2L$만큼 압축했다가 놓으면 물체의 속력은 v의 몇 배인가?

EXERCISE

문제 5-8   체중이 아들의 두 배인 아버지가 아들이 나란히 일정한 속도로 달리고 있다. 아버지의 운동에너지가 아들의 운동에너지의 절반이다. 아버지가 1m/s 만큼 속력을 증가시켰더니 두 사람의 운동에너지가 같아졌다면 아버지의 처음 속력은 얼마인가?

문제 5-9   질량 1kg인 쇠구슬을 그림과 같이 반지름이 20cm인 마찰이 없는 반구형 그릇의 가장 높은 곳에 놓았다. 이 구슬이 가장 낮은 위치에 왔을 때 구슬의 속력은?

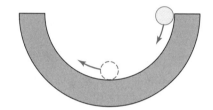

문제 5-10   정지상태로부터 출발한 질량이 m인 자동차가 거리 d를 달린다. 차가 달리는 동안 차의 일률이 일정하다면 차가 달린 시간은?

문제 5-11   질량 m인 물체에 작용하는 힘(F)과 이동거리(x) 사이의 관계가 다음 그래프와 같을 때 물체가 0에서 $2a$까지 이동하는 동안 힘이 한 일은? (힘의 방향과 물체의 이동방향은 일치한다.)

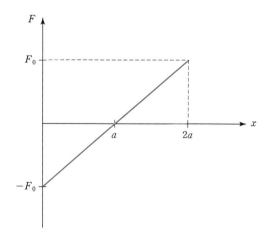

문제 5-12 길이가 10m이고 질량을 무시할 수 있는 막대기의 한쪽 끝을 회전할 수 있도록 축에 고정시키고 질량이 3kg인 공을 막대기의 다른 한쪽 끝에 연결하였다. 막대기를 옆으로 잡아당겨 그림과 같이 각도가 60°를 이루게 한 후 놓아주었다. 공이 가장 낮은 위치에 왔을 때 공의 속력은?

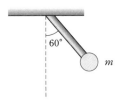

문제 5-13 질량이 1000kg인 자동차가 20m/s의 속도로 달리다가 브레이크를 밟아 차의 운동에너지를 150kJ 만큼 줄였다. 차의 나중속력은 얼마인가?

문제 5-14 어떤 힘이 직선운동을 하는 물체에 작용할 때 물체의 속도와 시간과의 그래프가 다음 그림과 같다. 다음 각 구간 중 힘이 물체에 음의 일을 해준 구간은?

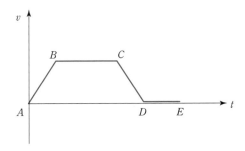

문제 5-15 질량을 무시할 수 있는 길이 L인 막대기에 질량이 m인 공을 연결해 진자를 만들었다. 막대기를 거꾸로 세워 공이 맨 위에 있다가 공이 밑바닥에 내려왔을 때 공의 속력은?

문제 5-16 질량을 무시할 수 있는 길이 L인 막대기에 질량이 m인 공을 연결해 진자를 만들었다. 막대기가 수평일 때 놓았다. 막대기의 장력과 공의 무게가 같아질 때 연직선과 막대기가 이루는 각도를 θ라고 하자. 이때 $\cos\theta$의 값은?

문제 5-17 길이가 L인 진자에 질량 m인 추가 매달려 연직선과 60°를 이룰 때 정지상태로부터 놓아졌다. 줄의 장력의 최대값은?

문제 5-18 1kJ의 에너지로 비스듬히 쏘아 올려진 질량 2kg인 포탄의 최고높이가 30m일 때 최고높이에서 포탄의 속도의 수평성분은?

문제 5-19 질량이 2kg인 물체를 용수철 상수가 200N/m인 용수철에 그림과 같이 떨어뜨렸다. 이 물체는 용수철에 달라붙어 용수철이 정지할 때까지 30cm를 움직였다. 이 물체가 용수철에 부딪치는 순간의 속력은?

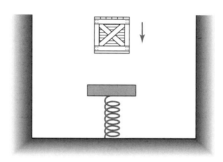

문제 5-20 어떤 엘리베이터의 질량은 200kg이고 최대로 실을 수 있는 짐의 질량은 800kg이다. 이 엘리베이터에 최대의 짐을 싣고 2m/s의 일정한 속력으로 움직일 때 필요한 일률은?

문제 5-21 이힘써씨는 그림과 같은 경사면 위에서 2kg 짜리 물체를 줄로 잡아당겨 물체가 2m/s의 일정한 속력으로 경사면을 따라 올라오게 하고 있다. 이때 이힘써씨의 일률은?

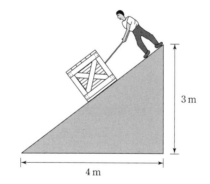

문제 5-22 그림과 같은 경사도로를 자동차가 2m 올라갔을 때 자동차의 속력은 10m/s였다. 차와 경사도로 사이의 운동마찰계수가 0.5이다. 이 차는 얼마를 더 가서 멈추겠는가?

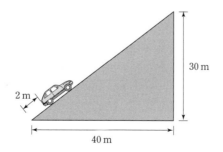

문제 5-23 토막이 A지점에서 정지상태로부터 내려와 B지점에 도착하여 그곳에서부터는 마찰력을 받아 거리 d만큼 움직인 후 멈췄다. (즉 A에서 B까지는 마찰이 없다.) 마찰계수가 μ일 때 d를 μ와 h로 표시하면?

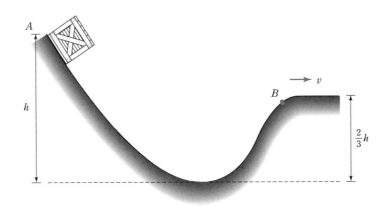

문제 5-24 그림과 같이 책상 위에 놓인 용수철 총으로 구슬을 쏘아 바닥에 있는 상자를 맞추려고 한다. 용수철을 a만큼 압축시켰더니 구슬은 상자에서 $\dfrac{d}{2}$ 만큼 못 미쳐 떨어졌다. 상자를 맞추기 위해서는 용수철을 얼마만큼 압축시켜야하는가?

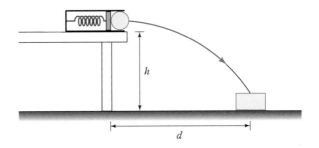

문제 5-25 질량 m인 물체가 용수철에 매달려 그림과 같이 마찰이 없는 수평면 위에서 등속 원운동을 하고 있다. 용수철의 처음 길이가 L이고 등속 원운동할 때 용수철의 길이가 R일 때 용수철의 탄성에너지와 물체의 운동에너지의 비를 구하라.

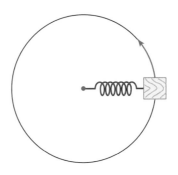

문제 5-2b 다음 그림과 같이 반지름이 R인 구면이 수평면에 이어져 있다. 구면 위의 A점에서 내려온 물체가 점 C에 멈추었다. 구면(AB구간)에는 마찰력이 없고 수평면에만 마찰이 있다고 할 때 마찰계수 μ를 구하라.

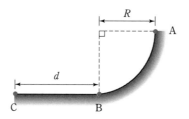

운동량과 충격량

FORMULA

6-1 운동량(단일 입자)

$$\vec{p} = mv$$

6-2 충격량 $\vec{Q}$

$$\vec{Q} = \vec{F}\Delta t = \Delta \vec{p}$$

(이때 $\vec{F}$는 충격력, Δt는 충격에 걸린 시간)

6-3 입자계의 질량중심

$$\vec{r_{cm}} = \frac{1}{M} \sum_k \vec{r_k} m_k \text{ (불연속분포)}$$

$$\vec{r_{cm}} = \frac{1}{M} \int \vec{r} dm \text{ (연속분포)}$$

(M은 입자계 전체의 질량)

$$\vec{v}_{CM} = \frac{d\vec{r}_{CM}}{dt}$$

6-4 운동량 보존법칙

입자계에 작용한 외력이 없으면 입자계전체의 운동량 $\vec{P} = \sum_k \vec{p_k}$는 보존된다.

6-5 1차원 탄성충돌(정지 표적)

(충돌전)   (충돌후)

$$v_{1f} = \frac{m_1 - m_2}{m_1 + m_2} v_{1i} \qquad v_{2f} = \frac{2m_1}{m_1 + m_2} v_{1i}$$

6 – 6

1차원 탄성충돌(움직이는 표적)

(충돌전)   (충돌후)

$$v_{1f} = \frac{m_1 - m_2}{m_1 + m_2} v_{1i} + \frac{2m_2}{m_1 + m_2} v_{2i}$$

$$v_{2f} = \frac{2m_1}{m_1 + m_2} v_{1i} + \frac{m_2 - m_1}{m_1 + m_2} v_{2i}$$

6 – 7

로켓문제

$$v_f = v_i + u \ln \frac{M_i}{M_f}$$

v_i : 로켓의 처음 속도

v_f : 로켓의 나중 속도

u : 연료의 분사속력

M_i : 로켓의 처음 질량

M_f : 로켓의 나중 질량

TYPICAL PROBLEMS

예제 1 질량중심

그림과 같은 ㄴ자 모양의 균일한 판이 있다. 이 도형의 질량중심의 위치는 어디인가?

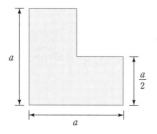

풀•l 주어진 도형은 아래 그림과 같이 두 도형으로 나눌 수 있다. 따라서 주어진 물체의 질량중심은 두 물체 각각의 질량 중심들의 질량중심이다. 오른쪽 그림과 같이 좌표축을 도입하자.

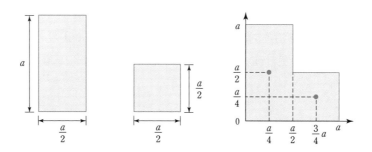

왼쪽 직사각형의 질량중심은 $\left(\dfrac{a}{4},\ \dfrac{a}{2}\right)$이고 오른쪽 정사각형의 질량중심은 $\left(\dfrac{3}{4}a,\ \dfrac{1}{4}a\right)$이다. 도형의 넓이의 비가 2 : 1이므로 각각의 질량을 $2m,\ m$이라고 하면 주어진 도형의 질량중심의 좌표를 (X, Y)라 하면 다음과 같다.

$$X = \frac{2m \times \dfrac{a}{4} + m \times \dfrac{3}{4}a}{2m + m} = \frac{5}{12}a$$

$$Y = \frac{2m \times \dfrac{a}{2} + m \times \dfrac{1}{4}a}{2m + m} = \frac{5}{12}a$$

문제 6-1   그림과 같은 모양의 균일한 판의 질량중심의 위치는?

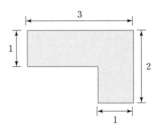

예제 2   **질량중심변형**

반지름이 R인 균일한 원판에 그림과 같이 구멍이 났다. 이 물체의 질량중심의 위치는 어느 곳인가?

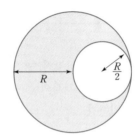

풀이   빈 곳을 같은 재질의 물질로 채우면 반지름이 R인 완전한 원이 되고 그때 질량중심은 원의 중심이 된다. 그림과 같이 좌표축을 도입하자.

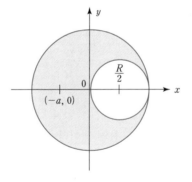

이때 완전한 원의 질량을 M이라고 하자. 그럼 작은 원의 반지름은 큰 원의 반지름의 $\frac{1}{2}$이므로 작은 원의 넓이는 큰 원의 넓이의 $\frac{1}{4}$이고 남아 있는 부분의 넓이는 전체의 $\frac{3}{4}$이 된다. 이 원판이 균일하므로 작은 원의 질량은 전체 큰 원의 질량의 $\frac{1}{4}$인 $\frac{M}{4}$이 되고 남은 부분의 질량은 $\frac{3}{4}M$이 된다.

그러므로 질량이 $\frac{1}{4}M$인 물체의 질량중심과 질량이 $\frac{3}{4}M$인 물체의 질량중심

의 질량중심이 전체 큰 원의 질량중심이다.

이제 원래의 물체의 질량중심을 찾아보자. 물체는 x축에 대해 대칭이므로 질량중심은 x축상에 있다. 또한 y축을 기준으로 할 때 왼쪽 부분의 질량이 더 크므로 질량중심의 y 좌표는 음수이다. 그러므로 질량중심을 $(-a, 0)$라고 두자.

작은 원의 질량중심은 $\left(\dfrac{R}{2}, 0\right)$이고 전체 큰 원의 질량중심은 $(0, 0)$이므로

$$0 = \frac{\dfrac{3}{4}M \times (-a) + \dfrac{1}{4}M \times \dfrac{R}{2}}{M} \qquad \therefore \quad a = \frac{R}{6}$$

문제 6-2 그림과 같이 균일한 정사각형의 일부가 잘려나간 물체의 질량중심의 좌표는?

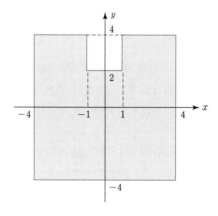

예제 3 연속체의 질량중심

다음 그림에서 막대의 선밀도는 $\lambda = kx$이다. 이 막대의 질량이 M이고 길이는 L이다.

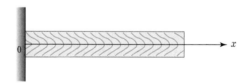

(1) k의 값을 구하라.

(2) 막대의 질량중심의 좌표를 구하라.

풀이 (1) $M = \displaystyle\int_0^L kx\,dx = \dfrac{kL^2}{2}$ 이므로 $k = \dfrac{2M}{L^2}$

(2) 질량중심의 x 좌표를 x_0라고 하면

$$x_0 = \frac{1}{M}\int_0^L \lambda x\,dx = \frac{1}{M}\int_0^L kx^2\,dx = \frac{kL^3}{3M}$$

여기서 $k = \dfrac{2M}{L^2}$ 를 사용하면 $x_0 = \dfrac{2}{3} L$

문제 b-3 · 다음 그림과 같은 균일한 반원판의 질량중심은?

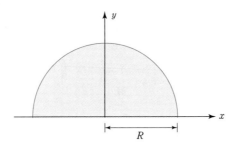

예제 4 선운동량 보존

질량이 m인 사람이 질량이 $4m$인 정지해 있는 길이가 L인 무개차의 왼쪽 끝에 서 있다가 오른쪽 끝으로 뛰어갔다. 사람이 오른쪽 끝에 도착하여 멈춰 섰을 때 무개차가 왼쪽으로 밀려간 거리는 얼마인가?(단, 무개차와 지면과의 마찰은 무시한다.)

풀이 사람과 무개차를 합쳐 하나의 계로 생각하자. 그럼 이 계에 작용한 외력은 없으므로 계의 전체의 선운동량은 보존된다. 처음에 사람과 무개차 모두 정지해 있었으므로 계의 선운동량은 0이다.

그러므로 사람이 움직인 후에도 사람과 무개차를 합친 계의 선운동량은 0이어야 한다. 계의 선운동량은 계의 질량과 질량중심의 속도이므로 계의 선운동량이 0이면 계의 질량중심의 속도가 0이다.

그러므로 계의 질량중심의 위치는 사람이 뛰기 전후에 달라지지 않는다.

그림과 같이 좌표를 도입하자.

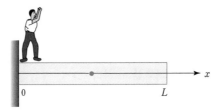

이때 질량중심을 X라고 하면

$$X = \dfrac{0 \times m + \dfrac{L}{2} \times 4m}{m + 4m} = \dfrac{2}{5} L$$

사람이 무개차의 오른쪽 끝으로 움직인 후 차가 왼쪽으로 s만큼 움직였다고 하면 다음 그림과 같이 된다.

그러므로 사람의 질량중심은 $L-s$가 되고 무개차의 질량중심은 $\dfrac{L}{2}-s$가 된다.

그러므로 계의 질량중심은 $X=\dfrac{(\dfrac{L}{2}-s)\times 4m+(L-s)\times m}{4m+m}$

질량중심이 변하지 않으므로 $\dfrac{(\dfrac{L}{2}-s)\times 4m+(L-s)\times m}{4m+m}=\dfrac{2}{5}L$

이 식에서 s를 구하면 $s=\dfrac{L}{5}$

[문제] 6-4 질량이 $2m$ 길이가 L인 대차가 마찰 없는 레일 위에 있다. 이때 대차의 왼쪽 끝에 질량 m인 사람이 서 있다가 일정한 속력으로 달려 반대쪽 끝까지 가는 데 시간 T가 걸렸다면 사람이 달리는 동안 대차의 속력은 얼마인가?

[예제] 5 선운동량 보존

김돌쇠군이 질량이 $7a$인 배를 타고 호수를 건너려고 한다. 호수물의 저항은 무시하자. 김돌쇠는 배에 노가 없는 것을 알았다. 그런데 그의 주위에 질량이 각각 a, $2a$인 돌멩이가 있다. 김돌쇠가 돌멩이를 던질 수 있는 최대속력은 u이다. 김돌쇠는 돌멩이를 최대속력으로 뒤로 던져 배를 앞으로 추진시키려고 한다. 다음 각 경우 배가 앞으로 나아가는 속력을 구하라.
(1) 두 개의 돌을 동시에 던질 때
(2) 질량이 $2a$인 돌을 먼저 던지고 그다음에 질량이 a인 돌을 던질 때
(3) 질량이 a인 돌을 먼저 던지고 그다음에 질량이 $2a$인 돌을 던질 때

[풀이] (1) 두 개의 돌을 동시에 던진 후 배의 속도를 v라고 하자. 이때 돌멩이를 던지는 방향과 배가 나아가는 방향은 반대이므로 돌멩이의 속도는 $-u$이다.

운동량보존법칙에 의해 $0=3a(-u+v)+(7a)v$ $\therefore$ $v=\dfrac{3}{10}u$

(2) 질량 $2a$인 공을 던진 후 배의 속도를 v_1이라 하면

$$0 = (2a)(-u + v_1) + (8a)v_1 \quad \therefore \quad v_1 = \frac{u}{5}$$

다시 질량이 a인 공을 던진 후 배의 속도를 v라고 하면 이때 돌을 $-u$의 속도로 배에서 던지면 정지해 있는 관찰자에게 돌의 속도는 $v + (-u)$로 보이게 된다. 그러므로 운동량 보존 법칙에 의해

$$(8a)v_1 = (7a)v + (a)(v - u) \quad \therefore \quad v = \frac{13}{40}u$$

(3) 질량 a인 공을 던진 후 배의 속도를 v_1이라 하면

$$0 = (a)(-u + v_1) + (9a)v_1 \quad \therefore \quad v_1 = \frac{u}{10}$$

다시 질량이 $2a$인 공을 던진 후 배의 속도를 v라고 하면

$$(9a)v_1 = (7a)v + (2a)(v - u) \quad \therefore \quad v = \frac{29}{90}u$$

문제 6-5 일정한 속도 v로 움직이는 수레 위에서 질량이 m인 물체를 들고 있는 사람이 물체를 반대방향으로 V의 속력으로 던졌다. 물체를 제외한 사람과 수레의 질량의 합이 100m일 때 물체를 던진 후 수레의 속력은 얼마인가?

예제 6   선운동량 보존

그림처럼 질량이 a인 총알이 질량이 각각 $2a$, $3a$인 두 토막을 향해 속도 v로 발사되었다.

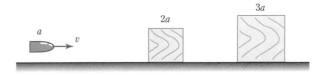

총알이 첫 번째 블록을 관통한 후 속도가 처음 속도의 절반이고 이 총알은 두 번째 토막에 박혀 함께 움직인다. 이때 두 토막의 속도의 비를 구하라.

풀이 첫 번째 두 번째 토막의 속도를 각각 v_1, v_2라고 하자. 먼저 총알과 첫 번째 토막에 대해서 운동량보존법칙을 쓰면

$$av = a \times \frac{v}{2} + 2a \times v_1 \quad \therefore \quad v_1 = \frac{v}{4}$$

총알과 두 번째 토막에 대한 운동량보존법칙을 쓰면

$$a \times \frac{v}{2} = (a + 3a) \times v_2 \quad \therefore \quad v_2 = \frac{v}{8}$$

$$\therefore \quad v_1 : v_2 = 2 : 1$$

문제 **b-b**   정지해 있던 질량 M인 하나의 물체가 폭발해 두 조각으로 갈라져 날아갔다. 두 조각의 질량이 각각 m_1, m_2일 때 두 조각의 속력의 비를 구하라.

예제 **7**   **충돌**

그림과 같이 두 블록이 마찰이 없는 수평면 위에 놓여있다. 질량 m_2인 물체가 정지해 있을 때 질량이 m_1인 물체가 속력 v로 질량 m_2 물체와 부딪친 후 벽과 충돌한 다음 두 블록의 속도가 같아졌다. 이러기 위한 두 블록의 질량비 $m_1 : m_2$를 구하라. (모든 충돌은 탄성적이라고 하고 $m_2 > m_1$ 이다.)

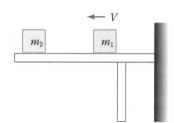

풀·1   속도에 대해 오른쪽으로 움직이는 경우 + 왼쪽으로 움직이는 경우 $-$를 사용하자. 정지한 물체와의 충돌공식을 사용하자. 이때 $v_{1i} = -v$이므로

$$v_{1f} = \frac{m_1 - m_2}{m_1 + m_2} v_{1i} , \quad v_{2f} = \frac{2m_1}{m_1 + m_2} v_{1i} \text{ 에서}$$

$$v_{1f} = \frac{m_1 - m_2}{m_1 + m_2} (-v) , \quad v_{2f} = \frac{2m_1}{m_1 + m_2} (-v)$$

그러므로 v_{1f}는 $(-)$, v_{2f}는 $(+)$이다.

이때 질량 m_1인 물체는 속도 $v_{1f} = \frac{m_1 - m_2}{m_1 + m_2} (-v)$로 벽으로 가서 탄성충돌을 한 후 방향이 바뀌므로 벽과 충돌 후 질량 m_1인 물체의 속도는 $\frac{m_1 - m_2}{m_1 + m_2} v$ 가 된다.

이 속도와 $v_{2f} = \frac{2m_1}{m_1 + m_2} (-v)$가 같으므로 $\frac{m_1 - m_2}{m_1 + m_2} v = \frac{2m_1}{m_1 + m_2} (-v)$에서 $m_1 : m_2 = 1 : 3$ 이다.

문제 6-7 다음 그림에서 C가 왼쪽으로 속력 v로 움직여 와 정면충돌한 후 이 공들은 연쇄
충돌하였다. 충돌이 모두 끝난 후 B의 C의 속도를 구하라.(단, 모든 충돌은 완
전탄성충돌이다.)

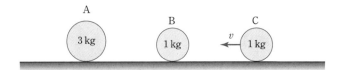

예제 8   반발계수

마찰이 없는 수평면 위에 질량 M, 길이 L인 정육면체의 상자가 있다. 상자의 한쪽
면은 열려있고 질량 m인 공이 속도 v로 입사하여 상자벽에 충돌한 다음 튀어나온다.
충돌 후 상자에 대한 공의 속력은 ev이다.

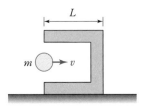

(1) 상자로 들어간 공이 상자벽과 충돌하여 입구로 되돌아 나오는 데 걸린 시간을 구하라.
(2) 상자가 움직인 거리를 구하라.

풀이 (1) 공이 벽과 충돌하는 데 걸리는 시간은 $\dfrac{L}{v}$이다. 충돌 후 상자에 대한 공의
속력은 ev이므로 공이 되돌아 나가는 데 걸리는 시간은 $\dfrac{L}{ev}$이다. 따라서
전체 걸린 시간은 $\dfrac{L}{v} + \dfrac{L}{ev} = \left(\dfrac{1+e}{e}\right)\dfrac{L}{v}$이다.

(2) 충돌 후 상자의 속력을 u라고 하고 바닥에 대한 공의 속도를 $-w$라고 하
자. 운동량보존법칙으로부터

$$mv = Mu - mw \tag{1}$$

한편 충돌 후 지면에 대한 공의 속도 $-w$는 상자에 대한 공의 속도
$(-ev)$와 상자의 속도 (u)의 합이다.

$$\therefore \quad -w = -ev + u \tag{2}$$

(1)을 (2)에 넣으면 $u = \dfrac{(1+e)m}{M+m}v$

상자가 움직인 시간은 $\dfrac{L}{ev}$ 이므로

$$(상자가\ 움직인\ 거리) = u \times \dfrac{L}{ev} = \dfrac{mL(1+e)}{(M+m)e}$$

【문제】 6-8　그림과 같이 점 A에서 비스듬히 던진 공이 B에서 바닥과 충돌 후 튀어 올라 C점에
떨어진다. 공과 바닥 사이의 반발계수가 0.5일 때 AB의 길이와 BC의 길이의 비를
구하라.

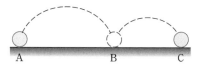

【예제】 **9**　**연속체의 충격력**

그림과 같이 길이 L, 질량 M인 쇠사슬의 끝이 책상에 살짝 닿은 상태에서 쇠사슬을 살짝
놓았다. 쇠사슬이 바닥에 모두 내려왔을 때 쇠사슬이 바닥에 작용한 힘 F를 구하라.

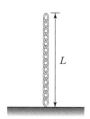

【풀이】 다음 그림과 같이 x만큼 내려왔을 때를 보자. 이때 바닥에 작용하는 충격력은
내려온 쇠사슬의 운동량 변화에 의한 충격력 F_1과 바닥에 내려온 쇠사슬 부분
의 무게 F_2이다.

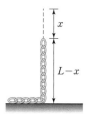

x만큼 내려온 쇠사슬부분이 바닥을 누르는 힘은

$$F_2 = \dfrac{M}{L} xg \tag{1}$$

x만큼 내려왔을 때 쇠사슬의 속력을 v라고 하면 $v^2-0^2=2gx$로부터

$$v=\sqrt{2gx} \tag{2}$$

이때 충격력은 $F_1=\dfrac{\Delta p}{\Delta t}=\dfrac{\Delta(mv)}{\Delta t}$ 이고 충격에 걸린 시간 Δt 가 아주 짧으므로 이때 속도 v는 일정하다고 볼 수 있다. 하지만 짧은 시간 Δt 동안 쇠사슬이 Δx만큼 내려오므로 질량은 변화된다. 이때 질량의 변화는 $\Delta m=\dfrac{M}{L}\Delta x$이므로

$$F_1=\frac{\Delta m}{\Delta t}v=\frac{Mv}{L}\frac{\Delta x}{\Delta t}$$

여기서 $\dfrac{\Delta x}{\Delta t}=v$이므로

$$F_1=\frac{Mv^2}{L}=2\frac{Mgx}{L} \tag{3}$$

(1)(3)으로부터 바닥이 받는 힘은 $F=F_1+F_2=\dfrac{3Mgx}{L}$

쇠사슬이 바닥에 모두 내려왔을 때 $x=L$이므로 그때 바닥이 받는 힘은 $F=3Mg$이다.

문제 6-9 비료수송 화차가 레일 위에서 5m/s의 일정한 속력으로 달리고 있다. 이 화차가 지나가는 동안 초당 3kg의 비료가 화차에 떨어진다고 하자. 화차의 속도가 일정하기 위해 화차에 가해지는 힘은 얼마인가?

EXERCISE

문제 6-10 지구에 대해 5000km/h로 날아가는 우주선에서 연료를 모두 소모한 로켓모터를 사령선에 대한 상대속도 -1000km/h로 떼어냈다. 여기서 음의 부호는 로켓이 날아가는 방향과 반대임을 의미한다. 모터의 질량이 사령선의 질량의 3배일 때 분리 후 사령선의 지구에 대한 속도는?

문제 6-11 질량의 비가 3 : 1인 두 물체가 용수철을 사이에 두고 압축하여 묶여 있다. 이때 용수철에 저장된 에너지는 120J이다. 묶은 용수철을 풀 때 각 물체가 가지는 운동에너지의 비값은?

문제 6-12 질량이 150kg인 무개차가 수평 철로를 따라 처음 속도 8m/s로 오른쪽으로 움직이고 있다. 그 위에 질량이 50kg인 사람이 서 있다가 4m/s의 속력으로 왼쪽으로 뛰어가면 무개차의 속도는 얼마가 되는가?

문제 6-13 마찰이 없는 철로 위를 달리는 질량이 400kg인 무개차가 정지해 있다. 이때 질량이 100kg인 사람이 2m/s의 속력으로 달려와 무개차에 올라타서 가만히 서있을 때 무개차의 속력은 얼마인가?

문제 6-14 달리기 선수가 10m/s로 뛰어가다가 공중에 떠 있던 모기와 충돌했다. 이 충돌이 탄성적이라고 할 때 모기가 튕겨나가는 속력은 얼마인가? (단, 사람의 질량이 모기의 질량에 비해 훨씬 크다고 가정하라.)

문제 6-15 김당구씨가 정지해 있는 15개의 포켓볼을 향해 하얀 공을 2m/s의 속력으로 쳤다. 잠시 후 16개의 공이 모두 같은 속력 v로 움직였다. 이때 v의 값은?

문제 6-16 같은 질량을 가진 두 개의 물체가 같은 속력으로 부딪쳐 두 물체는 하나가 되어 처음 물체의 속력의 절반이 되었다. 이때 처음 두 물체들의 속도들 사이의 각은?

문제 6-17 질량이 3kg인 물체가 정지해 있던 다른 물체와 충돌하여 하나가 되어 처음 속력의 $\frac{1}{3}$의 속력으로 같은 방향으로 움직였다. 이때 부딪친 물체의 질량은?

문제 6-18 질량이 20kg인 김풍덩군이 20m 다이빙을 한다. 물의 깊이는 1m이고 그가 물바닥에 닿는 순간 멈춘다고 하자. 이때 물이 김풍덩씨에게 작용한 평균력은 얼마인가?

문제 6-19 20kg의 물체에 작용한 힘이 4초 동안 0부터 100N까지 균일하게 증가한다. 물체가 정지상태로부터 출발했다면 이 물체의 4초 후 속력은?

문제 6-20 5m의 높이에서 떨어뜨린 2kg짜리 물체가 3kg짜리 기둥을 땅속으로 20cm 박았다. 이때 땅의 저항력은? (이 충돌은 완전히 비탄성적이다.)

문제 6-21 질량이 1kg인 장난감 탱크가 4m/s의 속력으로 움직이고 있다. 개구쟁이 소아바군은 10g짜리 총알이 들어 있는 장난감 총으로 이 탱크를 쏘아 멈추게 하려고 한다. 총알이 탱크에 맞는 즉시 바닥에 떨어져 되튀지 않고 멈춘다고 하면 탱크를 완전히 멈추게 하는 데 몇 개의 총알이 필요한가? (단, 총알의 속도는 20m/s이다.)

문제 6-22 물체 A, B가 같은 속력으로 정면으로 다가와 탄성충돌한다. 충돌 후 물체 A가 정지했다면 물체 A의 질량은 물체 B의 질량의 몇 배인가?

문제 6-23 미미와 철수는 얼음판 위에서 스케이트를 신고 줄다리기를 하고 있다. 미미와 철수의 질량비가 2 : 3 이고 두 사람은 처음 10m의 질량을 무시할 수 있는 막대의 반대쪽 끝을 잡고 있었다. 두 사람이 서로 맞닿을 때까지 막대를 잡아당긴다고 하자. 미미가 잡아당긴 거리는 얼마인가?

문제 6-24 질량이 $3a$인 기구 밑으로 줄이 있고 그 줄에 질량이 a인 사람이 매달려있다. 이 기구는 처음 지면에 대해 정지해 있었다. 사람이 줄을 타고 v의 속력으로 올라가면 기구는 어느 방향으로 얼마의 속력으로 움직이는가?

문제 6-25 속력 v로 달을 향해가는 로켓이 자신의 속력의 절반의 속력으로 전체 질량의 $\frac{1}{2}$인 연료를 반대방향으로 내뿜을 때 로켓의 속력은 얼마가 되는가?

문제 6-26 질량이 m인 총알이 v의 속력으로 날아와 마찰없는 바닥에 정지해 있던 질량 $2m$의 나무토막에 부딪쳤다. 총알이 나무토막을 빠져나온 직후의 속력이 $\frac{v}{2}$일 때 나무토막의 속력은?

문제 6-27 질량 m인 총알이 수평면 위에 정지해 있던 질량 $3m$인 나무토막에 속도 v로 수평으로 발사되었다. 총알이 박힌 나무토막이 거리 d만큼 움직인 후 멈추었다면 나무토막과 바닥 사이의 마찰계수는?

문제 6-28 마찰이 없는 수평면 위에 질량 $2m$인 나무토막이 정지해 있다. 이 표적에 질량이 m인 총알을 수평으로 연속으로 쏘아 모든 총알이 표적에 박히게 한다. 8번째 총알이 박힌 직후 표적의 속도는? (모든 총알의 속도는 v로 일정하다.)

문제 6-29 수평면상의 한 점 A로부터 높이가 h인 곳에서 수평면에 평행하게 초속도 v_0로 공을 던졌다. 공이 바닥면에 충돌할 때 공의 속력은 충돌전의 속도 성분 v_x, v_y가 그 절반인 $\frac{1}{2}v_x$, $\frac{1}{2}v_y$로 줄어든다. 이 공이 정지할 때까지 움직인 시간 T는?

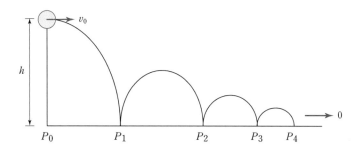

문제 6-30 질량이 m인 총알이 속도 v로 수평방향으로 날아와 역시 질량이 m인 정지해 있는 나무토막에 박혔다. 이때 에너지 손실은 처음 총알의 운동에너지의 몇 배인가?

chapter 7

회전운동

FORMULA

7-1 각속도와 각가속도

각속도 : $w = \dfrac{\Delta\theta}{\Delta t}$

각가속도 : $\alpha = \dfrac{\Delta w}{\Delta t}$

7-2 등각가속도 운동

$w = w_0 + \alpha t$

$\theta = w_0 t + \dfrac{1}{2}\alpha t^2$

$w^2 - w_0^2 = 2\alpha\theta$

7-3 관성모멘트

$I = \Sigma\, m_i\, r_i^2$ (불연속 질점)

$I = \displaystyle\int r^2 dm$ (연속체)

7-4 강체의 운동에너지

$T = \dfrac{1}{2} I w^2 + \dfrac{1}{2} M V_{CM}^2$

7-5 강체의 각운동량

$L = I w$

7-6 회전에 대한 뉴턴 법칙

$\tau = \dfrac{dL}{dt} = I\alpha$ (τ는 토크)

7-7   각운동량보존
강체에 작용하는 알짜토크가 0이면 강체의 각운동량은 일정하다.

7-8   구름조건

$$v = rw$$

7-9   질량중심에 대한 관성모멘트

1) 길이 L인 막대기 : $I = \dfrac{1}{12} ML^2$

2) 반지름 R인 고리 : $I = MR^2$

3) 반지름 R인 원통(원판) : $I = \dfrac{1}{2} MR^2$

4) 반지름 R인 속이 꽉찬 공 : $I = \dfrac{2}{5} MR^2$

5) 반지름 R인 속이 빈 공 : $I = \dfrac{2}{3} MR^2$

7-10   평행축 정리

$$I = I_{CM} + Mh^2 \qquad (h\text{는 질량중심에서 회전축까지의 거리})$$

7-11   수직축정리(판에 수직인 축에 대한 관성모멘트)

$$I = I_x + I_y$$

TYPICAL PROBLEMS

예제 1 등각가속도운동

바퀴가 4rad/s의 각속도로 완전히 정지할 때까지 20회전을 했다. 바퀴가 등각가속도운동을 한다고 할 때 바퀴가 정지할 때까지 걸린 시간을 구하라.

풀이 $w^2 - w_0^2 = 2\alpha\theta$를 이용하자. 이 문제에서는 다음과 같다.

$w=0$, $w_0=4$ rad/s이고 한 바퀴의 각은 2π(rad)이므로

$$\theta=2\pi\times20=40\pi \text{ (rad)}$$

$$\therefore \ 0-4^2=2\alpha\times40\pi \qquad \therefore \ \alpha=-\frac{1}{5\pi} \text{ (rad/s}^2)$$

멈출 때까지 걸린 시간을 구하기 위해 $w=w_0+at$를 이용하면

$$0=4-\frac{1}{5\pi}\,t \qquad\qquad \therefore \ t=20\pi\text{(s)}$$

문제 7-1 비행기가 지상에 대해 40m/s의 일정한 속력으로 수평비행을 하고 있다. 이때 비행기 앞의 프로펠러가 30rad/s로 회전한다. (프로펠러의 반지름은 1m이다.)

(1) 비행기 조종사가 본 프로펠러의 끝점의 속력을 구하라.
(2) 지상의 관측자가 본 프로펠러 끝점의 속력을 구하라.

예제 2 회전과 마찰력

반지름이 50cm인 회전원판이 2rad/s의 일정한 속력으로 돌고 있다.
(1) 이때 질량이 1kg인 물체를 원판의 가장자리에 놓았을 때 물체가 미끄러지지 않기 위한 정지마찰계수의 최소값을 구하라.
(2) 회전원판이 정지해 있었을 때 같은 물체를 올려놓고 0.25초 동안 등각가속도운동을 하여 2rad/s의 각속도가 되었다고 하자. 이 순간 물체가 미끄러지지 않기 위한 정

지마찰계수의 최소값을 구하라.

풀•이 (1) 등각속도운동이므로 마찰력이 구심가속도보다 커야한다. 마찰계수를 μ 라고 하면 $mrw^2 \le \mu mg$에서 $r=0.5\text{m}$, $w=2\text{rad/s}$, $m=1\text{kg}$을 넣으면 $\mu \ge 0.2$

(2) 등각가속도운동이므로 원판의 회전속도는 점점 증가한다. 그러므로 이 경우 물체는 구심가속도 성분뿐 아니라 접선가속도 성분도 가지게 된다. 접선가속도 a_t는 각가속도 α와 반지름의 곱이고 $\alpha = \dfrac{\Delta w}{\Delta t}$ 이므로 $\alpha = \dfrac{2-0}{0.25} = 8$에서

$$a_t = 0.5 \times 8 = 4 \,(\text{m/s}^2)$$

한편 구심가속도 성분은 $a_c = rw^2 = 0.5 \times 2^2 = 2 \,(\text{m/s}^2)$

따라서 물체가 받는 전체 가속도 a는 다음과 같다.

$$\therefore \ a = \sqrt{a_c^2 + a_t^2} = 2\sqrt{5} \,(\text{m/s}^2)$$

물체가 안 미끄러지기 위해서는 $ma \le \mu mg$를 만족하므로

$$\mu \ge \frac{a}{g} = \frac{\sqrt{5}}{5}$$

문제 7-2 반지름이 1m인 회전원판이 0.1rad/s의 일정한 각속력으로 회전하고 있다. 질량 1kg인 물체가 회전원판의 가장자리에서 미끄러지지 않고 회전할 때 물체와 원판 사이의 정지마찰계수를 구하라.

예제 3 같은 각속도를 갖는 회전

네 개의 바퀴가 그림과 같이 두 개의 벨트로 연결되어 있다. 바퀴 A, B, B′, C의 반지름이 각각 4m, 2m, 1m, 8m이다. 바퀴 A가 동력에 연결되어 2rad/s의 가속도로 돌 때 다음을 구하라. (단, 두 벨트는 미끄러지지 않는다고 가정하라.)

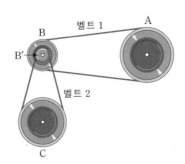

(1) 벨트 1위의 점의 선속력

(2) 바퀴 B의 각속력

(3) 바퀴 B′의 각속력

(4) 벨트 2위에 있는 점의 선속력

(5) 바퀴 C의 각속력

풀•ㅣ (1) 벨트 1의 속력은 바퀴 A의 끝점의 선속력과 같다.

$$\therefore \ v_1 = r_1 w_A = 4 \times 2 = 8 \,(\text{m/s})$$

(2) 바퀴 A와 바퀴 B가 같은 벨트로 연결되어 있고 벨트가 미끄러지지 않으므로 벨트 1의 속력과 바퀴 B의 끝점의 선속력과 같다.

$$\therefore \ 8 = r_B w_B = 2 \times w_B \quad \therefore \ w_B = 4 \,(\text{rad/s})$$

(3) B와 B′은 같은 회전축으로 연결되어 있으므로 두 바퀴의 각속도는 같다.

$$\therefore \ w_{B'} = w_B = 4 \,(\text{rad/s})$$

(4) 벨트 2의 속력은 바퀴 B′의 끝점의 선속력과 같다.

$$v_2 = r_{B'} w_{B'} = 1 \times 4 = 4 \,(\text{m/s})$$

(5) 벨트 2의 속력과 바퀴 C의 끝점의 선속력은 같으므로

$$\therefore \ 4 = r_C w_C = 8 w_C \quad \therefore \ w_C = 0.5 \,(\text{rad/s})$$

문제 **7-3**   그림에서 처음 두 바퀴는 정지상태에 있다. 바퀴 A가 $2\,\text{rad/s}^2$의 일정한 각가속도로 회전할 때 바퀴 B의 각속도가 $10\,\text{rad/s}$가 될 때까지 걸리는 시간은?

예제 **4**   **도르래에 연결된 블록**

그림과 같이 고정도르래를 통해 무게를 무시할 수 있는 줄에 연결된 질량이 m_1, m_2인 두 개의 블록이 있다. 도르래는 원판모양이고 반지름은 R이고 질량은 M이라고 하자. $m_2 > m_1$일 때 이 계의 가속도를 a를 구하라.

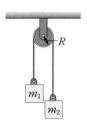

풀•ㅣ 그림처럼 모든 힘을 표시하자. 도르래를 돌리기 위해서는 도르래에 토크가 걸려야 한다. 이때 토크는 도르래 양쪽에 걸린 줄의 장력의 차와 도르래의 반지름의 곱이다. 그러므로 도르래를 돌리기 위해서는 $T_1 \neq T_2$이어야 한다. 이때 $m_2 > m_1$이므로 $T_2 > T_1$이 되어 도르래를 돌리는 토크는 $(T_2 - T_1)R$이다. 도르래의 관성능률을 I, 각가속도를 α라고 하면 도르래의 토크는 $I\alpha$이므로

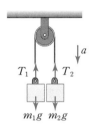

$$(T_2 - T_1)R = I\alpha \tag{1}$$

이제 두 블록에 대한 운동방정식을 쓰자.

$$m_1) \quad m_1 a = T_1 - m_1 g \tag{2}$$

$$m_2) \quad m_2 a = m_2 g - T_2 \tag{3}$$

두 식을 더하면

$$(m_1 + m_2)a = (m_2 - m_1)g - (T_2 - T_1) \tag{4}$$

(1)을 (4)에 넣으면

$$(m_1 + m_2)a = (m_2 - m_1)g - \frac{I}{R}\alpha \tag{5}$$

한편 $a = R\alpha$이므로

$$(m_1 + m_2)a = (m_2 - m_1)g - \frac{I}{R^2}a \tag{6}$$

$I = \dfrac{1}{2}MR^2$이므로

$$(m_1 + m_2)a = (m_2 - m_1)g - \frac{1}{2}Ma$$

$$\therefore (m_1 + m_2 + \frac{M}{2})a = (m_2 - m_1)g \qquad \therefore a = \frac{(m_2 - m_1)g}{m_1 + m_2 + \frac{M}{2}}$$

문제 7-4 그림과 같이 두 개의 질량 M인 블록이 도르래를 통해 줄에 매달려 있다. 도르래는 질량이 M이고 반지름이 R인 원판모양이다. 이때 이 계의 가속도는?

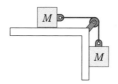

예제 5 막대의 회전

질량이 M이고 길이가 L인 막대를 바닥에 연직으로 세운 후 쓰러뜨렸다. 막대의 한쪽 끝이 바닥에 부딪칠 때의 속력을 구하라.(단, 마루에 닿아있는 다른 한 쪽은 미끄러지지 않는다고 하라.)

풀이 다음 그림처럼 바닥면을 위치에너지 = 0으로 택하자.

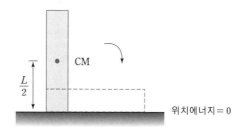

처음 막대는 정지해 있었으므로 운동에너지는 0이다. 그리고 막대의 질량중심의 높이는 $\frac{L}{2}$ 이므로 막대의 위치에너지는 $Mg\frac{L}{2}$ 이다.

막대가 바닥에 닿는 순간 막대의 질량중심의 높이는 0이므로 위치에너지는 0이고 막대가 각속도 w로 회전운동하면 회전운동에너지 $\frac{1}{2}Iw^2$을 갖는다.

여기서 막대의 관성능률은 $I = \frac{M}{3}L^2$이므로 에너지보존법칙에 의해

$$Mg\frac{L}{2} = \frac{1}{2} \times \frac{M}{3}L^2 w^2 \qquad \therefore w = \sqrt{\frac{3g}{L}}$$

막대의 끝의 선속력을 v라고 하면 $v = Lw$이므로

$$v = L\sqrt{\frac{3g}{L}} = \sqrt{3gL}$$

문제 7-5   길이가 L이고 질량이 M인 세 개의 막대로 이루어진 H모양의 강체가 있다. 이 물체가 그림과 같이 회전한다고 하자. H자의 평면이 수직으로 서있을 때 이 강체의 각속도는?

예제 6   비탈을 굴러 내려오는 공

반지름이 R이고 질량이 M인 속이 꽉찬 공이 그림과 같은 경사면의 꼭대기에서 미끄러짐 없이 굴러 내려온다. 이 공이 바닥에 왔을 때의 속력을 구하라.

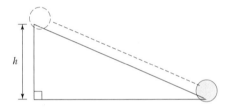

풀이   경사면 바닥을 위치에너지 = 0으로 택하자. 처음 공은 정지해 있으므로 그때 공의 에너지는 위치에너지뿐으로 Mgh이다. 이 공이 바닥에 오면 위치에너지는 0이 되고 운동에너지만 남는다. 이때 공의 질량중심의 속도를 V라고 하고 공의 회전 각속도를 w라고 하면 운동에너지는 $T = \frac{1}{2}MV^2 + \frac{1}{2}Iw^2$

여기서 I는 공의 관성능률로 $I = \frac{2}{5}MR^2$이다. 한편 공이 미끄럼 없이 구르기만 하므로 구름 조건으로부터 $V = Rw$가 된다. 따라서 에너지보존법칙을 쓰면

$$Mgh = \frac{1}{2}MV^2 + \frac{1}{2}Iw^2$$

$$\therefore \ Mgh = \frac{1}{2}MV^2 + \frac{1}{2} \times \frac{2}{5}MV^2$$

$$\therefore \ V = \sqrt{\frac{10}{7}gh}$$

문제 7-6   다음 그림과 같은 트랙의 A 지점에 있던 질량이 M이고 반지름이 R인 속이 빈 공이 정지상태로부터 굴러내려와 B지점으로 향한다. 이때 B지점에서 공의 속력은?

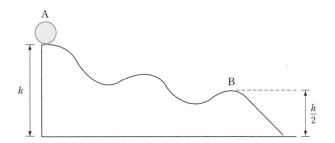

예제 7 각운동량보존

놀이터에는 반지름이 R이고 질량이 M인 회전목마가 있다.(회전목마는 균일한 원판이다.) 이때 질량이 $\frac{M}{4}$인 어린이가 일정한 속도 v로 그림과 같이 뛰어와서 회전목마에 올라탔다. 이때 회전목마의 각속도를 구하라.

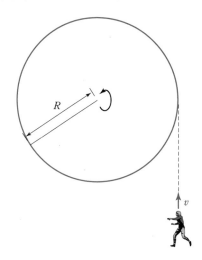

풀이 원판과 어린이를 합쳐 계라고 하자. 어린이가 원판에 타기 직전 원판은 정지해 있었으므로 계의 총 각운동량은 어린이의 각운동량인 $\frac{M}{4}vR$이다.

아이가 원판에 탄 후 각속도 w로 회전한다면 그때 계의 각운동량은 $\left(\frac{M}{4}R^2+I\right)w$이다. 여기서 원판의 관성능률은 $I=\frac{M}{2}R^2$이다.

각운동량보존법칙으로부터

$$\frac{M}{4}vR=\left(\frac{M}{4}R^2+\frac{M}{2}R^2\right)w \qquad \therefore \quad w=\frac{v}{3R}$$

문제 7-7 질량이 $4M$이고 반지름이 R인 원판의 끝에 질량이 M인 소년이 서있다. 소년이 접선방향으로 속도 v로 뛰어내렸더니 원판이 반대방향으로 회전했다. 이때 원판의 각속도는?

예제 8 비탄성충돌하는 강체

그림과 같이 질량이 m인 물체가 마찰이 없는 트랙을 내려와 수직으로 서 있는 질량 $2m$, 길이 l인 막대와 충돌하여 막대와 물체는 하나가 되어 점 O를 중심으로 각도 θ 만큼 돌아간 후 잠시 정지했다가 다시 내려온다. 이 때 $\cos\theta$를 구하라.

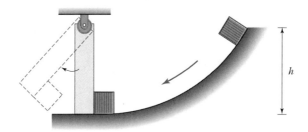

풀이 막대와 충돌하는 순간의 속도를 v라고 하면 에너지 보존법칙에 의해

$$\frac{1}{2}mv^2 = mgh \qquad \therefore \quad v = \sqrt{2gh}$$

충돌직전 각운동량은 $L_i = mvl$이고 충돌직후는 물체가 막대에 달라붙어 점 O를 중심으로 각속도 w로 회전운동한다면 그 때의 각운동량은 $L_f = Iw$이고 여기서

$$I = \frac{1}{3} \times 2ml^2 + ml^2 = \frac{5}{3}ml^2$$

각운동량 보존법칙에 의해 $L_i = L_f$이므로 $w = \frac{3}{5l}\sqrt{2gh}$

따라서 막대와 충돌직후의 막대－물체 계의 운동에너지 K는

$$K = \frac{1}{2}Iw^2 = \frac{1}{2} \times \frac{5}{3}ml^2 \times \left(\frac{3}{5l}\sqrt{2gh}\right)^2 = \frac{3}{5}mgh$$

이제 이 때와 막대-물체 계가 위로 올라가 순간 정지할 때 사이의 에너지 보존법칙을 쓰자. 이때 막대의 맨 밑 지점을 $V=0$ 선으로 택하자.

$$\frac{3}{5}mgh + 2mg \times \frac{l}{2} = 2mg\left(\frac{l}{2}(1-\cos\theta) + \frac{l}{2}\right) + mgl(1-\cos\theta)$$

$$\therefore \quad \cos\theta = 1 - \frac{3h}{10l}$$

문제 7-8 그림과 같이 마찰이 없는 수평면 위에 길이 L인 줄에 매달려 있는 질량 M인 나무토막에 줄과 수직방향으로 질량 m인 총알이 속도 v로 날아와 박혔다고 하자. 충돌 전후 운동에너지의 차이를 구하라.

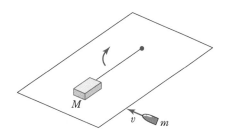

EXERCISE

문제 7-9 강회전씨는 20m 높이의 절벽에서 물속에 뛰어드는데 3번 회전을 했다. 강회전씨의 평균각속도는?

문제 7-10 바퀴가 $t=0$일 때 정지상태로부터 출발해 4초 동안 등각가속도 운동을 한다. $t=4s$에서 각속도는 8rad/s이다. 4 초 이후에는 바퀴가 등각속도운동을 한다. 바퀴는 10초 동안 몇 회전을 하는가?

문제 7-11 반지름이 50cm인 원판이 분당 120 회전을 한다. 원판의 가장가지에 블록을 접착제로 붙였다. 이 블록의 속력은?

문제 7-12 위도 60°인 곳에 서있는 사람의 속력를 지구 반지름 R과 지구의 각속력 w로 나타내면?

문제 7-13 질량이 m인 두 물체가 그림과 같이 길이가 a인 질량을 무시할 수 있는 막대에 묶여 점 O를 중심으로 회전하고 있다. 이 계의 관성능률은?

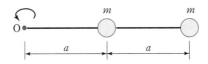

문제 7-14 그림과 같이 길이가 L인 세 개의 날개를 가진 프로펠러가 있다. 날개 하나의 질량은 M이고 프로펠러의 회전 각속도가 w일 때 이 계의 운동에너지는?

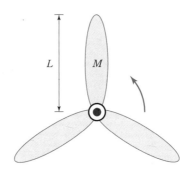

문제 7-15 질량이 M이고 한 변의 길이가 a인 균일한 정사각형 판의 한 꼭지점을 지나며 판에 수직인 회전축에 대해 이 물체의 관성능률은?

문제 7-16 질량이 2kg인 작은 공이 무게가 없고 길이가 3m인 줄에 매달려 단진자운동을 하고 있다. 진자가 연직방향과 30°를 이룰 때 공의 무게의 회전축에 대한 토크는?

문제 7-17 그림과 같이 속이 꽉찬 질량 2kg인 원통을 4개의 힘으로 돌릴 때 각가속도는?

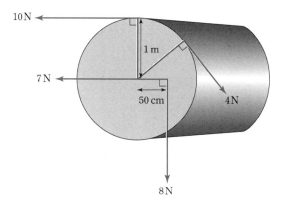

문제 7-18 그림과 같은 질량이 m인 문을 일정한 힘 F로 밀어 2초 후 $\dfrac{\pi}{4}$ 라디안만큼 회전시켰다. 이때 F는?

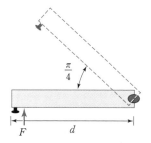

문제 7-19 자동차 엔진이 150rad/s로 회전할 때 60kW를 낸다. 이때 토크는?

문제 7-20 그림과 같이 팔의 길이가 다른 시소에 두 개의 같은 블록이 매달려 정지상태로부터 회전할 때 두 블록의 가속도의 비는?

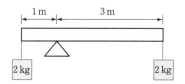

문제 7-21 바퀴 하나의 질량이 m이고 반지름 R인 네 바퀴를 제외한 차의 질량이 $6m$인 자동차가 v의 속력으로 일직선도로를 따라 미끄러짐없이 달릴 때 이 차의 운동에너지는? (단 바퀴는 속이 꽉찬 균일한 원통모양이라고 가정하라.)

문제 7-22 수평도로를 v의 속력으로 달리는 자동차의 바퀴의 맨 아래의 끝점을 땅에 정지해 있는 관측자가 본 속도는?

문제 7-23 질량이 M이고 반지름이 R인 속이 꽉찬 공이 그림과 같은 마찰이 없는 트랙을 따라 움직인다. 이 공이 높이 h인 곳에서 정지상태로부터 출발했다면 이 공이 원형 궤도를 돌기 위한 h의 최소값은?

문제 7-24 무게가 2000N인 비행기가 고도 2km에서 50m/s의 속력으로 수평방향으로 날고 있을 때 이 비행기 바로 밑에 있는 지상의 한 점에 대한 이 비행기의 각운동량의 크기는?

문제 7-25 그림의 바퀴 A와 B는 벨트로 연결되어 있고 벨트는 미끄러지지 않는다. 바퀴 A의 반지름은 바퀴 B의 반지름의 3배이고 두 바퀴가 같은 회전운동에너지를 가지고 있을 때 바퀴 A, B의 관성능률의 비는?

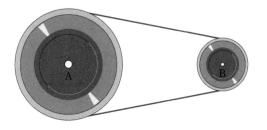

문제 7-26 반지름이 R이고 질량이 M인 별을 속이 찬 강체구로 가정하자. 이 별이 질량은 그대로 있고 반지름이 절반으로 줄어든다면 이때의 자전주기는 처음의 몇 배가 되는가?

문제 7-27 질량이 M인 두 아이가 질량이 $2M$이고 길이가 L인 가느다란 널빤지의 양 끝에 앉아있다. 널빤지의 중심을 회전축으로 하여 널빤지가 각속도 w로 회전하고 있다. 아이들이 중심으로부터 양 끝까지의 거리의 절반이 되는 곳까지 옮겨갔을 때의 각속도는? (널빤지는 가느다란 막대로 간주하고 아이들은 한 점으로 간주하라.)

문제 7-28 길이가 L이고 질량이 M인 막대의 한쪽 끝에 대한 관성모멘트를 구하라.

문제 7-29 그림과 같이 반지름이 각각 R_1, R_2이고 관성능률이 각각 I_1, I_2인 두 개의 원통이 평면에 수직인 회전축을 가지고 있다. 처음 큰 원통이 w의 각속도로 회전하고 있을 때 작은 원통이 큰 원통에 다가와 부딪쳐 둘 사이의 마찰력 때문에 작은 원통도 돌게 되었다. 두 원통이 만난 후 서로 미끄러짐 없이 두 원통은 반대방향으로 일정한 속도로 돌게되는 데 이때 작은 원통의 각속도 w_2를 구하라.

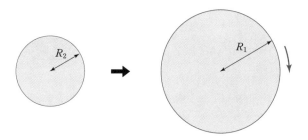

문제 7-30 그림과 같은 장치에서 용수철을 d만큼 압축시켰다가 놓았다. 용수철이 원래의 길이가 되는 순간 반지름 R인 도르래의 회전각속도 w를 구하라.(경사면과 블록의 마찰은 무시하고 도르래의 관성능률은 I, 블록의 질량은 m이고 경사면의 각도는 θ이다.)

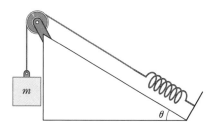

문제 7-31 그림과 같은 장치에서 반지름 R인 도르래의 관성능률이 I일 때 블록들의 가속도를 구하라. (경사면의 마찰은 무시한다.) (단, $m_2 > m_1$)

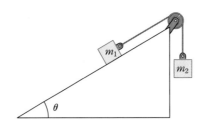

문제 7-32 그림에서 질량이 M이고 반지름이 R인 속이 꽉 찬 공이 공의 무게중심과 연직선이 θ을 이룰 때 정지상태로부터 굴러 내려오기 시작했다. 공이 가장 낮은 지점을 지날 때 공의 회전각속도를 구하라.

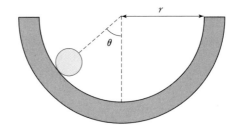

chapter 8

평형과 중력

FORMULA

8-1 병진평형조건

$$\sum \vec{F} = 0$$

8-2 회전평형조건

$$\sum \vec{\tau} = 0$$

8-3 만유인력

$$\vec{F} = -G\,\frac{m_1 m_2}{r^2}\,\hat{r}$$

(여기서 $\hat{r}$은 질량 m_1인 물체에서 질량 m_2인 물체로 향하는 방향의 단위 벡터)

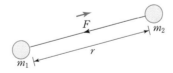

8-4 케플러의 법칙

1) 행성은 태양을 한 초점으로 하는 궤도를 그린다.
2) 행성과 태양을 잇는 선은 같은 시간 동안 같은 면적을 지나간다.
3) 주기의 제곱은 긴반지름의 세제곱에 비례한다.

$$T^2 = ka^3$$

TYPICAL PROBLEMS

[예제 1] 턱을 넘기 위한 조건

그림과 같이 바퀴가 높이 h의 장애물을 넘게하기 위해서 가해야할 수평력의 크기 F를 구하라. (단 바퀴의 반지름은 R이고 무게는 W이다.)

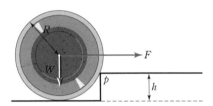

[풀이] 점 P를 회전축으로 하는 토크를 보자. F에 의한 토크는 턱을 넘게하고 W에 의한 토크는 턱을 넘는 것을 방해한다. 그러므로 F에 의한 토크가 W에 의한 토크보다 클 때 바퀴가 턱을 넘는다.

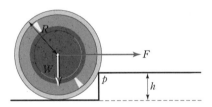

$$\therefore \ F(R-h) \geq W\sqrt{R^2-(R-h)^2}$$

$$\therefore \ F \geq \frac{\sqrt{R^2-(R-h)^2}}{R-h} W$$

[문제] 8-1   그림과 같은 균일한 밀도를 가진 구조물이 넘어지지 않기 위한 x의 최대값은?

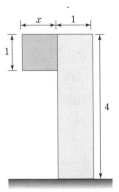

예제 2 기울어져 안 미끄러지는 막대

그림과 같이 길이가 L 이고 무게가 W 인 균일한 널빤지가 높이 h 의 벽에 기대어 서 있다. 각 θ 가 45°일 때 널빤지가 미끄러지기 시작했다면 이때 널빤지의 한쪽 끝과 바닥 사이의 최대정지마찰력을 구하라.

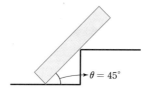

풀이 다음 그림을 보자. ($\theta = 45°$)

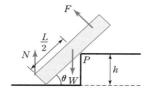

$$\sum F_x = 0 \text{로부터} \quad F\sin\theta = f \tag{1}$$

$$\sum F_y = 0 \text{로부터} \quad F\cos\theta + N = W \tag{2}$$

P점 주위의 $\sum \vec{\tau} = 0$ 로부터

$$Nh - fh - W\left(h - \frac{L}{2}\cos\theta\right) = 0 \tag{3}$$

(1)(2)를 (3)에 넣으면

$$F = \frac{LW}{4h} \tag{4}$$

(4)를 (1)에 넣으면

$$f = \frac{LW}{4h} \times \frac{\sqrt{2}}{2} = \frac{\sqrt{2}LW}{8h}$$

문제 8-2 그림과 같이 질량을 무시할 수 있는 사다리에 무게가 w 인 사람이 올라서 있고 양쪽 사다리는 줄로 연결되어 있다.

(1) A, B에서 수직항력 N_A, N_B를 구하라.

(2) C에서 왼쪽 사다리가 오른쪽 사다리에 작용하는 힘을 구하라.

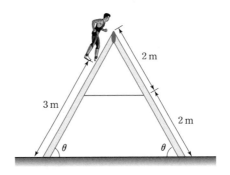

예제 3 **벽돌들의 평형**

그림과 같이 길이 L인 모양이 같은 벽돌 2개를 책상 위에 포개놓았다. 벽돌들이 평형을 이루기 위한 a_1, a_2의 값을 구하라.

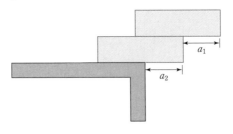

풀이 먼저 a_1을 구하자. 벽돌의 선밀도를 k라고 하자. 튀어나온 부분의 무게의 P점 주위로의 토크와 나머지 부분의 수직항력 N의 토크가 평형을 이루어야한다. 튀어나온 부분의 무게는 $k\dfrac{a_1}{L}g$이므로 $\sum \vec{\tau}=0$로부터

$$k\frac{a_1}{L}g \cdot \frac{a_1}{2} = k\frac{L-a_1}{L}g \cdot \frac{L-a_1}{2} \quad \therefore \quad a_1 = \frac{L}{2}$$

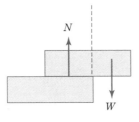

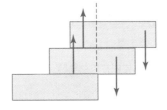

이제 a_2를 구하자. $\sum \vec{\tau} = 0$로부터

$$k\frac{a_2}{L}\,g\cdot\frac{a_2}{2}+k\frac{a_1+a_2}{L}\,g\cdot\frac{a_1+a_2}{2}$$

$$=k\frac{L-a_2}{L}\,g\cdot\frac{L-a_2}{2}+k\frac{L-(a_1+a_2)}{L}\,g\cdot\frac{L-(a_1+a_2)}{2}$$

$$\therefore\ \ -2La_2-2L(a_1+a_2)+2L^2=0\quad\therefore\ \ a_2=\frac{L}{4}$$

> ✎···note
>
> 일반적으로 N개의 벽돌인 경우 $a_N=\dfrac{L}{2N}$이다.

문제 8-3 그림과 같이 길이 L인 모양이 같은 벽돌 3개를 책상 위에 포개놓았다. 벽돌들이 평형을 이루기 위한 a_1, a_2, a_3의 값을 구하라.

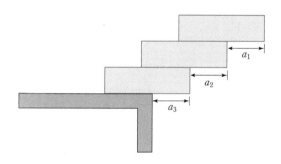

예제 4 중력 계산

반지름이 R인 균일한 구에서 다음 그림과 같은 공모양의 구멍을 만들었다. 구멍을 만들기 전 구의 질량은 M이다. 구의 중심에서 거리 $2R$ 떨어진 곳에 있는 질량 m인 물체가 받는 중력을 구하라.

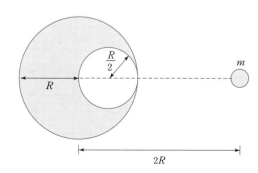

풀이 비워져 있는 구멍을 채웠을 때 구의 질량은 M이고 질량 m인 물체와의 거리는 $2R$이므로 이때 물체가 받는 중력은

$$F_1 = G\frac{Mm}{(2R)^2} = \frac{GMm}{4R^2}$$

이 중에서 구멍부분의 질량은 $\frac{M}{8}$이므로 그 부분이 m에 작용하는 중력을 F_2라 하면

$$F_2 = \frac{G(\frac{M}{8})m}{(2R-\frac{R}{2})^2} = \frac{GMm}{18R^2}$$

따라서 구하는 중력은 $F_1 - F_2 = \dfrac{7GMm}{36R^2}$

문제 8-4 질량이 M인 가느다란 반지름이 R인 반원 모양의 막대가 있다. 이 반원의 중심에 있는 질량이 m인 물체가 받는 중력의 크기는?

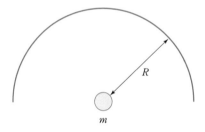

예제 5 위성의 에너지

질량이 m인 두 위성 A, B가 질량이 M인 지구 주위를 그림과 같이 서로 반대방향으로 반지름 r인 동일궤도를 돌고 있다.

(1) 두 위성이 충돌하기 전에 가지는 총 역학적에너지를 구하라.

(2) 두 위성이 충돌 후 하나가 되었다면 그때의 역학적에너지를 구하라.

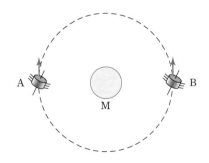

풀·이 (1) 질량이 m인 위성이 속도 v로 질량 M인 지구 주위를 원운동할 때 만유인력이 구심력이므로 원의 반지름을 r이라고 하면

$$G\frac{mM}{r^2} = m\frac{v^2}{r} \quad \therefore \quad v^2 = \frac{GM}{r} \qquad\qquad ①$$

이 물체의 역학적에너지는

$$E = \frac{1}{2}mv^2 + \left(-\frac{GMm}{r}\right) \qquad\qquad ②$$

①을 ②에 넣으면 $E = -\dfrac{GMm}{2r}$

이 문제에서 위성 A와 위성 B의 총에너지는 모두 $-\dfrac{GMm}{2r}$이므로 두 위성으로 이루어진 계의 총 에너지는 $E = 2\left(-\dfrac{GMm}{2r}\right) = -\dfrac{GMm}{r}$

(2) 충돌 직전 A의 속도를 $-v$라고 하면 B의 속도는 $+v$이다. 충돌 후 A, B가 하나가 된 후 속도를 V라고 하면 운동량보존법칙에 의해

$$m(-v) + mv = 2mV \quad \therefore \quad V = 0$$

충돌 후 하나가 된 물체의 속도가 0이므로 운동에너지는 0이고 중력에 의한 위치에너지는 $-\dfrac{GM(2m)}{r}$이므로 충돌 후 계의 총에너지는 $E = -\dfrac{2GMm}{r}$이다.

문제 8-5 질량이 M이고 반지름이 R인 행성에서 질량 m인 물체가 탈출하기 위한 속도 v_0를 구하라.

예제 6 케플러의 법칙

그림과 같이 질량 m, M으로 이루어진 두 별이 무게중심으로부터 반지름 r_1, r_2인 원운동을 하고 있다. 이때 두 별의 공전주기 T를 구하라.

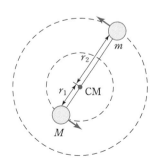

풀•ㅣ 두 별의 질량중심의 좌표를 원점으로 택하면 $0 = \dfrac{Mr_1 - mr_2}{M + m}$.

$$\therefore \quad Mr_1 = mr_2 \qquad\qquad\qquad (1)$$

두 별 사이의 거리가 d이고 두 별이 질량중심 주위를 회전하는 각속도를 각각 w_1, w_2라고 하면 각각의 별의 운동방정식은

$$M) \quad Mr_1 w_1^{\,2} = G\frac{Mm}{d^2} \qquad\qquad\qquad (2)$$

$$m) \quad mr_2 w_2^{\,2} = G\frac{Mm}{d^2} \qquad\qquad\qquad (3)$$

(1)을 (2)(3)에 넣으면 $w_1 = w_2$

따라서 두 별은 질량중심주위를 같은 각속도로 회전한다. 이때 $w_1 = w_2 = w$라 두면

$$r_1 w^2 = G\frac{m}{d^2} \qquad\qquad\qquad (4)$$

$$r_2 w^2 = G\frac{M}{d^2} \qquad\qquad\qquad (5)$$

두 식을 더하고 $r_1 + r_2 = d$를 이용하면

$$dw^2 = G\frac{M + m}{d^2}$$

$$\therefore \quad w^2 = G\frac{M + m}{d^3} \qquad\qquad\qquad (6)$$

한편 $T = \dfrac{2\pi}{w}$ 를 이용하면

$$T^2 = \frac{4\pi^2}{G(M + m)} (r_1 + r_2)^3$$

문제 8-6 질량이 M으로 같은 두 별로 이루어진 계를 생각하자. 두 별 사이의 거리가 d일 때 두 별은 두 별의 무게중심을 중심으로 돌고 있다. 그들의 공통된 각속도 w는?

EXERCISE

문제 8-7 질량을 무시할 수 있는 막대의 중앙이 아닌 한 점에 받침대가 있고 이 점을 중심으로 막대는 회전할 수 있다. 질량 m인 물체를 막대의 왼쪽에 놓고 오른쪽에 질량 m_1인 추를 놓았더니 평형을 이루었다. 또 질량 m인 물체를 오른쪽에 놓고 왼쪽에 질량 m_2인 추를 놓았더니 평형을 이루었다. 이때 m을 m_1, m_2로 나타내면?

문제 8-8 한 변의 길이가 L이고 무게가 W인 정육면체가 바닥에 놓여 있다. 이때 상자를 수평방향으로 밀어 넘어뜨리기 위해 힘을 작용하는 최소의 높이는?

문제 8-9 무게가 w인 사람이 수평으로 놓여있는 다리를 건너고 있다. 다리는 길이가 L이고 균일하며 무게는 $3w$이다. 이 사람이 다리의 한끝에서 $\frac{1}{4}$이 되는 지점에 왔을 때 가까운 쪽의 지지대가 다리에 연직방향으로 작용하는 힘은?

문제 8-10 그림과 같이 무게를 무시할 수 있는 길이가 L인 막대 AB가 한쪽 끝이 줄에 매달려 있고 그 막대 위에 무게 W인 물체가 놓여 있을 때 A 지점이 막대에 작용하는 힘 F의 크기는?

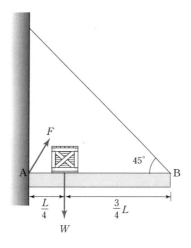

문제 8-11 그림과 같이 무게가 W인 막대가 두 개의 줄에 의해 수평을 유지하고 있다. 막대의 한쪽 끝에서 무게중심까지의 거리 x의 값은?

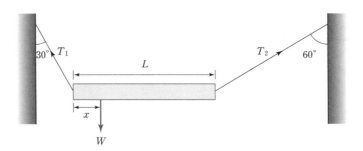

문제) 8-12 마찰계수가 $\frac{1}{2}$인 벽에 무게가 W인 공이 놓여있다. 그림과 같이 힘 F를 작용해도 공이 돌지 않을 때 F는?

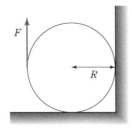

문제) 8-13 그림과 같이 길이가 L인 다리의 한쪽 끝(A점)에서 $\frac{1}{4}$ 떨어진 곳에 무게가 W인 트럭이 서 있다. 다리의 무게를 $2W$라고 할 때 양끝의 기둥이 다리를 받치는 힘을 각각 F_A, F_B라고 하자. 이때 $F_A : F_B$의 값은?

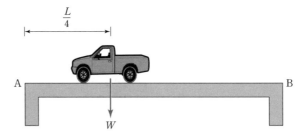

문제) 8-14 그림과 같이 질량을 무시할 수 있는 막대가 두 개의 저울에 떠받쳐 있고 저울에 나타난 눈금을 각각 F_1, F_2라고 하면 $F_1 : F_2 = 2 : 1$이다. 이때 막대에 누워있는 사람의 질량중심의 위치는 머리끝으로부터 얼마 되는 곳인가? (단 이 사람의 키는 L이라고 하자.)

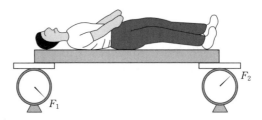

문제 8-15 다음 그림에서 공의 무게가 W일 때 A, B지점의 수직항력 N_A, N_B를 구하라.

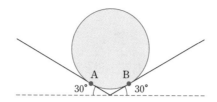

문제 8-16 질량 M인 물체가 두 개로 갈라져 m과 $M-m$이 되어 일정 거리 떨어져 있다. 이 두 물체의 중력이 최대일 때 $\dfrac{m}{M}$의 값은?

문제 8-17 질량 m인 사람이 질량이 각각 M, $2M$인 두 행성 사이에 있다. 두 행성 사이의 거리는 d이다. 이 사람이 두 행성으로부터 받는 중력이 0일 때 이 사람은 질량이 M인 행성의 중심에서 얼마나 떨어져 있는가?

문제 8-18 밀도가 ρ로 균일한 반지름 R인 행성의 자전주기의 최소값은?

문제 8-19 그림과 같이 질량이 m인 두 개의 행성이 질량이 $2m$인 별 주위를 같은 공전반지름 r로 돌고 있다. 이때 이 행성들의 공통된 공전주기는?

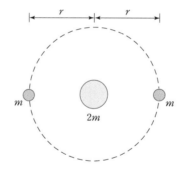

문제 8-20 그림과 같이 질량이 M인 행성주위에 질량이 m인 세 개의 위성이 공전반지름 r로 회전한다. 이때 위성의 회전 각속도 w는?

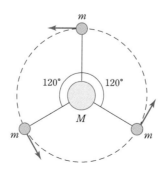

문제 8-21 지표면에서 높이 h인 원궤도를 v의 속력으로 돌고 있는 인공위성이 있다. 이 인공위성이 높이 $2h$인 원궤도를 돌 때 속력은?(단, 지구의 반지름은 R, 질량은 M이다.)

문제 8-22 어떤 행성 주위를 돌고 있는 인공위성이 행성으로부터 가장 가까울 때 거리는 R이고 가장 멀 때는 $5R$이다. 이때의 속력을 각각 v_1, v_2라고 할 때 $\dfrac{v_1}{v_2}$의 값은?

문제 8-23 질량이 M인 행성에 대해 반지름 r인 원궤도를 도는 위성의 위치에너지가 ε일 때 이 위성의 역학적 에너지는?

문제 8-24 처음에 무한히 떨어져 정지해 있던 질량이 각각 m, M인 두 물체가 중력에 위해 서로 가까워진다. 어떤 순간에 두 물체 사이의 거리가 R이라고 할 때 이들의 상대속도를 구하라.

chapter 9

단조화운동

FORMULA

9 - 1 단조화운동

$$m\frac{d^2x}{dt^2} = -kx$$

$x = x_m \cos wt$ (x는 변위, x_m은 진폭)

$w = 2\pi f$: 각진동수

$f = \dfrac{1}{T}$: 진동수

T : 주기

$k = mw^2$: 용수철 상수

$v_m = wx_m$: 최대속도

$F_m = kx_m$: 최대탄성력

9 - 2 진동수와 용수철 상수의 관계

$$f = \frac{1}{2\pi}\sqrt{\frac{k}{m}}$$

9 - 3 물리진자

$$w = \sqrt{\frac{mgd}{I}}$$ (여기서 d는 회전축에서 질량중심까지의 거리)

9 - 4 비틀림진자

$$w = \sqrt{\frac{\chi}{I}}$$

(여기서 $\tau = -\chi\theta$)

TYPICAL PROBLEMS

예제 1 용수철 두 개에 매달린 블록

그림처럼 용수철 상수가 k인 두 개의 용수철에 질량이 m인 물체가 매달려 진동하고 있다. 물체와 바닥 사이의 마찰이 없을 때 진동수를 구하라.

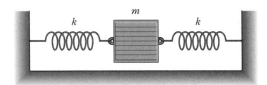

풀•이 물체가 오른쪽으로 x 이동하면 왼쪽 용수철은 x만큼 늘어나고 오른쪽 용수철은 x만큼 압축되므로 두 용수철의 탄성력은 다음과 같다.

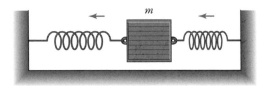

왼쪽으로 향하는 힘을 음수로 정의하면 물체에 작용하는 힘은 왼쪽 용수철의 탄성력 $-kx$와 오른쪽 용수철의 탄성력 $-kx$의 합력이다. 그러므로 물체가 받는 힘 F는 $F = -2kx$이다. 그러므로 물체는 용수철 상수가 $2k$인 용수철에 매달린 물체처럼 단조화운동을 하므로 진동수를 f라고 하면

$$f = \frac{1}{2\pi}\sqrt{\frac{2k}{m}}$$

문제 9-1 질량을 무시할 수 있는 용수철(용수철 상수= k)의 양쪽 끝에 질량이 m인 물체가 매달려 있다. 이 용수철을 압축한 후 마찰이 없는 수평면 위에 놓았더니 물체가 진동하기 시작했다. 이 진동의 주기를 구하라.

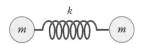

예제 2 두 토막으로 잘린 용수철

길이가 L이고 용수철 상수가 k인 용수철이 있다. 이 용수철을 두 쪽으로 잘라 두 용수철의 길이가 각각 L_1, L_2가 되었고 $L_2 = 2L_1$이다. 이때 각 용수철의 용수철 상수 k_1, k_2를 구하라.

풀이 다음 그림을 보자.

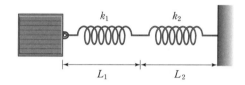

$$\therefore \quad L = L_1 + L_2 \tag{1}$$

물체를 힘 F로 잡아당길 때 늘어난 길이를 각각 $\Delta x, \Delta x_1, \Delta x_2$라고 하면

$$\Delta x = \Delta x_1 + \Delta x_2 \tag{2}$$

용수철을 자르기 전에는 $F = k\Delta x$이고 용수철을 잘라 연결한 후에는 $F = k_1\Delta x_1 = k_2\Delta x_2$이므로

$$k\Delta x = k_1\Delta x_1 = k_2\Delta x_2 \tag{3}$$

용수철이 늘어난 길이는 용수철의 원래 길이에 비례하므로 그 비례상수를 c라고 하면

$$\Delta x = cL, \quad \Delta x_1 = cL_1, \quad \Delta x_2 = cL_2 \tag{4}$$

(4)를 (2)에 넣고 $L_2 = 2L_1$를 이용하면

$$\Delta x = 3\Delta x_1 \tag{5}$$

(5)를 (3)에 넣으면 $k_1 = 3k$

(5)와 (2)에서

$$\Delta x_2 = \frac{2}{3}\Delta x \tag{6}$$

(6)을 (3)에 넣으면 $k_2 = \frac{3}{2}k$

문제 9-2　그림처럼 용수철 상수가 k인 두 용수철에 질량 m인 물체가 매달려 진동할 때 물체의 각진동수는?

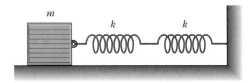

예제 3　**용수철과 비틀림진자**

　그림과 같이 질량 M이고 반지름이 R인 바퀴의 살(중심에서 거리 r인 지점)에 용수철 상수가 k인 용수철을 연결하였다. 이때 바퀴의 각진동수 w를 구하라.

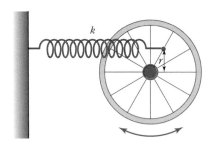

풀이　용수철이 x만큼 늘어나면 용수철의 탄성력은 $-kx$이고 그 힘이 바퀴에 작용한다. 따라서 용수철의 탄성력에 의한 토크는 $\tau=-kxr$이 되고 용수철이 x 늘어날 때 바퀴가 θ만큼 회전한다면 $x=r\theta$ 이므로 $\tau=-kr^2\theta$

한편 물리진자의 경우 $\tau=-\varkappa\theta$이므로 $\varkappa=kr^2$

바퀴의 관성능률이 MR^2이므로 바퀴의 각진동수는

$$w=\sqrt{\frac{\varkappa}{I}}=\sqrt{\frac{kr^2}{MR^2}}=\frac{r}{R}\sqrt{\frac{k}{M}}$$

문제 9-3　그림과 같이 마찰이 없는 수평면에서 질량이 M이고 반지름이 R인 속이 꽉찬 원판이 용수철 상수 k인 용수철에 매달려 단조화운동을 한다. 이때 각진동수를 구하라.

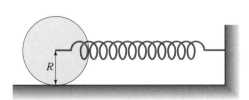

예제 4 물리진자

길이가 L인 막대가 그림과 같이 O점을 진동축으로 진동한다.

(1) 이 진자의 주기를 구하라.

(2) 주기가 최소가 될 때 x의 값을 구하라.

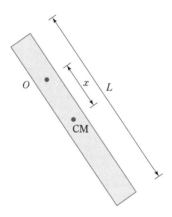

풀이 (1) 평행축 정리에 의해 O점을 회전축으로 할 때 진자의 관성능률은 $I = \dfrac{mL^2}{12} + mx^2$이다.

그러므로 주기는 $T = 2\pi\sqrt{\dfrac{I}{mgx}} = 2\pi\sqrt{\dfrac{L^2 + 12x^2}{12gx}}$

(2) $f(x) = \dfrac{L^2 + 12x^2}{x}$ 이라 두면 $f(x)$가 최소일 때 T가 최소가 된다.

$f'(x) = \dfrac{12x^2 - L^2}{x^2} = 0$에서 $x = \dfrac{L}{\sqrt{12}}$ 일 때 $f(x)$가 최소가 되고 그때 T

가 최소가 된다.

문제 9-4 질량 M, 반지름이 R인 균일한 원판으로 물리진자를 만들었다. 원판의 중심에서 $\dfrac{R}{2}$ 떨어진 곳을 진동축으로 하여 작은 각도로 진동할 때 이 진자의 주기는?

예제 5 용수철의 질량

질량이 m인 용수철에 질량이 M인 추가 매달려 단조화운동할 때 각진동수를 구하라.

풀이 다음 그림을 보자.

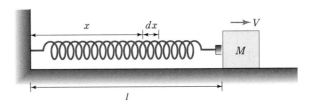

이때 dx 부분의 질량을 dm이라고 하면

$$dm = \frac{m}{l}\,dx \tag{1}$$

dm 부분의 운동에너지를 dK라고 하면

$$dK = \frac{1}{2}(dm)v_x^2 \tag{2}$$

이제 dm 부분의 속도 v_x를 구하면 된다. 용수철의 늘어난 길이를 원래의 용수철의 길이에 비례한다고 하면 전체 용수철에 매달린 추에 의해 용수철이 늘어난 길이 $\varDelta x$와 원래 길이 x인 용수철에 dm이 매달려 있을 때 늘어난 길이 $\varDelta x_1$사이에는 다음과 같은 관계가 성립한다.

$$\frac{\varDelta x}{l} = \frac{\varDelta x_1}{x} \qquad \therefore \quad \varDelta x_1 = \frac{x}{l}\,\varDelta x$$

양변을 $\varDelta t$로 나누면 $\quad \dfrac{\varDelta x_1}{\varDelta t} = \dfrac{x}{l}\dfrac{\varDelta x}{\varDelta t}$

이때 $\dfrac{\varDelta x_1}{\varDelta t} = v_x,\quad \dfrac{\varDelta x}{\varDelta t} = v$이므로 $\quad v_x = \dfrac{x}{l}\,v$

따라서 전체 운동에너지는 다음과 같다.

$$K = \frac{1}{2}Mv^2 + \int \frac{1}{2}(dm)v_x^2 = \frac{1}{2}Mv^2 + \frac{1}{2}\int_0^l \left(\frac{m}{l}\,dx\right)\left(\frac{x}{l}\,v\right)^2$$

$$= \frac{1}{2}\left(M + \frac{m}{3}\right)v^2$$

$$\therefore \quad w = \sqrt{\frac{k}{M + \dfrac{m}{3}}}$$

문제 9-5   질량이 m인 물체가 달려있는 용수철의 주기가 2초이다. 질량을 1kg 늘렸더니 용수철의 주기가 3초가 되었다. 이때 m의 값은?

EXERCISE

문제 9-6 조수로 인해 해면에 파도가 생긴다. 파도는 주기 12시간으로 거리 d만큼 아래위로 단조화운동을 한다. 파도의 최대높이에서 거리 $\dfrac{d}{4}$만큼 내려올 때까지 걸리는 시간은?

문제 9-7 그림과 같이 두 물체가 용수철 상수가 200N/m인 용수철에 매달려 마찰이 없는 수평면에서 단조화운동을 하고 있다. 두 물체 사이의 정지마찰계수가 0.2일 때 위의 물체가 미끄러지지 않기 위한 용수철의 최대진폭은?

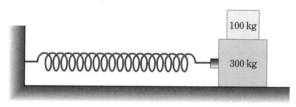

문제 9-8 수직방향으로 단조화운동을 하는 피스톤 위에 질량 1kg의 물체가 놓여있다. 단조화운동의 각진동수가 2rad/s일 때 물체가 피스톤에서 분리되지 않기 위한 최대 진폭은?

문제 9-9 천장에 매달린 길이가 10m인 용수철에 1kg짜리 추를 매달았더니 용수철의 길이가 15m가 되었다가 단조화운동을 하였다. 용수철의 길이가 14m일 때 추의 속력은?

문제 9-10 그림과 같이 질량이 같은 네 개의 수레차가 용수철에 매달려 있다. 이때 용수철의 늘어난 길이는 60cm이다. 수레차 하나를 떼어냈을 때 나머지 세 대의 수레차는 단조화운동을 한다. 이때 주기는?

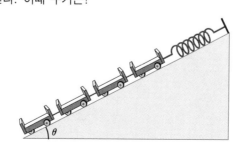

문제 9-11   최대진폭이 A인 단조화운동에서 퍼텐셜에너지와 운동에너지가 같아지는 변위 x 의 값은?

문제 9-12   마찰이 없는 수평면 위에 놓인 질량 $3m$인 물체에 용수철 상수가 k인 용수철이 그림과 같이 매달려 있다. 질량이 m이고 속도가 v인 총알이 날아와 물체에 박혀 단조화운동을 한다. 이때 진폭은?

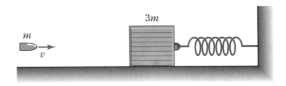

문제 9-13   길이가 L이고 질량이 M인 길고 가느다란 막대의 중심에서 $\dfrac{L}{3}$ 만큼 떨어진 곳을 진동축으로 갖는 진자가 있다. 작은 각도로 진동할 때 진자의 주기는?

문제 9-14   그림에서 질량 M인 막대를 눌러 용수철을 압축시켰다 놓으면 막대는 단조화진동 을 한다. 이때 각진동수는? (θ가 작다고 가정하라.)

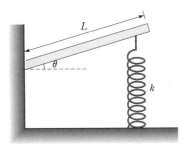

문제 9-15   질량 M인 물체가 질량을 무시할 수 있는 길이 L의 막대에 그림과 같이 용수철에 연결되어 있다. 그림에서 막대가 용수철을 압축시켰다가 놓으면 추는 단조화진동한 다. 이때 각진동수는?

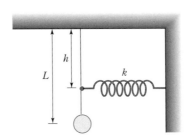

문제 9-16 용수철 상수 k인 용수철에 질량 m인 물체를 원판형 도르래를 통해 그림과 같이 달아두었다. 추를 잡아당겨 단조화진동을 시킬 때 각진동수는?(도르래의 질량은 M, 반지름은 R이다.)

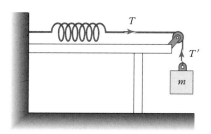

문제 9-17 그림과 같이 질량 M인 물체의 양쪽에 용수철상수가 k인 두 개의 용수철을 달았다. 이 물체를 진폭 A로 진동시켰더니 진동수가 w였다. 물체가 평형점을 지나는 순간 질량 m인 물체를 연직상방에서 떨어뜨려 질량 M인 물체에 부착시켰다. 이 때 새로운 각진동수 w'을 구하라.

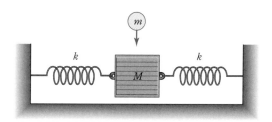

chapter 10

전하와 전기장

FORMULA

10-1 전자의 전하

$$e = -1.6 \times 10^{-19} \text{ C}$$

10-2 쿨롱의 법칙

$$F = k\frac{q_1 q_2}{r^2} \quad (q_1, q_2\text{가 같은 부호이면 척력 다른 부호이면 인력})$$

$$k = \frac{1}{4\pi\varepsilon_0} = 9 \times 10^9 \text{ Nm}^2/\text{C}^2$$

10-3 전기장 E를 받는 전하 q가 받는 힘 F

$$F = qE$$

10-4 점전하에 의한 전기장

$$\vec{E} = k\frac{q}{r^2}\,\hat{r}$$

($\hat{r}$은 전하 q가 있는 곳에서 전기장을 구하려는 점을 향하는 단위벡터)

10-5 연속전하분포에 의한 전기장

$$\vec{E} = k\int \frac{dq}{r^2}\,\hat{r}$$

10-6 전기쌍극자에 의한 전기장

$$E = 2k\frac{p}{x^3} \quad (\text{여기서 } p = qd \text{ 는 전기쌍극자 모멘트})$$

10 – 7

전기쌍극자가 만드는 토크

전기장 E 속에 비스듬히 놓인 전기쌍극자가 받는 토크

$\tau = pE\sin\theta$

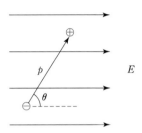

10 – 8

외부 전기장 E 속에서 전기쌍극자의 퍼텐셜에너지

$U = -pE\cos\theta$

$\theta = 0°$ 일 때 $U = -pE$ (최소)

$\theta = 180°$ 일 때 $U = pE$ (최대)

TYPICAL PROBLEMS

예제 1 전하

도체로 만든 3개의 공 A, B, C가 똑같은 양의 전하 q를 가지고 있다. 이때 절연된 손잡이를 가지고 있는 도체 공 D를 공 A에 접촉시킨 후 떼고 다시 공 B에 접촉시킨 후 떼고 마지막으로 공 C에 접촉시킨 후 떼었다. 이때 네 도체 공의 전하량의 비를 구하라.(단, 세 공은 반지름에 비해 충분히 멀리 떨어져 있다.)

풀이 처음 공 D는 전하량이 0이고 공A는 전하량이 q이다. 공D를 공A에 접촉시키면 두 공의 전하량은 같아진다.

$$\text{A의 전하량} = \frac{q}{2}, \quad \text{D의 전하량} = \frac{q}{2}$$

이제 D와 B를 접촉시키면 두 전하량의 합은 $q + \frac{q}{2} = \frac{3}{2}q$이므로 두 공의 전하량은 전체의 절반인 $\frac{3}{4}q$씩 된다.

$$\text{B의 전하량} = \frac{3}{4}q, \quad \text{D의 전하량} = \frac{3}{4}q$$

마지막으로 D와 C를 접촉시키면 두 공의 전하는 같아져

$$\text{C의 전하량} = \frac{7}{8}q, \quad \text{D의 전하량} = \frac{7}{8}q$$

그러므로 최종전하량의 비는

$$\text{A} : \text{B} : \text{C} : \text{D} = \frac{q}{2} : \frac{3}{4}q : \frac{7}{8}q : \frac{7}{8}q = 4 : 6 : 7 : 7$$

이 된다.

문제 10-1 그림과 같이 두 금속구 A, B가 $+9\,\text{C}$, $-3\,\text{C}$의 전하를 띠고 거리 r 떨어져 있을 때 두 금속구 사이의 힘을 F라고 하자. 두 금속구를 접촉시킨 후 다시 거리 r만큼 떼어놓았을 때 힘은 얼마인가?

예제 2 점전하에 의한 전기장

　　그림과 같이 한 변의 길이가 a인 정육면체의 무게중심에 전하 $-q$가 있고 7개의 꼭 지점에 $+q$의 전하가 있다. 이때 $-q$의 전하가 받는 전기력을 구하라.

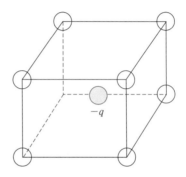

풀이　만일 비어있는 하나의 꼭지점에 $+q$의 전하가 있다면 대칭에 의해 $-q$의 전하 가 받는 전기력은 0이다. 그러므로 다음과 같이 쓸 수 있다. 꼭지점과 중심 사 이의 거리는 $\frac{\sqrt{3}}{2}a$이므로 중심의 $+q$와 꼭지점의 $-q$ 사이의 전기력은 $k\dfrac{q(-q)}{\left(\frac{\sqrt{3}}{2}a\right)^2} = -\dfrac{4kq^2}{3a^2}$ 이다. 문제에서 구하는 전기력을 F라고 하면 F는 7개의 전하에 의한 힘으로

$$\therefore\ F + \left(-\frac{4kq^2}{3a^2}\right) = 0$$

$$\therefore\ F = \frac{4kq^2}{3a^2}$$

문제 10-2　그림에서 정사각형의 한 변의 길이가 a일 때 중심의 전하 $-q$가 받는 전기력의 크기 는?

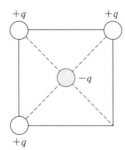

예제 3 원형고리에 의한 전기장

그림과 같이 반지름이 R인 원형고리에 전하 q가 균일하게 분포되어 있다.

(1) 고리의 중심에서 거리 z만큼 떨어진 P점에서의 전기장의 크기와 방향을 구하라.

(2) z가 R에 비해 아주 클 때 전기장의 세기를 구하라.

(3) 고리의 중심에서 전기장의 세기를 구하라.

(4) 전기장의 세기가 최대가 되는 z의 값을 구하라.

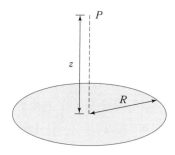

풀이 (1) 다음 그림을 보자.

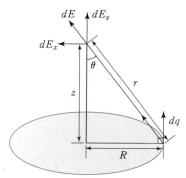

dq에 의한 전기장을 $d\vec{E}$라고 하자. 이 때 대칭성에 의해 $d\vec{E}$의 수평방향 성분은 모두 상쇄되고 수직성분만 남게된다. 따라서 $\vec{E}$의 방향은 수직위로 향하는 방향이 된다. $d\vec{E}$의 수직방향 성분은 $dE\cos\theta$이므로 구하는 전기장의 세기를 E라고 하면

$$E = \int dE\cos\theta = \int k\frac{dq}{r^2} \cdot \frac{z}{r} = k\frac{z}{r^3}\int dq = k\frac{qz}{(z^2+R^2)^{3/2}}$$

(2) $z \gg R$이면 $R^2 + z^2 \cong z^2$이므로 $E \cong k\dfrac{qz}{(z^2)^{3/2}} = k\dfrac{q}{z^2}$

(3) 고리의 중심은 $z = 0$이므로 $E = 0$이다.

(4) E가 최대이려면 $f(z) = \dfrac{z}{(z^2+R^2)^{3/2}}$가 최대이어야 한다.

$$\therefore \ f'(z) = \frac{(z^2+R^2)^{3/2} - 3z^2(z^2+R^2)^{1/2}}{(z^2+R^2)^3} = 0$$

$$\therefore \ z^2 + R^2 - 3z^2 = 0$$

따라서 $z = \dfrac{R}{\sqrt{2}}$ 일 때 E 가 최대이다.

문제 1o-3 위 문제에서 P점에 $-q$ 의 전하가 있고 z 가 R 에 비해 아주 작을 때 전하 $-q$ 의 각진동수를 구하라.

예제 4   막대에 의한 전기장

그림과 같이 길이 L 인 막대에 전하 q 가 균일하게 분포되어 있다.

(1) 막대의 중심에서 거리 y 만큼 떨어진 P점에서의 전기장의 방향과 크기를 구하라.

(2) y 가 L 에 비해 아주 클 때 전기장의 세기를 구하라.

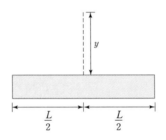

풀이 그림과 같이 좌표축을 택하자.

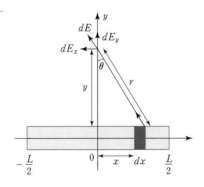

(1) 막대의 선전하밀도를 λ 라고 하면 $\lambda = \dfrac{q}{L}$ 이다.

막대의 길이요소 dx 에 의한 전기장의 세기는

$$dE = \frac{k\lambda dx}{r^2} \qquad \text{①}$$

한편 막대가 y축에 대해 대칭을 이루므로 전기장의 수평방향성분은 상쇄되어 사라지고 수직위로 향하는 성분 E_y만 남는다.

$$\therefore \ \ dE_y = dE\cos\theta = \frac{k\lambda dx}{r^2} \cdot \frac{y}{r} = \frac{k\lambda y dx}{r^3}$$

$$\therefore \ \ E_y = \int dE_y = \int_{-L/2}^{L/2} \frac{k\lambda y}{(x^2 + y^2)^{3/2}} dx \qquad ②$$

여기서 $x = y\tan\theta$라 치환하고

$$\frac{L}{2} = y\tan\theta_0 \qquad ③$$

라고 두자.

$$\therefore \ \ E_y = \int_{-\theta_0}^{\theta_0} \frac{k\lambda y^2 \sec^2\theta}{y^3 \sec^3\theta} d\theta \qquad ④$$

$$= \frac{k\lambda}{y} \int_{-\theta_0}^{\theta_0} \cos\theta d\theta = \frac{k\lambda}{y} \big[\sin\theta\big]_{-\theta_0}^{\theta_0} = \frac{2k\lambda}{y}\sin\theta_0$$

$$\sin\theta_0 = \frac{L}{\sqrt{4y^2 + L^2}} \qquad ⑤$$

이므로 ⑤를 ④에 넣고 $\lambda = \dfrac{q}{L}$를 이용하면

$$E_y = \frac{2k}{y} \cdot \frac{q}{L} \cdot \frac{L}{\sqrt{4y^2 + L^2}} = \frac{2kq}{y\sqrt{4y^2 + L^2}}$$

(2) $y \gg L$이면 $E_y \cong \dfrac{2kq}{y\sqrt{4y^2}} = k\dfrac{q}{y^2}$

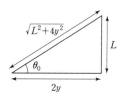

문제 10-4   위 문제에서 L이 무한대일 때 전기장의 세기를 구하라.

예제 5   원판에 의한 전기장

그림과 같이 반지름이 R인 원판에 전하가 균일하게 분포되어 있고 면전하밀도는 σ이다.

(1) 이 원판의 중심에서 거리 z만큼 떨어진 P점에서의 전기장의 방향과 크기를 구하라.

(2) R이 무한대일 때 전기장의 세기를 구하라.

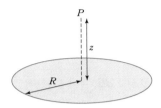

풀·ㅣ   (1) 다음 그림을 보자.

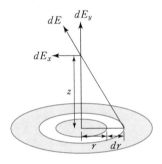

그림처럼 반지름 r이고 폭이 dr인 고리를 택하자. 이 고리의 넓이는

$$\pi(r+dr)^2 - \pi r^2 \cong 2\pi r dr$$

여기서 dr이 너무 작으므로 $(dr)^2$항은 무시하였다.

$$\therefore \quad dq = \sigma \cdot 2\pi r dr \qquad\qquad ①$$

이 고리에 의해 생기는 전기장을 dE라고 하면 $dE_x = 0$이고

$$dE_y = dE\cos\theta = \frac{kzdq}{(z^2+r^2)^{3/2}} \qquad\qquad ②$$

따라서 전체 전기장의 방향은 연직 위로 향하는 방향이고 그 크기는 다음과 같다.

$$E = \int dE = \int_0^R \frac{kz(2\pi\sigma rdr)}{(z^2+r^2)^{3/2}} = \pi k\sigma z \int_0^R \frac{2rdr}{(z^2+r^2)^{3/2}}$$

$$= \pi k\sigma z \left[-\frac{2}{(z^2+r^2)^{1/2}} \right]_0^R = \pi k\sigma z \left(\frac{1}{z} - \frac{1}{(z^2+R^2)^{1/2}} \right)$$

$$= 2\pi k\sigma \left(1 - \frac{z}{\sqrt{z^2+R^2}} \right)$$

(2) $R \to \infty$이면 $\dfrac{z}{\sqrt{R^2+z^2}} \to 0$이므로 $E = 2\pi k\sigma$

문제 **10-5**   위 문제에서 z가 R에 비해 아주 클 때 전기장의 세기를 구하라.

예제 **6**   **전기장 속에서 점전하의 가속운동**

그림과 같이 거리 d 떨어진 두 판 사이에 균일한 전기장 E가 있다. 이때 질량이 m_1이고 전하량이 $+q$인 공을 양극판에 질량이 m_2이고 전하량이 $-q$인 공을 음극판에 놓으면 두 물체는 서로 반대방향으로 달려와 부딪친다. 두 공이 부딪칠 때까지 전하 $+q$가 움직인 거리를 구하라.

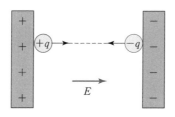

풀이   전하 $+q$는 qE의 전기력을 받으므로 가속도를 a_1이라 하면 $m_1 a_1 = qE$에서 $a_1 = \dfrac{qE}{m_1}$ 이 되어 오른쪽으로 가속된다.

전하 $-q$는 $-qE$의 전기력을 받으므로 가속도를 a_2이라 하면 $m_2 a_2 = -qE$에서 $a_2 = -\dfrac{qE}{m_2}$ 이 되어 왼쪽으로 가속된다.

두 공이 시간 t 후에 부딪친다고 하고 두 공이 부딪칠 때까지 움직인 거리를 각각 x_1, x_2라고 하면

$$x_1 = \frac{1}{2} a_1 t^2, \quad x_2 = \frac{1}{2} |a_2| t^{2 \ 1)} \tag{1}$$

한편 두 공이 움직인 거리의 합은 d이므로

$$x_1 + x_2 = d \tag{2}$$

(1)을 (2)에 넣으면

$$t^2 = \frac{2d}{a_1 + |a_2|} \tag{3}$$

(3)을 (1)에 넣으면

$$x_1 = \frac{a_1}{a_1 + |a_2|} d \tag{4}$$

---

1) a_2가 음이므로 절대값을 택했다.

$$a_1 = \frac{qE}{m_1}, \quad |a_2| = \frac{qE}{m_2}$$ 를 (4)에 넣으면 $x_1 = \frac{m_2}{m_1 + m_2} d$

문제 10-6 그림과 같이 질량이 m이고 전하량이 q인 공이 평행판 사이에서 길이가 l인 줄에 매달려 진자운동을 한다. 이 평행판 사이의 전기장이 E로 균일할 때 이 진자의 주기를 구하라.

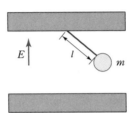

EXERCISE

문제 10-7 $x = -a$, $x = +a$ $(a > 0)$에 전하 q_1, q_2가 놓여있다. $q_1 = -2\text{C}$일 때 $x = \dfrac{a}{2}$에 있는 $+1\text{C}$의 전하가 받는 전기력이 0일 때 q_2는?

문제 10-8 어떤 전하 Q를 q와 $Q-q$의 두 부분으로 나누어 둘 사이의 거리가 d가 되도록 놓았다. 두 전하 사이의 전기력의 크기가 최대가 될 때 q는 Q의 몇 배인가?

문제 10-9 그림과 같은 숫자판에서 1부터 8까지의 숫자에는 $-q$, $-2q$, $\cdots$, $-8q$의 전하가 있다. 이때 이 원의 중심에서 이들 전하에 의한 전기장의 방향은 어떤 숫자와 어떤 숫자 사이를 가리키는가?

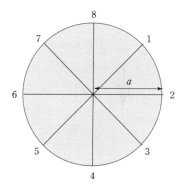

문제 10-10 그림과 같이 부도체 막대 양끝에는 $+q$, $+2q$의 전하가 매달려 있고 이들로부터 연직 아래 방향으로 거리 d 떨어진 곳에 전하 Q를 고정시켰다. 이 막대에 무게 36N인 물체를 매달아 놨더니 막대기 수평을 이루었다. 이때 x의 값은? (여기서 $+q$와 $+Q$사이의 전기력은 12N이다.)

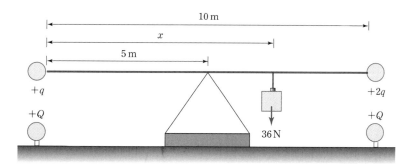

문제 10-11 $x = 0$에 $-4q$의 전하가 있고 $x = +1$에 $+q$의 전하가 있을 때 이 두 전하에 의한 전기장이 0이 되는 곳의 좌표는?

문제 10-12   그림과 같은 반지름이 R인 반원에 양의 전기 $+q$는 위쪽 반에 음의 전기 $-q$는 아래쪽 반에 균일하게 분포되어 있다. 반원의 중심 P에서 전기장의 세기는?

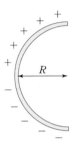

문제 10-13   길이가 L인 막대에 전하 q가 균일하게 분포되어 있을 때 막대의 한쪽 끝에서 거리 d만큼 떨어진 곳의 전기장의 세기는?

문제 10-14   그림과 같이 무한한 막대에 전하가 균일하게 분포되어 있고 선전하밀도는 λ이다. P점에서의 전기장의 세기의 x성분과 y성분을 각각 E_x, E_y라 할 때 $E_x : E_y$의 값은?

문제 10-15   그림과 같이 같은 질량 m, 같은 전하량 q를 가진 두 공이 길이가 L인 줄에 매달려 수평거리 d만큼 떨어진 상태로 정지해있다. 이때 줄의 길이 L은 두 공 사이의 거리 d에 비해 충분히 길다고 가정하라. 이때 두 공 중 하나가 완전히 방전된 후 두 공이 다시 벌어지는 수평거리는 얼마인가?

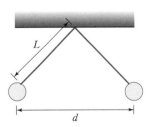

[문제] 10-16 균일한 전기장 E 속에서 전기장과 θ를 이루는 전기쌍극자가 있다. 이 쌍극자의 모멘트가 p일 때 이 쌍극자의 끝과 끝을 바꾸는 데 쌍극자가 한 일은?

[문제] 10-17 균일한 전기장 E에서 질량 m, 전하량 q인 물체가 정지상태로부터 가속되어 거리 d 만큼 이동하는 데 걸린 시간은?

[문제] 10-18 전하량 q이고 질량이 m인 두 개의 공이 반지름 R인 원형트랙에서 전기적인 척력 때문에 그림과 같이 거리 R만큼 떨어져 있다. 이때 q^2의 값은?

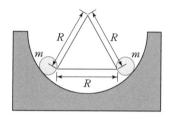

[문제] 10-19 모멘트가 p인 전기쌍극자가 균일한 전기장 E와 나란한 평형위치로부터 아주 작은 진폭으로 진동할 때 이 전기쌍극자의 각진동수는? (단, 이 전기쌍극자의 관성능률은 I이다.)

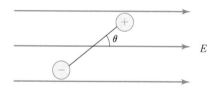

chapter 11

전기선속과 가우스법칙

FORMULA

11 −1

전기선속

$$\Phi = EA\cos\theta \quad (\theta\text{는 전기장과 단면이 이루는 각})$$

11 −2

가우스법칙

$$\int E \cdot da = \frac{q}{\varepsilon_0} \quad (\text{여기서 } q\text{는 가우스면 속의 전하량})$$

11 −3

선밀도가 λ인 무한직선도체에서 거리 r 떨어진 곳의 전기장

$$E = 2k\frac{\lambda}{r}$$

11 −4

반지름이 R인 구의 중심에서 거리 r 떨어진 곳의 전기장

1) 도체인 경우

$$r < R : E = 0$$

$$r > R : E = k\frac{Q}{r^2}$$

2) 부도체인 경우

$$r < R \ : E = k\frac{Q}{R^2}r$$

$$r > R \ : E = k\frac{Q}{r^2}$$

11 −5

균일한 표면전하밀도 σ를 갖는 무한 평판에 의한 전기장

1) 도체판인 경우

도체 내부 : $E = 0$

도체 외부 : $E = \dfrac{\sigma}{\varepsilon_0}$

2) 부도체 판인 경우

$$E = \frac{\sigma}{2\varepsilon_0}$$

TYPICAL PROBLEMS

예제 1 **전기선속**

다음 그림에서 점전하 q에 의한 전기장에 대해 정사각형을 통과하는 전기선속은?

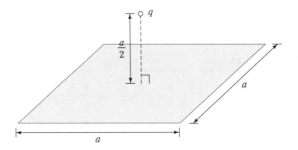

풀이 물론 직접 계산할 수도 있지만 가우스법칙을 이용하면 쉽다. 다음 그림을 보라.

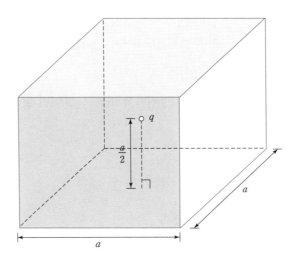

구해야 할 전기선속은 그림과 같은 정육면체의 중심에 q가 있을 때 한 면을 통과하는 전기선속의 크기이다. 각각의 면을 통과하는 전기선속을 Φ_1부터 Φ_6까지로 두고 정육면체 전체의 전기선속을 Φ라고 하면

$$\Phi = \Phi_1 + \Phi_2 + \cdots + \Phi_6$$

한편 $\Phi_1 = \Phi_2 = \cdots = \Phi_6$이므로 $\Phi = 6\Phi_1$

가우스법칙에 의해 $\Phi = \dfrac{q}{\varepsilon_0}$ 이므로 구하는 전기 선속은 $\Phi_1 = \dfrac{q}{6\varepsilon_0}$

문제 11-1 점전하 q가 정육면체의 한 꼭지점에 놓여있다. 이 점전하에 의한 전기장이 정육면체의 면 전체를 통과하는 전기선속은?

예제 2 동심구

그림과 같이 균일한 부피 전하밀도 ρ를 가진 공모양의 부도체 껍질이 있다. 다음 각 경우 껍질의 중심으로부터 거리 r 떨어진 곳에서의 전기장의 세기를 구하라.

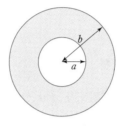

(1) $r < a$ (2) $a < r < b$ (3) $r > b$

풀이 (1) 그림과 같이 가우스 면을 택하자.
이때 가우스면 내부에 전하가 없으므로
가우스법칙을 쓰면

$$E \cdot 4\pi r^2 = 0 \quad \therefore \ E = 0$$

(2) 다음과 같이 가우스 면을 택하자.
이때 가우스법칙을 쓰면

$$E \cdot 4\pi r^2 = \frac{\rho}{\varepsilon_0}\left(\frac{4}{3}\pi r^3 - \frac{4}{3}\pi a^3\right)$$

$$\therefore \ E = \frac{\rho}{3\varepsilon_0}\left(r - \frac{a^3}{r^2}\right)$$

(3) 그림과 같이 가우스면을 택하자.
이때 가우스법칙을 쓰면

$$E \cdot 4\pi r^2 = \frac{\rho}{\varepsilon_0}\left(\frac{4}{3}\pi b^3 - \frac{4}{3}\pi a^3\right)$$

$$\therefore \ E = \frac{\rho}{3\varepsilon_0 r^2}(b^3 - a^3)$$

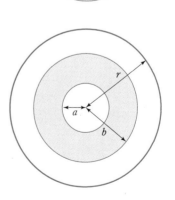

문제 11-2 그림과 같이 균일한 부피전하밀도 $\rho\,(\rho > 0)$를 갖는 반지름 R인 부도체 공에 중심을 지나는 터널을 만들었다. 이 터널의 입구에 음의 전하량 $-q$를 갖고 질량이 m인

점전하를 놓았을 때 이 점전하는 터널을 왕복하는 단조화운동을 한다. 이때 각진동
수를 구하라.

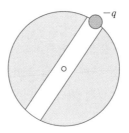

예제 3 밀도가 불균일한 부도체

반지름 R인 절연체 공의 전하밀도가 공의 중심에서 거리 r 떨어진 곳에서 $\rho=kr$로
주어진다.

(1) 총전하 Q를 구하라.

(2) $r<R$인 곳에서의 전기장의 세기를 구하라.

(3) $r>R$인 곳에서 전기장의 세기를 구하라.

풀이 (1) 중심에서 거리 r인 곳의 구의 부피요소는 $dv=4\pi r^2 dr$이므로

$$Q=\int \rho dv\text{로부터}\quad Q=\int_0^R kr\cdot 4\pi r^2 dr \quad\therefore\quad k=\frac{Q}{\pi R^4}$$

(2) $r<R$일 때 가우스법칙을 쓰면

$$E\cdot 4\pi r^2=\frac{1}{\varepsilon_0}\int_0^r kr\cdot 4\pi r^2 dr$$

$$\therefore\quad E=\frac{kr^2}{4\varepsilon_0}=\frac{Qr^2}{4\pi\varepsilon_0 R^4}$$

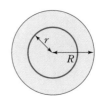

(3) $r>R$일 때 가우스법칙을 쓰면

$$E\cdot 4\pi r^2=\frac{Q}{\varepsilon_0}$$

$$\therefore\quad E=\frac{Q}{4\pi\varepsilon_0 r^2}$$

문제 11-3 반지름이 R이고 길이가 무한히 긴 원통부도체의 중심축에서 거리 r 떨어진 곳의
부피전하밀도가 $\rho=A\left(1-\frac{r}{2}\right)$일 때 이 지점에서의 전기장의 세기는?(단, $r<R$
이다.)

[예제] **4** **도체평면에 유도되는 전하**

그림과 같이 무한히 큰 도체평판에서 거리 a 떨어진 곳에 있는 점점하 q에 의해 도체평판에 유도되는 면전하밀도가 $\sigma = -\dfrac{qa}{2\pi r^3}$일 때 도체평면 전체에 유도된 총전하를 구하라.

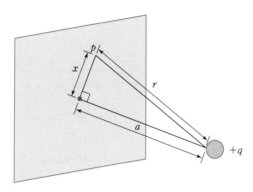

[풀·ㅣ] 유도된 전하량을 Q라고 하면

$$Q = \int \sigma\, da$$

이때 $r = \sqrt{x^2 + a^2}$이고 $da = 2\pi x\, dx$이므로

$$Q = \int_0^\infty \left(\frac{-qa}{2\pi(x^2 + a^2)^{3/2}} \right)(2\pi x\, dx) = -q$$

✎ ···note

$$I = \int_0^\infty \frac{2x\, dx}{(x^2 + a^2)^{3/2}} = \frac{2}{a}$$

[문제] 11-4 알짜전하 $3q$를 가지고 있는 안쪽반지름 a, 바깥쪽반지름 b인 도체구껍질이 있다. 중심에 전하 q를 놓았을 때 바깥껍질의 표면전하밀도는?

EXERCISE

문제 11-5 그림과 같이 반지름이 R인 반구면을 지나갈 때의 전기선속은? (단, 전기장은 균일하고 그 크기는 E이며 평평한 면에 수직으로 들어간다.)

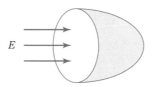

문제 11-6 다음 4개의 가우스면에 대해 전기선속이 가장 큰 값이 되는 것은?

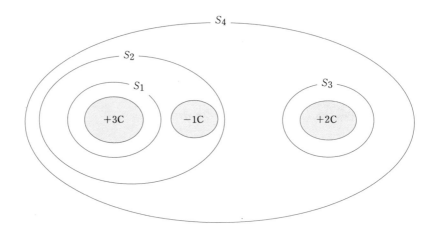

문제 11-7 다음 그림에서 두 개의 원은 중심이 같은 두 개의 도체 구를 나타낸다. 다음 중 전기력선이 잘못 그려진 것은?

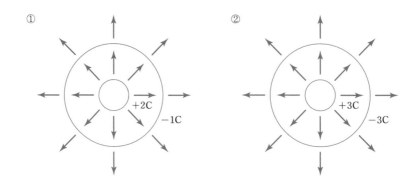

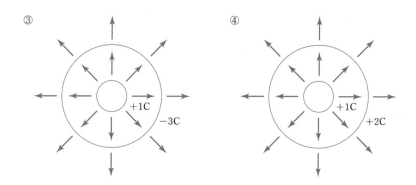

문제 11-8 주사위의 각 면의 전기선속이 1부터 6까지의 면에 대해 $a, 2a, \cdots, 6a$이다. 여기서 a는 양수이다. 이때 주사위 내부의 전하는 얼마인가?

문제 11-9 전하 Q인 반지름 r인 도체 공이 안쪽반지름이 R인 도체껍질에 둘러싸여 있다. 즉 $R > r$이다. 도체공과 도체껍질 사이에 점전하 q를 넣었을 때 도체껍질의 안쪽의 알짜전하는 얼마인가?

문제 11-10 다음 그림과 같이 $+q$가 균일하게 분포된 두 개의 커다란 평행판이 있다. 이때 전기장이 0인 곳은 어디인가?

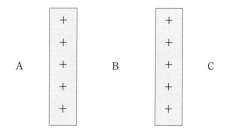

문제 11-11 그림과 같이 면전하밀도가 σ로 균일한 아주 큰 절연체 판과 θ의 각을 이루며 질량이 m이고 전하량이 q인 공이 매달려 있다. 다음 중 면전하밀도 σ를 구하라.

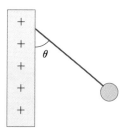

문제 11-12 다음과 같이 구멍이 있는 부도체 구가 있다. 이때 구멍에서의 전기장의 세기는? (단, 부피전하밀도는 ρ이다.)

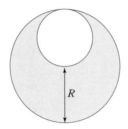

문제 11-13 넓이가 A이고 두께가 $2d$인 직육면체가 균일한 부피전하밀도 ρ를 가지고 있다. (A가 $2d$에 비해 아주 크다고 가정하라.)

(1) 직육면체의 중심면에서 거리 x 떨어진 내부의 한 지점에서의 전기장의 세기를 구하라.

(2) 직육면체의 외부의 한 지점에서의 전기장의 세기를 구하라.

chapter 12

전기퍼텐셜과 전기용량

FORMULA

12-1 전기퍼텐셜차

$$V_a - V_b = -\int_b^a E dr$$

12-2 점전하에 의한 전기퍼텐셜

$$V = k\frac{q}{r} \quad (단, \ r \to \infty 일 \ 때 \ V = 0)$$

12-3 연속체에 의한 전기퍼텐셜

$$V = k\int \frac{dq}{r}$$

12-4 한 쌍의 점전하에 의한 퍼텐셜에너지

$$U = k\frac{q_1 q_2}{r}$$

12-5 전기장과 전기퍼텐셜

$$E = -\frac{dV}{dx}$$

12-6 전기용량

$$C = \frac{q}{V} \quad (V 는 \ 전기퍼텐셜차)$$

12-7 합성전기용량

$$직렬 : \frac{1}{C} = \frac{1}{C_1} + \frac{1}{C_2}$$

$$병렬 : C = C_1 + C_2$$

12 −8 유전상수

$$C = \varkappa C_0 \ (\ C_0\text{는 진공 중에서의 전기용량})$$

12 −9 축전기에 저장되는 전기에너지

$$U = \frac{1}{2} CV^2$$

12 −10 평행판 축전기의 극판들 사이의 인력

$$F = \frac{q^2}{2\varepsilon_0 A}$$

TYPICAL PROBLEMS

예제 1 부도체 구

전하 q가 반지름 R인 구에 균일하게 분포되어 있다. 구의 중심에서 거리 r인 곳에서의 전기퍼텐셜 V를 구하라. (단, r이 무한대일 때 $V=0$이다.)

풀이 (i) $r > R$인 경우 그림과 같이 두 점을 비교하자.

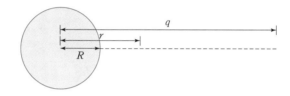

$V_a - V_b = -\int_b^a E dr$ 에서 $a = r$, $b = \infty$를 택하면 구의 외부에서 전기장은

$E = \dfrac{q}{4\pi\varepsilon_0 r^2}$ 이므로

$$V - 0 = -\int_\infty^r \frac{q}{4\pi\varepsilon_0 r^2} \, dr \qquad \therefore \quad V = \frac{q}{4\pi\varepsilon_0 r} \tag{1}$$

(ii) $r < R$인 경우를 보자. 이 경우는 다음 두 지점을 비교하자.

구의 내부에서 전기장은 $E = \dfrac{qr}{4\pi\varepsilon_0 R^3}$ 이고 구면 ($r = R$)에서의 전기퍼텐셜은 (1)에 $r = R$을 넣으면 된다.

$V_a - V_b = -\int_b^a E dr$ 에서 $a = r$, $b = R$을 택하면

$$V - \frac{q}{4\pi\varepsilon_0 R} = -\int_R^r \frac{qr}{4\pi\varepsilon_0 R^3} \, dr$$

$$\therefore \quad V = \frac{q}{4\pi\varepsilon_0} \left(\frac{3}{2R} - \frac{r^2}{2R^3} \right)$$

[문제] 12-1 안쪽 반지름이 a이고 바깥쪽 반지름이 $3a$인 두꺼운 구껍질에 전하 Q가 균일하게 분포하고 있다. 무한대에서의 전기퍼텐셜이 0일 때 구의 중심에서 거리 $2a$인 곳에서의 전기퍼텐셜은?

[예제 2] **연속분포**

그림과 같이 길이가 L인 막대의 선전하밀도가 λ일 때 점 P에서의 전기퍼텐셜은?

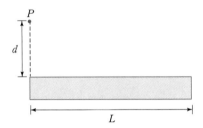

[풀이] 다음 그림과 같이 좌표를 도입하자.

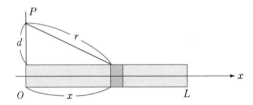

길이요소 dx 부분의 전하량이 λdx이므로 전기퍼텐셜은 다음과 같다.

$$
\begin{aligned}
V &= \int_0^L k\frac{\lambda dx}{r} \\
&= k\lambda \int_0^L \frac{dx}{\sqrt{x^2+d^2}} \\
&= k\lambda \left[\ln(x+\sqrt{x^2+d^2}) \right]_0^L \\
&= k\lambda \left[\ln(L+\sqrt{L^2+d^2}) - \ln d \right] \\
&= k\lambda \ln \frac{L+\sqrt{L^2+d^2}}{d}
\end{aligned}
$$

[문제] 12-2 다음 그림과 같이 길이가 $2a$인 막대의 선전하밀도가 λ일 때 점 P에서의 전기퍼텐셜은?

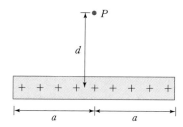

예제 3 동심 도체구

반지름이 R_1, R_2 $(R_1 < R_2)$인 고립된 동심원을 이루는 두 개의 도체구가 전하 q_1, q_2 를 가지고 있다. 무한대에서 전기퍼텐셜이 0일 때 중심에서 거리 r인 곳의 전기퍼텐셜 V를 구하라.

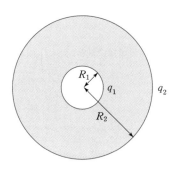

(ⅰ) $r > R_2$일 때

$$V = k\frac{q_1 + q_2}{r} \tag{1}$$

(ⅱ) $R_1 < r < R_2$일 때

$$V = k\frac{q_1}{r} + C \tag{2}$$

라고 두면 (1)에서 $V(R_2) = k\dfrac{q_1 + q_2}{R_2}$ 이므로

$$k\frac{q_1}{R_2} + C = k\frac{q_1 + q_2}{R_2} \quad \therefore \quad C = k\frac{q_2}{R_2} \tag{3}$$

(3)을 (2)에 넣으면

$$V = k\left(\frac{q_1}{r} + \frac{q_2}{R_2}\right) \tag{4}$$

(iii) $r < R$이면 도체구의 내부이므로 전기장이 0이다. 그러므로 전기퍼텐셜은 일정하다.

$$\therefore V = V(R_1)$$

따라서 (4)에 $r = R_1$을 넣은 값이 이 범위에서의 전기퍼텐셜이 된다.

$$V = k\left(\frac{q_1}{R_1} + \frac{q_2}{R_2}\right)$$

문제 12-3 두 개의 도체구 1, 2가 있다. 도체구 1의 반지름은 도체구 2의 반지름의 3배이다. 작은 구는 처음 $+q$의 전하를 가지고 있고 큰 구는 처음 전하를 가지고 있지 않았다. 길고 얇은 도선으로 두 구를 연결했을 때 두 구의 최종적인 전하를 구하라.

예제 4 구형축전기

그림과 같은 구형 축전기의 전기용량을 구하라.

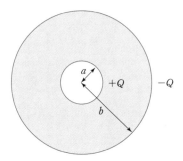

풀이 $a < r < b$일 때 전기장은 $E = \dfrac{Q}{4\pi\varepsilon_0 r^2}$ 이고 반지름이 a인 곳의 전기퍼텐셜이 더 높으므로 전기퍼텐셜차이는

$$V = V_a - V_b = -\int_b^a E dr$$

$$= -\int_b^a \frac{Q}{4\pi\varepsilon_0 r^2}\, dr$$

$$= \left[\frac{Q}{4\pi\varepsilon_0 r}\right]_b^a$$

$$= \frac{Q}{4\pi\varepsilon_0 a} - \frac{Q}{4\pi\varepsilon_0 b}$$

$$= \frac{Q}{4\pi\varepsilon_0} \cdot \frac{b-a}{ab}$$

따라서 $C = \dfrac{Q}{V}$ 로부터

$$C = 4\pi\varepsilon_0 \frac{ab}{b-a}$$

문제 12-4 그림과 같이 간격이 d이고 판의 넓이가 A인 평행판 축전기의 전기용량을 구하라.

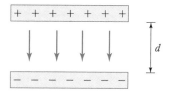

예제 5 유전상수

그림과 같은 축전기의 전기용량을 구하라. (단, 극판의 넓이는 A이다.)

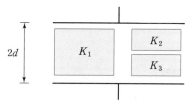

풀이 다음과 같이 생각할 수 있다.

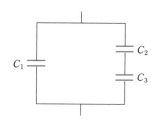

$$C_1 = x_1 \varepsilon_0 \frac{\dfrac{A}{2}}{2d} = \frac{x_1 \varepsilon_0 A}{4d}$$

$$C_2 = x_2 \varepsilon_0 \frac{\dfrac{A}{2}}{d} = \frac{x_2 \varepsilon_0 A}{2d}$$

$$C_3 = x_3 \varepsilon_0 \frac{\dfrac{A}{2}}{d} = \frac{x_3 \varepsilon_0 A}{2d}$$

C_2와 C_3의 합성전기용량을 C'이라고 하면

$$\frac{1}{C'} = \frac{1}{C_2} + \frac{1}{C_3}$$

$$\therefore \quad C' = \frac{\varepsilon_0 A}{2d}\left(\frac{x_2 x_3}{x_2 + x_3}\right)$$

따라서 구하는 전기용량은

$$C = \frac{x_1 \varepsilon_0 A}{4d} + \frac{\varepsilon_0 A}{2d}\left(\frac{x_2 x_3}{x_2 + x_3}\right) = \frac{\varepsilon_0 A}{2d}\left(\frac{x_1}{2} + \frac{x_2 x_3}{x_2 + x_3}\right)$$

[문제] 12-5 그림처럼 넓이 A인 평행판 축전기에 두 종류 유전체가 채워져 있을 때 전기용량은?

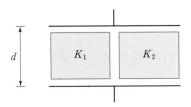

[예제] 6 축전기의 연결

그림과 같이 똑같은 퍼텐셜차 V_i의 전지에 의해 각각 Q_{1i}, Q_{2i}의 전하량으로 대전된 두 개의 축전기를 전지로부터 떼어내 양극은 음극에 음극은 양극에 연결한 후 스위치를 닫았다. 시간이 경과한 후 두 축전기의 전하량 Q_{1f}, Q_{2f}를 구하라.

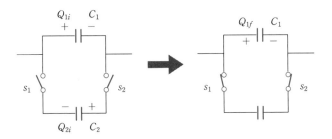

[풀이] 처음 C_1, C_2에 걸린 퍼텐셜차 V_i는 반대방향이므로

$$Q_{1i} = C_1 V_i \tag{1}$$

$$Q_{2i} = -C_2 V_i \tag{2}$$

총 전하를 Q라고 하면

$$Q = Q_{1i} + Q_{2i} = (C_1 - C_2)V_i \tag{3}$$

스위치를 닫으면 두 축전기의 퍼텐셜차가 같아지도록 전하의 재배치가 이루어진다. 최종 평형이 이루어진 후 각 축전기의 전하량을 Q_{1f}, Q_{2f}라고 하고 퍼텐셜차를 V_f라고 하면

$$Q = Q_{1f} + Q_{2f} \tag{4}$$

$$Q_{1f} = C_1 V_f, \quad Q_{2f} = C_2 V_f \tag{5}$$

(5)에서

$$Q_{1f} = \frac{C_1}{C_2} Q_{2f} \tag{6}$$

(6)을 (4)에 넣으면 $Q = \left(\dfrac{C_1}{C_2} + 1\right) Q_{2f}$

$$\therefore \quad Q_{2f} = \frac{C_2}{C_1 + C_2} Q, \quad Q_{1f} = \frac{C_1}{C_1 + C_2} Q$$

문제 12-6 처음에 축전기 C_1은 전하 q로 대전되어 있고 축전기 C_2는 대전되어 있지 않았다. 두 축전기의 전기용량은 $C_1 : C_2 = m : n$이라고 하자. 이 두 축전기를 그림과 같이 연결하면 축전기 C_2의 최종전하량은 얼마인가?

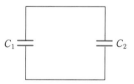

예제 7 전기에너지

그림과 같은 원통형 축전기에 저장된 전기에너지의 절반이 들어 있는 원통형 축전기 (안쪽반지름 a, 바깥쪽 반지름 r)에 대해 r을 a, b로 나타내라.

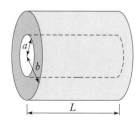

[풀·이] 중심축에서 거리 r인 곳의 전기장은 $E = \dfrac{q}{2\pi\varepsilon_0 Lr}$ 이고 이때 에너지밀도는

$$u = \frac{1}{2}\varepsilon_0 E^2 = \frac{q^2}{8\pi^2\varepsilon_0 L^2 r^2}$$

한편 부피요소는 $dv = 2\pi r dr L$이므로 전체 에너지는

$$U = \int u dv = \int_a^b \frac{q^2}{8\pi^2\varepsilon_0 L^2 r^2} \cdot 2\pi r dr L = \frac{q^2}{4\pi\varepsilon_0 L}\ln\frac{b}{a}$$

그러므로 거리 r까지의 에너지를 U'이라고 하면

$$U' = \int_a^r u dv = \frac{q^2}{4\pi\varepsilon_0 L^2}\ln\frac{r}{a}$$

$U' = \dfrac{1}{2}U$로부터 $\ln\dfrac{r}{a} = \dfrac{1}{2}\ln\dfrac{b}{a}$

$$\therefore \frac{r}{a} = \sqrt{\frac{b}{a}}$$

$$\therefore r = \sqrt{ab}$$

[문제] 12-7 어떤 평행판 축전기의 극판면적은 A이고 간격은 d이며 퍼텐셜차 V로 대전된다. 대전시키던 전지를 떼어내고 간격을 $2d$로 늘이는 데 필요한 일은?

EXERCISE

문제 12-8 그림과 같이 반지름 a인 금속원통을 반지름 b인 금속원통이 둘러싸고 있다. 전선의 표면과 금속원통표면 사이의 전기퍼텐셜차가 V일 때 전선의 표면에서의 전기장은?

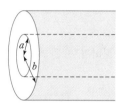

문제 12-9 면전하밀도가 σ인 무한한 부도체판과 전기퍼텐셜차가 V인 등퍼텐셜면은 판으로부터 얼마 떨어진 곳에 있는가?

문제 12-1○ 무한대에서 전기퍼텐셜이 0일 때 전기퍼텐셜이 V인 반지름 R인 도체구의 표면의 전하밀도는?

문제 12-11 그림과 같이 두 개의 점전하가 분포하고 있을 때 $V=0$인 등퍼텐셜면은 중심이 x_c이고 반지름이 R인 원을 그린다. 이때 반지름 R을 구하면?

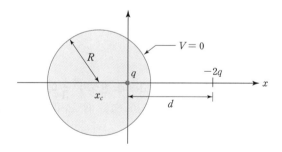

문제 12-12 다음 그림에서 점 P에서의 전기퍼텐셜은?

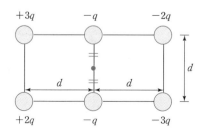

문제 12-13 다음 그림과 같이 길이가 $2a$인 막대의 선전하밀도가 왼쪽 절반은 λ이고 오른쪽 절반은 $-\lambda$일 때 점 P에서의 전기퍼텐셜은?

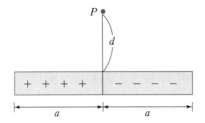

문제 12-14 다음 그림과 같이 길이가 L인 막대의 선전하밀도가 λ일 때 점 P에서의 전기퍼텐셜은?

문제 12-15 그림과 같이 반지름이 R이고 중심각이 $120°$인 호에 선전하밀도 λ로 전하가 분포되어 있을 때 P점에서의 전기퍼텐셜은?

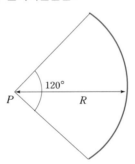

문제 12-16 반지름이 $3a$인 원형 고리에 원호의 $\frac{1}{3}$에는 $-3Q$의 전하가 나머지에는 $+2Q$의 전하가 골고루 분포되어 있을 때 고리의 중심에서 수직거리 $4a$ 떨어진 점 P에서의 전기퍼텐셜은?

문제 12-17 다음 그림과 같은 전하분포를 만드는 데 필요한 일은? (단 처음에 전하들은 모두 무한대에 있었다고 하자.)

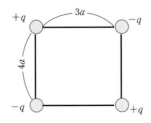

문제 12-18 질량이 m이고 전하가 $+q$인 입자를 전하가 $+Q$인 핵을 향해 무한대의 거리에서 쏘았다. 이 입자의 운동에너지가 K일 때 이 입자와 핵과 가장 가까워질 때 그 거리는?

문제 12-19 반지름이 R인 두 금속구의 중심이 d만큼 떨어져 있다. 두 금속구의 전하는 각각 $+q$와 $-2q$이다. 이때 두 금속구의 중심을 연결하는 중간지점에서 전기퍼텐셜은?

문제 12-20 다음 그림과 같은 전하분포에서 $r \gg d$ 일 때 P점에서의 전기퍼텐셜 V를 구하라.

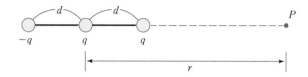

문제 12-21 다음 그림에서 길이 L인 부도체의 선전하밀도가 λ일 때 P점에서 전기퍼텐셜을 구하라.

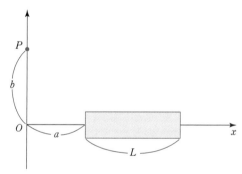

문제 12-22 다음 그림과 같이 반지름이 R이고 전하 Q가 균일하게 분포되어 있는 고리의 중심에 질량이 m이고 전하량이 Q인 입자가 있다. 입자를 살짝 변위 시켰더니 입자는 고리를 탈출하여 무한대로 날아갔다. 이 입자가 고리로부터 무한대 떨어져 있을 때 입자의 속력을 구하라.

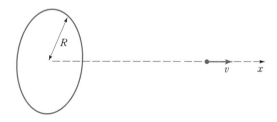

문제 12-23 다음 그림과 같이 두 개의 점전하를 생각하라. r이 a에 비해 아주 크다고 가정하라.
(1) $P(x,\ y)$에서 전기퍼텐셜을 구하라.
(2) P점에서의 전기장의 x 성분과 y 성분을 구하라.

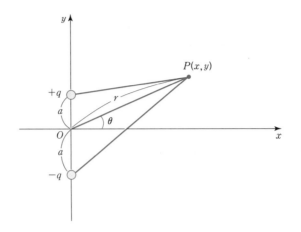

문제 12-24 그림과 같이 면전하밀도가 σ로 균일한 반지름 R인 원판의 중심에서 수직방향으로 거리 z만큼 떨어진 곳에서의 전기퍼텐셜을 구하라.

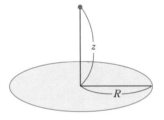

문제 12-25 그림과 같이 두께 a인 구리판을 두께가 d이고 극판의 넓이가 A인 축전기의 중간에 넣었다. 이때의 전기용량을 구하라.

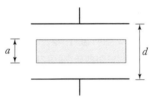

문제 12-26 그림과 같이 대전되지 않은 축전기 각각의 전기용량이 C일 때 스위치가 닫힌 후 전위차가 V일 때 계기 A를 통해 흐르는 전하량은?

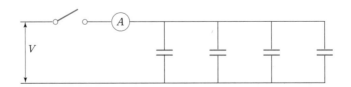

문제 12-27 세 개의 축전기가 병렬로 연결되어 있다. 각각의 축전기의 극판간격은 d이고 극판의 넓이는 A이다. 이때 전기용량이 면적이 A인 하나의 축전기의 전기용량과 같으려면 간격은 얼마가 되어야하는가?

문제 12-28 세 개의 축전기가 직렬로 연결되어 있다. 각각의 축전기의 극판간격은 d이고 극판의 넓이는 A이다. 이때 전기용량이 면적이 A인 하나의 축전기의 전기용량과 같으려면 간격은 얼마가 되어야하는가?

문제 12-29 그림처럼 넓이 A인 평행판 축전기에 두 종류 유전체가 채워져 있을 때 전기용량은?

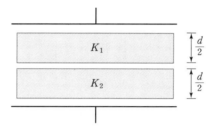

문제 12-30 간격이 d이고 극판 넓이가 A인 평행판 축전기에 두께가 $\frac{d}{3}$이고 유전상수가 K인 유전체를 끼워 넣었을 때 이 축전기의 전기용량은?

문제 12-31 그림과 같은 축전기 회로의 합성전기용량은?

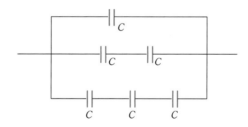

문제 12-32 그림과 같은 원통형 축전기의 전기용량은?

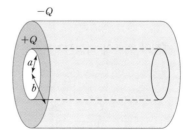

문제 12-33 그림과 같은 축전기 회로의 합성전기용량은?

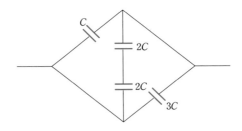

12-34 그림과 같은 축전기 회로의 합성전기용량은?

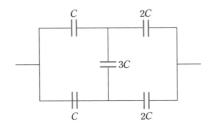

문제 12-35 그림과 같은 축전기 회로의 합성전기용량은?

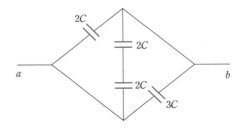

문제 12-36 그림과 같은 축전기 회로의 합성전기용량은?

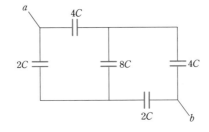

문제 12-37 그림과 같은 축전기 회로의 합성전기용량은?

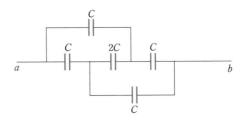

chapter 13

저항과 전기회로

FORMULA

13 – 1 전류

$$i = \frac{dq}{dt}$$

13 – 2 전류밀도

$$J = \frac{i}{A}$$

13 – 3 옴의 법칙

$$V = iR$$

13 – 4 저항

$$R = \rho \frac{L}{A}$$

13 – 5 저항체의 전력

$$P = i^2 R = \frac{V^2}{R}$$

13 – 6 저항의 직렬연결

$$R = R_1 + R_2$$

13 – 7 저항의 병렬연결

$$\frac{1}{R} = \frac{1}{R_1} + \frac{1}{R_2}$$

13 – 8 키르히호프 법칙

$$\sum i = 0$$

$$\sum V = 0$$

TYPICAL PROBLEMS

예제 1 원뿔대의 저항

그림과 같은 물체의 저항을 구하라.

풀이 다음 그림을 보라.

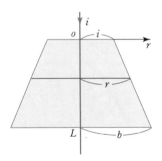

이때 $r = a + \dfrac{b-a}{L} x$이다. 반지름이 r인 곳에서의 전류밀도를 J라고 하면

$$J = \frac{i}{\pi r^2} = \frac{E}{\rho}$$

$$\therefore \ E = \frac{i\rho}{\pi r^2} = \frac{i\rho}{\pi} \frac{1}{\left(a + \dfrac{b-a}{L} x\right)^2}$$

이때 양끝의 퍼텐셜차를 V라고 하면

$$V = -\int_0^L E \, dx = -\frac{i\rho}{\pi} \int_0^L \frac{1}{\left(a + \dfrac{b-a}{L} x\right)^2} \, dx = \frac{i\rho L}{\pi ab}$$

한편 $V = iR$로부터 $R = \rho \dfrac{L}{\pi ab}$

문제 13-1 안쪽반지름이 $\frac{a}{2}$이고 바깥쪽 반지름이 a이고 길이가 $3a$인 구멍이 있는 원통도체의 저항은?

예제 2 길이에 비례하는 저항

그림과 같은 저항에서 합성저항 R_T를 x의 함수로 나타내라.(단, 저항 R_0의 전체 길이는 L이다.)

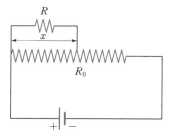

풀이 주어진 그림을 다음과 같은 저항의 연결로 생각할 수 있다.

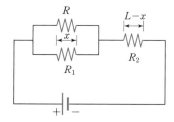

저항은 길이에 비례하므로

$$R_1 = R_0 \frac{x}{L}$$

$$R_2 = R_0 \frac{L-x}{L}$$

이때 $0 \le x \le L$이다. 병렬연결된 부분의 합성저항을 R'이라고 하면

$\frac{1}{R'} = \frac{1}{R} + \frac{1}{R_1}$ 에서 $R' = \frac{R_1 R}{R+R_1}$ 이므로 전체저항은

$$R_T = R' + R_2 = \frac{R_0 R + \frac{R_0^2}{L^2} x(L-x)}{R + \frac{R_0}{L} x}$$

문제 13-2 저항이 R인 회로에 흐르는 전류가 5A이다. 이 회로에 3Ω의 저항을 직렬로 연결했더니 전류가 3A로 줄어들었다. 이때 R의 값은?

예제 3 **저항의 연결**

저항이 R_1, R_2이고 $R_1 > R_2$인 두 전구가 전지에 연결되어 있다. 다음과 같이 두 전구가 연결되어 있을 때 어느 전구가 더 밝은가?

  (1) 직렬연결   (2) 병렬연결

풀이 (1) 다음 그림을 보자.

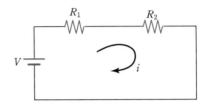

  i가 같으므로 $P_1 = i^2 R_1$, $P_2 = i^2 R_2$

  또한 $R_1 > R_2$이므로 $P_1 > P_2$, 그러므로 R_1이 더 밝다.

  (2) 다음 그림을 보자.

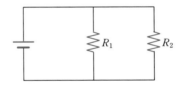

  V가 일정하므로 $P_1 = \dfrac{V^2}{R_1}$, $P_2 = \dfrac{V^2}{R_2}$

  $R_1 > R_2$이므로 $P_1 < P_2$, 그러므로 R_2가 더 밝다.

문제 13-3 다음 그림과 같이 기전력이 V이고 내부저항이 r인 두 전지가 저항 R에 병렬로 연결되어 있다. 이때 저항 R이 소비할 수 있는 최대 전력은 얼마인가?

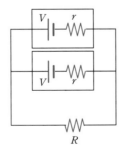

◦예제 4 전기회로

다음 회로에 대해 각 전류를 구하라.

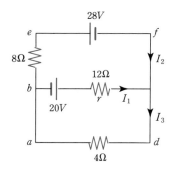

풀·1 $\sum i = 0$를 c점에 적용하면

$$i_1 + i_2 = i_3 \tag{1}$$

위쪽 회로에 대해 $\sum V = 0$를 적용하면

$$-28 + 12i_1 - 20 - 8i_2 = 0 \tag{2}$$

아래 회로에 대해 $\sum V = 0$를 적용하면

$$20 - 12i_1 - 4i_3 = 0 \tag{3}$$

(1), (2), (3)을 연립하여 풀면

$$i_1 = 2(\text{A}), \quad i_2 = -3(\text{A}), \quad i_3 = -1(\text{A})$$

여기서 음의 부호는 그림에 주어진 화살표의 방향과 반대로 전류가 흐름을 의미한다.

문제 13-4 다음 그림과 같은 전기회로에서 각 저항에 흐르는 전류를 구하라.

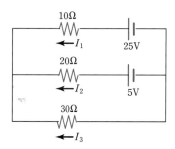

예제 5 복잡한 회로의 합성저항

다음 그림과 같은 회로의 합성저항을 구하라. (단, 주어진 저항은 모두 r이다.)

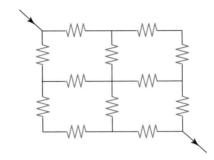

풀이 다음 그림과 같이 전류 i가 회로에 흘러 들어간다고 하자.

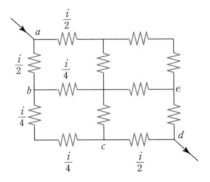

이때 점 a에서 i는 두 개의 $\frac{i}{2}$로 갈라지고 다시 점 b에서 $\frac{i}{2}$의 절반인 두 개의 $\frac{i}{4}$로 갈라진다. 또한 cd 사이를 흘러간 전류와 ed 사이를 흘러간 전류가 합쳐져 전류 i가 d점을 빠져나가야 한다. 따라서 ad 간의 전위차를 V라고 하면

$$V = \left(\frac{i}{2} + \frac{i}{4} + \frac{i}{4} + \frac{i}{2} \right)r = \frac{3}{2}\,ir \tag{1}$$

합성저항을 R이라고 하면

$$V = iR \tag{2}$$

(1), (2)를 비교하면

$$R = \frac{3}{2}\,r$$

문제 13-5 다음 회로에서 합성저항은?(단, 모든 저항은 r이다.)

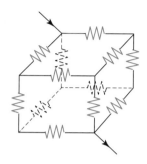

예제 b 충전과 방전회로

그림과 같은 회로를 보라.

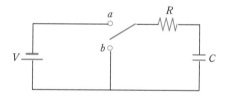

(1) 스위치를 a로 연결했을 때 축전기에 축적되는 최대 전하량을 구하라.

(2) 스위치를 b로 연결했을 때 회로에 흐르는 전류 I를 시간의 함수로 나타내라.

풀이 (1) 키르히호프 법칙에 의해

$$V = iR + \frac{q}{C} \qquad ①$$

$i = \dfrac{dq}{dt}$ 을 이용하면 ①은

$$\frac{dq}{dt} + \frac{1}{RC} q = \frac{V}{R} \qquad ②$$

이 미분방정식을 풀면 $q(0) = 0$이므로

$$q = CV\left(1 - e^{-\frac{1}{RC}t}\right) \qquad ③$$

이때 시간이 오래 흐르면 $e^{-\frac{1}{RC}t}$는 거의 0이 되므로 그때 최대 전하량 $Q = CV$가 얻어진다.

(2) 스위치 b를 연결하면 다음 그림과 같은 회로가 된다.

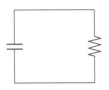

이때 키르히호프법칙을 쓰면

$$iR + \frac{q}{C} = 0 \tag{④}$$

$i = \dfrac{dq}{dt}$ 를 이용해 이 식을 풀면 $q(0) = CV$이므로

$$q = CVe^{-\frac{1}{RC}t} \tag{⑤}$$

이때 도선에 흐르는 전류의 세기를 i 라고 하면 $i = \left| \dfrac{dq}{dt} \right| = \dfrac{V}{R} e^{-\frac{1}{RC}t}$

따라서 시간이 오래 흐르면 도선에 흐르는 전류는 0이 된다.

문제 13-6 다음 회로에서 스위치 S가 오랜 시간 열려 있었을 때 축전기의 전하량을 Q_1, 다시 스위치가 오랜 시간 닫혀있었을 때 축전기의 전하량을 Q_2라고 하면 $\dfrac{Q_1}{Q_2}$의 값은?

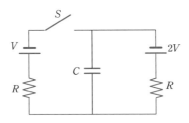

EXERCISE

문제 13-7 반지름이 R인 원통형 도체의 중심축으로부터 거리 r인 곳의 전류밀도가 $J = J_0 \dfrac{r}{R}$로 변할 때 이 도체의 전류를 구하라.

문제 13-8 그림과 같은 회로에서 P점에서의 퍼텐셜이 100V일 때 Q점에서의 퍼텐셜을 구하라.

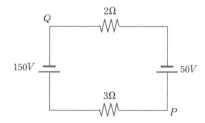

문제 13-9 길이가 L, 단면적이 A이고 저항이 R인 원통도체가 부피는 변하지 않고 길이만 두 배로 되었다. 이때 이 도체의 저항은?

문제 13-10 그림과 같은 회로에 흐르는 전류는?

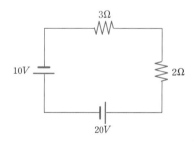

문제 13-11 길이가 l이고 지름이 d인 저항 4개가 병렬로 연결되어 전체저항이 R이 되었다. 이와 같은 저항을 갖는 길이 l인 한 개의 저항을 만들면 이 저항의 지름 D는?

문제 13-12 그림과 같은 회로에 흐르는 전류는?

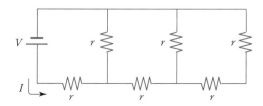

(문제) **13-13** 그림의 회로에서 저항 R에서 방출되는 열에너지가 최대일 때 r의 값은?

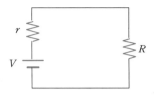

(문제) **13-14** 다음 회로의 합성저항은?

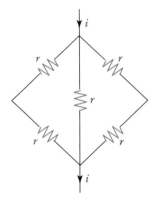

(문제) **13-15** 다음과 같은 회로에서 전류계 A가 2A를 가리킬 때 전압 V는?

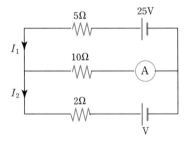

(문제) **13-16** 다음과 같은 회로에서 a와 b가 저항이 r인 도선에 의해 연결되었을 때 도선에 흐르는 전류는?

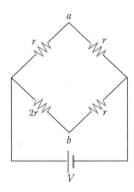

문제 13-17 다음 회로에서 AB 사이의 합성저항은? (단, 모든 저항은 r 이다.)

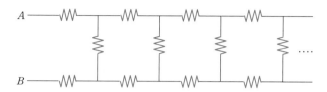

문제 13-18 다음 회로에서 75Ω에 흐르는 전류는?

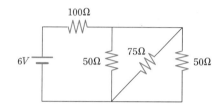

문제 13-19 다음 회로에서 A점의 전기퍼텐셜은 B점의 전기퍼텐셜 보다 얼마나 낮은가?

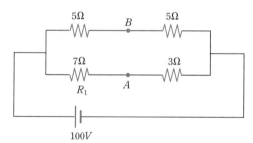

문제 13-20 다음 회로에서 $2\mu F$의 축전기에 저장되는 전하량을 구하라.

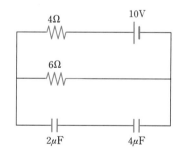

문제 13-21 다음 회로에 대해 두 전지를 흐르는 전류를 구하라.

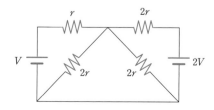

[문제] 13-22 다음 회로의 합성저항을 구하라.

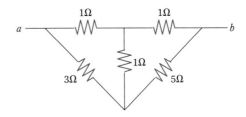

[문제] 13-23 다음 회로에서 2Ω을 흐르는 전류를 구하라.

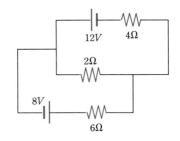

[문제] 13-24 다음 회로에서 두 전지를 흐르는 전류를 구하라.

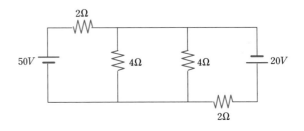

chapter 14

자 기 장

FORMULA

14 -1 자기력

$$F = q\vec{v} \times \vec{B} = \vec{IL} \times \vec{B}$$

14 -2 자기쌍극자모멘트

$$\vec{m} = NI\vec{A} \ (N \text{은 코일 감은 횟수})$$

14 -3 균일한 자기장 B를 받는 닫힌 회로가 받는 토크

$$\vec{\tau} = \vec{m} \times \vec{B}$$

14 -4 자기쌍극자의 퍼텐셜에너지

$$U = -\vec{m} \cdot \vec{B}$$

1) 자기쌍극자가 자기장과 나란하면

$$U = U_{\min} = -mB$$

2) 자기쌍극자가 자기장과 나란하면

$$U = U_{\max} = mB$$

14 -5 전류요소 $Id\vec{l}$에서 거리 r 떨어진 곳에서의 자기장

$$\vec{B} = \int d\vec{B} = \frac{\mu_0}{4\pi} \int \frac{Id\vec{l} \times \hat{r}}{r^2}$$

($\hat{r}$: 전류요소에서 자기장을 구하려는 지점을 향하는 방향의 단위벡터)

14 -6 자기장의 크기

$$B = \int dB = \frac{\mu_0}{4\pi} \int \frac{Idl\sin\theta}{r^2}$$

(θ는 전류요소와 $\hat{r}$이 이루는 사이각)

14 −7

전류 I가 흐르는 무한히 긴 직선도선에서 거리 r 떨어진 곳의 자기장

$$B = \frac{\mu_0 I}{2\pi r}$$

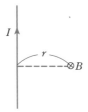

14 −8

반지름이 R인 원형전류의 중심에서의 자기장

$$B = \frac{\mu_0 I}{2R}$$

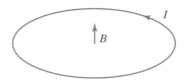

14 −9

전류 I_1, I_2가 흐르는 길이가 L인 두 도선이 평행하고 떨어진 거리가 d일 때 두 도선 사이의 힘 F

$$F = \frac{\mu_0 I_1 I_2 L}{2\pi d}$$

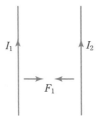  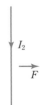

14 −10

솔레노이드의 자기장

$$B = \mu_0 n I$$

14 −11

토로이드의 자기장

$$B = \frac{\mu_0 I N}{2\pi r}$$

TYPICAL PROBLEMS

예제 1 균일한 자기장 속에 도선이 받는 힘

다음 그림과 같은 도선에 전류 I가 흐를 때 도선이 받는 힘의 방향과 크기를 구하라. (단, 자기장은 B로 균일하고 지면 위로 향하는 방향이다.)

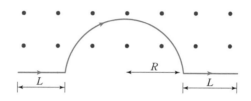

풀이 다음 그림을 보자.

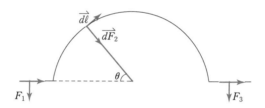

직선 도선이 받는 힘은 아래 방향이고 $F_1 = F_3 = ILB$

반원 도선이 받는 힘은 중심을 향하는 방향인데 대칭성에 의해 수평방향성분은 사라지고 수직아래방향 성분만 남는다. 그 성분을 F_2라고 하면

$$F_2 = \int_0^\pi dF_2 \sin\theta = \int_0^\pi IBdl\sin\theta$$

$dl = Rd\theta$이므로 $\quad F_2 = \int_0^\pi IBR\sin\theta d\theta = 2IBR$

$$\therefore \quad F = F_1 + F_2 + F_3 = 2IB(R+L)$$

문제 14-1 그림과 같이 전하량 q, 질량 m인 입자가 위로 향하는 균일한 자기장 B를 받아 원운동을 하였다. 입자의 처음 운동에너지를 K라고 할 때 이 원의 반지름 R을 구하라.

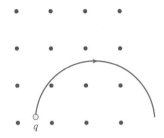

예제 2 원형 도선의 자기장

다음 그림에서 P점에서의 자기장의 방향과 크기를 구하라.

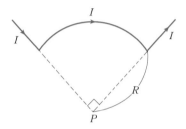

풀이 직선부분에서는 $\vec{dl} /\!/ \hat{r}$이므로 $\vec{dl} \times \hat{r} = 0$이다. 그러므로 직선부분에 의한 자기장은 0이다. 이제 반원 부분의 자기장을 계산하자.

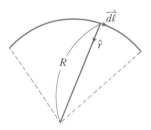

$\vec{dl} \perp \hat{r}$이므로 $\theta = 90°$ ∴ $\sin\theta = 1$

$$dB = \frac{\mu_0}{4\pi}\frac{Idl}{R^2} = \frac{\mu_0 Idl}{4\pi R^2} = \frac{\mu_0 IRd\theta}{4\pi R^2}$$

이므로

$$B = \int_0^{\pi/2}\frac{\mu_0 Id\theta}{4\pi R} = \frac{\mu_0 I}{4\pi R}\int_0^{\pi/2}d\theta = \frac{\mu_0 I}{8R}$$

$\vec{dl} \times \hat{r}$은 지면으로 들어가는 방향이므로 자기장의 방향은 지면으로 들어가는 방향이다.

[문제] 14-2 다음 그림에서 P점의 자기장의 크기는?

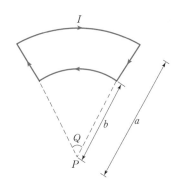

[예제] 3 자기력의 역학문제에의 응용

그림의 나무원통의 질량은 m이고 길이는 L이다. 이 원통에 도선의 고리면이 원통 축을 포함하도록 길이방향으로 전선을 N번 감았다. 코일평면이 각도 θ를 이루는 경사면과 평행하다. 이때 원통이 미끄러지지 않도록 고리에 흐르는 전류의 세기는?

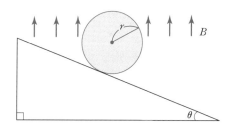

[풀·이] 마찰력을 f라고 하면 $\sum F = 0$에서

$$mg\sin\theta = f \tag{1}$$

한편 고리에 의한 자기쌍극자 모멘트는
$NiA = Ni(2rL)$이고 방향은 그림과 같다.

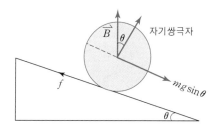

$\sum \tau = 0$로 부터

$$fr = (2NirL)B\sin\theta \qquad (2)$$

(1), (2)로부터

$$i = \frac{mg}{2NLB}$$

문제 14-3 다음 그림과 같이 전류 I가 흐르는 막대가 연직 위 방향으로의 균일한 자기장 B를 받아 두 줄에 묶여 평형을 이루기 위한 자기장의 세기 B를 구하라. (줄의 길이는 l이고 막대의 질량은 m이다.)

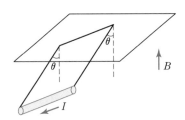

예제 4   직선도선에 의한 자기장

그림과 같이 길이 L인 직선도선에 전류 I가 흐를 때 P점에서의 자기장의 크기를 구하라.

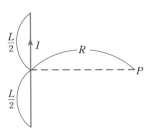

풀이 그림과 같이 놓으면

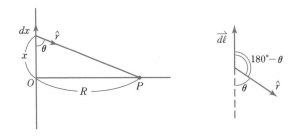

$$B = \int_{-L/2}^{L/2} \frac{\mu_0}{4\pi} \frac{Idx\sin(180° - \theta)}{r^2} = \frac{\mu_0 I}{4\pi} \int_{-L/2}^{L/2} \frac{dx\sin\theta}{r^2} \qquad (1)$$

$r = \sqrt{x^2 + R^2}$ 이고 $\sin\theta = \dfrac{R}{r} = \dfrac{R}{\sqrt{R^2 + x^2}}$ 이므로

$$B = \frac{\mu_0 I}{4\pi} \int_{-L/2}^{L/2} \frac{Rdx}{(R^2 + x^2)^{3/2}} = \frac{\mu_0 IR}{2\pi} \int_0^{L/2} \frac{dx}{(R^2 + x^2)^{3/2}} \qquad (2)$$

여기에서 $x = \tan\phi$ 라 하면 $dx = R\sec^2\phi d\phi$ 이므로

$$B = \frac{\mu_0 IR}{2\pi} \int_0^{\phi_0} \frac{R\sec^2\phi d\phi}{R^3 \sec^3\phi} = \frac{\mu_0 I}{2\pi R} \int_0^{\phi_0} \cos\phi d\phi = \frac{\mu_0 I}{2\pi R} \sin\phi_0 \qquad (3)$$

여기서 $\dfrac{L}{2} = R\tan\phi_0$ 이므로 $\sin\phi_0 = \dfrac{L}{\sqrt{4R^2 + L^2}}$ 이다.

$$\therefore \quad B = \frac{\mu_0 IL}{2\pi R\sqrt{4R^2 + L^2}}$$

자기장의 방향은 지면으로 들어가는 방향이다.

문제 14-4 다음 그림에서 C 점의 자기장의 크기는?

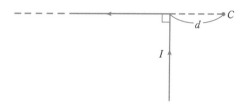

예제 5 정사각형 전류의 자기장

그림과 같이 한 변의 길이가 a 인 정사각형의 도선에 전류 I 가 흐를 때 사각형의 중심 P 에서의 자기장의 크기를 구하라.

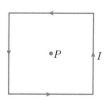

풀이 예제 4의 결과를 이용한다. 각 변이 만드는 자기장의 방향은 모두 지면 위로 향하는 방향이다. 그러므로 한 변이 만드는 자기장의 세기의 4배가 구하는 자기장의 세기이다. 한 변이 만드는 자기장의 세기를 B_1 이라 하면 예제 4번에 의해

$$B_1 = \frac{\mu_0 I}{2\pi \cdot \frac{a}{2}} \frac{a}{\sqrt{a^2 + 4\left(\frac{a}{2}\right)^2}} = \frac{\mu_0 I}{\sqrt{2}\,\pi a}$$

이므로 전체 자기장의 세기는

$$B = 4B_1 = \frac{2\sqrt{2}\,\mu_0 I}{\pi a}$$

문제 14-5 그림과 같이 한 변의 길이가 a인 정육각형의 도선에 전류 I가 흐를 때 중심에서의 자기장의 크기를 구하라.

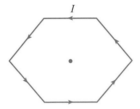

예제 6 두 도선에 의한 자기장

그림에서 각 도선에 전류 I가 흐른다. 다음 각 경우 P점에서의 자기장의 크기를 구하라.

(1) 두 도선의 전류의 방향이 같을 때
(2) 두 도선의 전류의 방향이 반대일 때

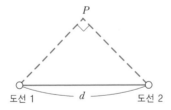

풀이 각 도선에 의한 자기장을 각각 B_1, B_2라고 하자.

(1) 두 도선이 같은 방향일 때

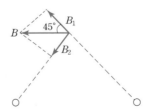

$$B = 2B_1 \cos 45° = 2 \left(\frac{\mu_0 I}{2\pi \dfrac{d}{\sqrt{2}}} \right) \cos 45° = \frac{\mu_0 I}{\pi d}$$

(2) 두 도선이 반대방향일 때

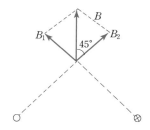

$$B = 2B_1 \sin 45° = 2 \left(\frac{\mu_0 I}{2\pi \dfrac{d}{\sqrt{2}}} \right) \sin 45° = \frac{\mu_0 I}{\pi d}$$

[문제] **14-6** 같은 간격 d 만큼 떨어져 있는 다섯 개의 평행도선에 같은 방향으로 전류 I가 흐를 때 가운데 도선에 작용하는 단위길이당 자기력은?

[예제] **7** **앙페르의 법칙**

반지름 R인 무한 원통 도선에 전류 I가 균일하게 흐르고 있다. 다음 각 경우 중심으로부터 거리 r 떨어진 곳에서의 자기장을 구하라.
(1) $r > R$
(2) $r < R$

[풀이] (1) 다음과 같이 앙페르 곡선을 택하면

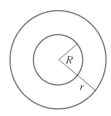

앙페르 곡선에 포함된 전류는 I이므로

$$B \cdot 2\pi r = \mu_0 I \qquad \therefore \quad B = \frac{\mu_0 I}{2\pi r}$$

(2) 다음과 같이 앙페르 곡선을 택하면

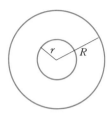

앙페르곡선에 포함된 전류를 I'이라 하면 전류가 균일하게 분포되어 있으므로

$$I : I' = \pi R^2 : \pi r^2 \qquad \therefore \quad I' = \frac{r^2}{R^2} I$$

따라서 앙페르 법칙에 따라

$$B \cdot 2\pi r = \mu_0 I' \qquad \therefore \quad B \cdot 2\pi r = \mu_0 \frac{r^2}{R^2} I \qquad \therefore \quad B = \frac{\mu_0 I}{2\pi R^2} r$$

문제 14-7 그림은 속이 빈 원통 도선의 단면을 나타낸 것이다. 어두운 부분에 전류 I가 균일하게 흐를 때 중심으로부터 거리 $\frac{3}{2} a$ 떨어진 곳에서의 자기장은?

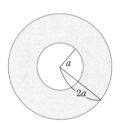

예제 8 구멍이 있는 전류분포에 대한 앙페르 법칙

그림은 반지름 $\frac{R}{2}$인 긴 원통형 구멍을 가지고 있는 반지름 R인 긴 원통형 도선의 단면을 나타낸다. 어두운 부분에 전류 I가 지면으로 들어가는 방향으로 균일하게 흐를 때 P점에서의 자기장의 세기를 구하라.

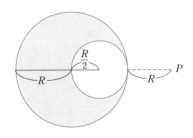

풀이 구멍에 같은 도체를 채워 어두운 부분과 같은 방향으로 전류가 흐를 때 구멍에
흐르는 전류를 I'이라 하면

$$I : I' = \pi\left(R^2 - \left(\frac{R}{2}\right)^2\right) : \pi\left(\frac{R}{2}\right)^2 \qquad \therefore \ I' = \frac{I}{3}$$

따라서 구멍에 I'을 같은 방향과 반대방향으로 흐르게 하면 구멍에는 전류가
흐르지 않는 셈이 된다. 구멍에 같은 방향으로 흐르는 전류와 어두운 부분의 전
류가 합쳐져 P점에 만드는 자기장을 B_1, 구멍에 반대방향으로 흐르는 전류가
P점에 만드는 자기장을 B_2라 하면

$$B_1 = \frac{\mu_0\left(I + \dfrac{I}{3}\right)}{2\pi(2R)} = \frac{\mu_0 I}{3\pi R} \ (\text{아랫방향})$$

$$B_2 = \frac{\mu_0 \cdot \dfrac{I}{3}}{2\pi\left(\dfrac{3}{2}R\right)} = \frac{\mu_0 I}{9\pi R} \ (\text{위방향})$$

따라서 P점에서의 자기장 B는

$$B = B_1 - B_2 = \frac{2\mu_0 I}{9\pi R}$$

이고 방향은 아래로 향하는 방향이다.

문제 **14-8** 다음은 긴 원통도체의 단면이다. 어두운 부분에 전류 I가 균일하게 흐를 때 P점에
서의 자기장의 세기는?

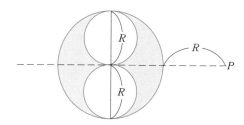

EXERCISE

문제 14-9   그림과 같이 속도 v로 금속판을 향해 날아오는 전하량 $-q$, 질량 m인 입자가 있다. 입자가 판으로 거리 d 떨어졌을 때 위로 향하는 균일한 자기장 B를 받기 시작했다. 이 입자가 판과 충돌하지 않기 위한 최소의 자기장 B는?

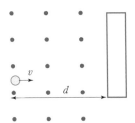

문제 14-10   다음 그림에서 점으로 표시한 것은 평면과 수직으로 지면으로부터 나오는 방향으로 전자들이 움직이는 도선을 나타낸다. 다음 중 도선에 작용하는 힘이 위 방향을 가리키는 것은?

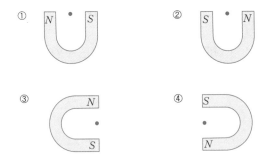

문제 14-11   질량 m인 금속도선이 그림과 같이 거리 d 떨어진 수평도선을 마찰없이 미끄러진다. 이 궤도는 연직 위로 향하는 균일한 자기장 B 속에 있다. 처음 정지해 있던 도선에 전류 I를 흘려보냈더니 도선이 s만큼 움직였다. 이때 도선의 속력은?

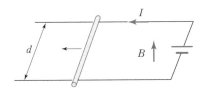

문제 14-12 길이가 L인 전선으로 N번 감긴 원형코일을 만든다. 이 코일에 전류 i가 흐른다. 이 코일 면에 수평 방향으로 균일한 자기장 B를 걸어줄 때 코일의 토크가 최대가 되는 N의 값은?

문제 14-13 다음 그림에서 C점의 자기장의 크기는?

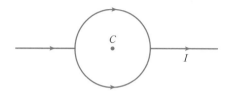

문제 14-14 다음 그림에서 C점의 자기장의 크기는?

문제 14-15 다음 그림에서 C점의 자기장의 크기는?

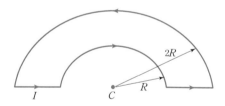

문제 14-16 전류 I가 흐르는 한 변의 길이가 a인 정사각형 도선의 중심에서 도선 면에 수직인 방향으로 거리 $\frac{a}{2}$ 떨어진 곳의 자기장의 크기는?

문제 14-17 다음 그림에서 P점의 자기장의 크기는?

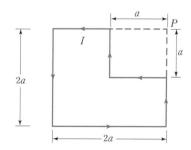

문제 14-18 두 개의 긴 평행도선이 거리 d 떨어져 있다. 두 도선에 흐르는 전류가 각각 I, $2I$이고 전류의 방향은 같은 방향일 때 자기장이 0이 되는 곳은 전류 I가 흐르는 도선으로부터 얼마의 거리에 위치하는가?

문제 14-19 그림에서 고리에 작용하는 자기력의 크기는?

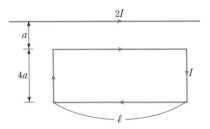

문제 14-20 그림에 주어진 방향으로 각각의 도선에 전류 I가 흐를 때 한 변의 길이가 a인 정사각형의 중심에서 자기장의 크기는?

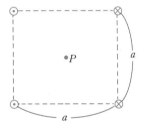

문제 14-21 그림은 동축케이블의 단면을 나타내고 있다. 안쪽의 도선(반지름 a)에는 지면 속으로 들어가는 방향으로 전류 I가 균일하게 흐르고 바깥쪽 도선(반지름 $2a$에서 $3a$ 사이)에는 전류 I가 지면으로부터 나오는 방향으로 균일하게 흐른다. 이때 중심축으로부터 거리 $\frac{5}{2}a$인 지점에서의 자기장은?

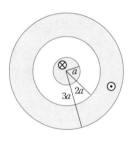

문제 14-22 그림과 같은 두 도선 사이에 작용하는 자기력은?

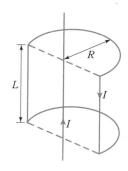

문제 14-23 그림과 같이 전하밀도가 ρ인 공이 각속도 w로 회전할 때 공의 중심에서 자기장의 세기는?

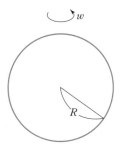

문제 14-24 다음 그림에서 P점에서의 자기장을 구하라.

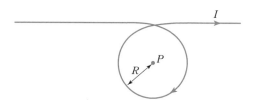

문제 14-25 다음 그림에서 P점에서의 자기장을 구하라.

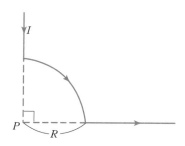

문제 **14-26** 반지름 R인 무한 원통 도선에 전류 I가 흐르고 있다. 원통 축으로부터 거리 r 떨어진 곳의 전류밀도를 $J=br$이라고 하자. 다음 각 경우 중심으로부터 거리 r 떨어진 곳에서의 자기장을 구하라.

(1) $r > R$

(2) $r < R$

문제 **14-27** 그림과 같이 길이 L인 막대에 총 전류 I가 균일하게 흐른다. 이때 전류의 방향은 지면 속으로 들어가는 방향이다. 이때 P점에서의 자기장의 크기를 구하라.

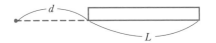

chapter 15

전자기 유도

FORMULA

15-1 패러데이법칙

$$\varepsilon = -\frac{d\Phi}{dt}$$

15-2 자체인덕턴스

$$L = \frac{N\Phi}{I}$$

$$\varepsilon_L = -L\frac{di}{dt}$$

15-3 자기에너지

$$U = \frac{1}{2}Li^2$$

15-4 상호인덕턴스

$$M_{12} = \frac{N_2\Phi_{12}}{I_1}$$

$$M_{12} = M_{21} = M$$

$$\varepsilon_2 = -M\frac{dI_1}{dt}$$

$$\varepsilon_1 = -M\frac{dI_2}{dt}$$

15-5 교류회로의 용량리액턴스

$$V_C = I_C X_C \quad (X_C = \frac{1}{wC} : \text{용량리액턴스})$$

$$v = V_C \sin wt, \qquad i = I_C \sin(wt + 90°)$$

15-6 교류회로의 유도리액턴스

$$V_L = I_L X_L \quad (X_L = wL : \text{유도리액턴스})$$

$$v = V_L \sin wt, \qquad i = I_L \sin(wt - 90°)$$

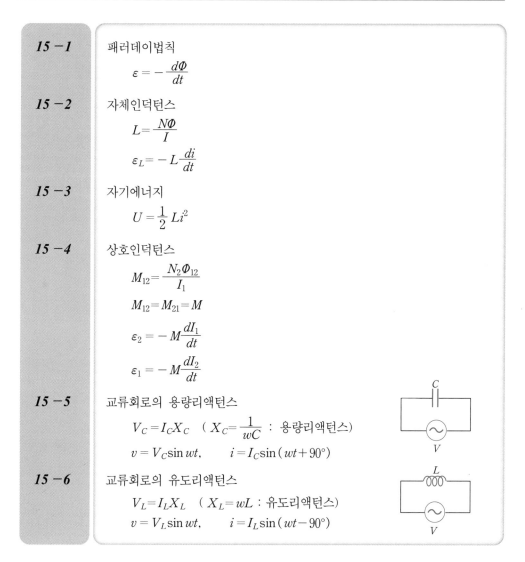

15-7 교류회로의 임피던스

$$\varepsilon_m = IZ$$

$$Z = \frac{\varepsilon_m}{\sqrt{R^2 + (X_L - X_C)^2}} \quad : \text{임피던스}$$

$$V = \varepsilon_m \sin wt$$

$$i = I\sin(wt - \phi)$$

$$\tan\phi = \frac{X_L - X_C}{R}$$

15-8 교류회로의 전력

$$P_{av} = I_{rms}^2 R$$

$$I_{rms} = \frac{I}{\sqrt{2}}, \quad V_{rms} = \frac{V}{\sqrt{2}}$$

15-9 앙페르-맥스웰방정식

$$\int \vec{B} \cdot \vec{ds} = \mu_0(i_d + i)$$

$$i_d = \varepsilon_0 \frac{d\phi_E}{dt} \quad : \text{맥스웰의 변위전류}$$

15-10 전자기파

$$E = E_m\sin(kx - wt), \quad B = B_m\sin(kx - wt)$$

$$c = \frac{E_m}{B_m} = \frac{1}{\sqrt{\varepsilon_0\mu_0}} : \text{광속}$$

15-11 파동방정식

$$\frac{\partial^2 E}{\partial t^2} = c^2 \frac{\partial^2 E}{\partial x^2}, \quad \frac{\partial^2 B}{\partial t^2} = c^2 \frac{\partial^2 B}{\partial x^2}$$

15-12 포인팅벡터

단위 시간에 단위면적에 전자기파에 의해 전달되는 에너지

$$\vec{S} = \frac{1}{\mu_0} \vec{E} \times \vec{B}$$

15-13 광압 (빛의 압력)

1) 빛이 물체에 완전흡수되는 경우

$$P = \frac{I}{c} \quad (I \text{는 빛의 세기})$$

2) 빛이 완전반사되는 경우

$$P = \frac{2I}{c}$$

▤ TYPICAL PROBLEMS

예제 1 변하는 전류

그림과 같이 도선이 단위길이당 n번 감겨있고 반지름 r인 솔레노이드의 전류가 $i = i_0 e^{-at}$로 변할 때 도선이 N번 감겨있는 바깥 코일에 흐르는 전류 i_c를 구하라. (단, 바깥 코일의 저항은 R이다.)

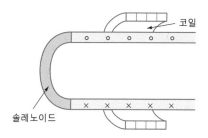

풀이 솔레노이드의 자기장은 $B = \mu_0 in$이고 단면적은 $A = \pi r^2$이므로 자속은

$$\varPhi = BA = \mu_0\, in\, \pi r^2 = \mu_0 n \pi r^2\, i_0\, e^{-at}$$

따라서 유도기전력은

$$\varepsilon = -N\frac{d\varPhi}{dt} = -N\frac{d}{dt}(\mu_0 n \pi r^2 i_0 e^{-at}) = N\pi r^2 \mu_0 n i_0 a e^{-at}$$

바깥코일의 저항이 R이므로 흐르는 전류를 i_c라 하면

$$i_C = \frac{\varepsilon}{R} = \frac{N\pi r^2 \mu_0 n i_0 a}{R}\, e^{-at}$$

문제 15-1 단면적이 A인 작은 회로가 단위길이당 n번 도선이 감겨있으며 전류 i가 흐르는 긴 솔레노이드 안에 대칭축이 같은 방향이 되도록 놓여있다. 전류가 $i = i_0 \sin wt$로 변할 때 회로에 생기는 유도기전력은?

예제 2 단면적 관련 문제

그림의 직사각형 고리에 대해 자속을 구하라.

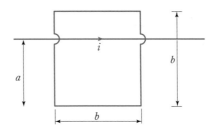

풀•ㅣ (1) 전류 I에 의한 자기장을 나타내면 다음과 같다.

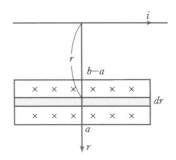

이때 단면 A를 지나는 자속과 단면 B를 지나는 자속은 크기가 같고 방향이 반대이므로 상쇄된다. 그러므로 단면 C에 대한 자속만 구하면 된다. 다음과 같이 좌표를 택하자.

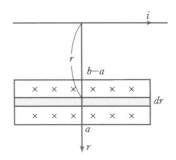

어두운 부분의 넓이는 bdr이고 이 부분의 자기장은 $B=\dfrac{\mu_0 i}{2\pi r}$이므로 이 부분에 대한 자속은 $d\Phi=Bbdr$이다. 따라서 전체 자속은

$$\Phi = \int d\Phi = \int_{b-a}^{a} Bbdr = \int_{b-a}^{a} \frac{\mu_0 i}{2\pi r} bdr = \frac{\mu_0 ib}{2\pi} \ln\left(\frac{a}{b-a}\right)$$

문제 15-2 위 문제에서 전류가 $i = kt - l$ $(k > 0)$로 변할 때 고리에 발생하는 유도기전력과 고리에 유도되는 전류의 방향을 구하라.

예제 3 같은 축을 갖는 평행고리 사이의 전자기 유도

그림과 같이 같은 축을 가진 두 개의 평행한 고리가 있다. 이때 $x \gg R$이다. 큰 고리에 전류 I가 흐른다고 하자.

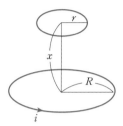

작은 고리를 지나는 자속을 구하라.

풀이 (1) 작은 고리의 중심에서 자기장을 계산하자. 옆에서 본 그림은 다음과 같다.

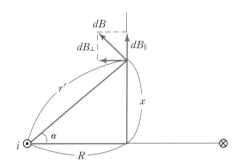

대칭성에 의해 $\displaystyle\int dB_\perp = 0$

따라서 자기장의 세기는

$$B = \int B_\parallel = \int dB \cos \alpha = \int \frac{\mu_0 i}{4\pi} \frac{dl \sin 90°}{r'^2} \cdot \frac{R}{r'}$$

$$= \frac{\mu_0 iR}{4\pi(x^2+R^2)^{3/2}} \int dl = \frac{\mu_0 iR^2}{2(x^2+R^2)^{3/2}}$$

이때 $x \gg R$이므로 $B \cong \dfrac{\mu_0 iR^2}{2x^3}$ 이 되어 고리의 모든 점에서 균일하다.

$$\therefore \quad \Phi = B\pi r^2 = \frac{\pi\mu_0 i r^2 R^2}{2x^3}$$

문제 **15-3** 위 문제에서 x가 일정한 속도 v로 증가하는 경우 작은 고리에 발생하는 유도기전력을 구하라.

예제 **4** **토로이드의 자체인덕턴스**

안쪽 반지름이 a이고 바깥쪽 반지름이 b이며 두께가 h인 토로이드에 도선이 N번 감겨 있을 때 자체인덕턴스를 구하라.

풀이 토로이드의 단면을 보자.

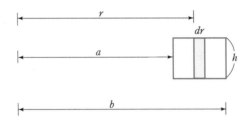

어두운 부분의 넓이는 $h dr$이므로 중심에서 거리 r 떨어진 곳의 자기장은 $B = \dfrac{\mu_0 i N}{2\pi r}$ 이므로 자속은

$$\Phi = \int_a^b B h dr = \int_a^b \frac{\mu_0 i N h}{2\pi r}\, dr = \frac{\mu_0 i N h}{2\pi} \ln \frac{b}{a}$$

따라서 자체인덕턴스는

$$L = \frac{N\Phi}{i} = \frac{\mu_0 N^2 h}{2\pi} \ln \frac{b}{a}$$

문제 **15-4** 단면적이 A이고 도선을 N번 감은 길이가 l인 솔레노이드의 단위길이당 자체인덕턴스는?

예제 **5** **인덕터의 연결**

인덕턴스 값이 각각 L_1, L_2인 두 인덕터를 멀리 떨어뜨려 놓은 채 병렬로 연결할 때 합성인덕턴스를 구하라.

풀이 다음 그림을 보자.

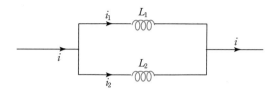

키르히호프 법칙에 의해

$$i = i_1 + i_2 \qquad (1)$$

두 인덕터에 걸린 전압이 같으므로

$$\varepsilon = L_1 \frac{di_1}{dt} = L_2 \frac{di_2}{dt} \qquad (2)$$

합성인덕턴스를 L 이라고 하면 $\varepsilon = L\dfrac{di}{dt}$ 이므로

$$L\frac{di}{dt} = L_1 \frac{di_1}{dt} \qquad (3)$$

$$L\frac{di}{dt} = L_2 \frac{di_2}{dt} \qquad (4)$$

(3), (4)를 (1)에 넣으면

$$(L - L_1)\frac{di_1}{dt} + L\frac{di_2}{dt} = 0$$

$$L\frac{di_1}{dt} + (L - L_2)\frac{di_2}{dt} = 0$$

이때 $\dfrac{di_1}{dt}$, $\dfrac{di_2}{dt}$ 가 동시에 0이 되지 않으려면

$$\begin{vmatrix} L - L_1 & L \\ L & L - L_2 \end{vmatrix} = 0$$

$$\therefore \quad L = \frac{L_1 L_2}{L_1 + L_2}$$

문제 15-5 두 인덕터가 직렬로 연결되었을 때의 합성인덕턴스를 구하라.

예제 6 상호인덕턴스

그림과 같이 N번 감은 직사각형 고리 도선이 긴 직선 도선 가까이에 평행하게 놓여 있다. 이때 상호인덕턴스를 구하라.

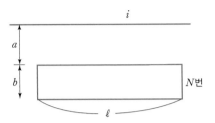

풀·이 다음 그림을 보자.

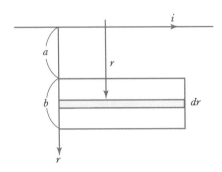

직선전류에 의한 자기장을 $B_직$이라고 하면

$$\Phi_{\,고직} = \int_a^{a+b} B_직 l\,dr$$

$$= \int_a^{a+b} \frac{\mu_0 il}{2\pi r}\,dr$$

$$= \frac{\mu_0 il}{2\pi}\,\ln\left(1+\frac{b}{a}\right)$$

따라서 구하는 상호인덕턴스는

$$M_{고직} = \frac{N\Phi_{고직}}{i} = \frac{\mu_0 Nl}{2\pi}\,\ln\left(1+\frac{b}{a}\right)$$

문제 15-6 그림과 같이 N번 감아 만든 코일로 단위길이당 n번 감아 만든 반지름 R인 긴 솔레노이드를 둘렀다. 이때 코일-솔레노이드 복합체의 상호인덕턴스를 구하라.

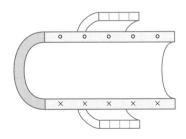

예제 7 LC 진동

다음과 같은 회로에서 스위치를 a로 닫고 오랜 시간이 경과한 후에 스위치를 b로 닫았다. 이때 흐르는 전류의 진동수를 구하라.

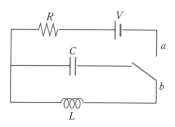

풀이 a로 닫고 오랜 시간 흐르면 축전기에 쌓이는 전하량은 $Q = CV$가 된다. 이제 스위치를 b로 닫으면 그림과 같은 회로가 된다.

여기에 키르히호프 법칙을 적용하면

$$L\frac{di}{dt} + \frac{q}{C} = 0 \tag{1}$$

이고 $q(0) = Q$이다. 이제 $i = \dfrac{dq}{dt}$를 이용하면

$$L\frac{d^2q}{dt^2} + \frac{q}{C} = 0 \tag{2}$$

이것을 풀면 $q(t) = Q\cos(wt + \phi)$가 되고 $w = \dfrac{1}{\sqrt{LC}}$이다.

$$i = \frac{dq(t)}{dt} = -Qw\sin(wt + \phi)$$

이므로 전류는 각진동수 w로 진동한다. 그러므로 진동수 f는

$$f = \frac{w}{2\pi} = \frac{1}{2\pi\sqrt{LC}}$$

문제 15-7 다음과 같은 회로에서 스위치를 닫고 오랜 시간이 흐른 후에 회로에 흐르는 전류는?

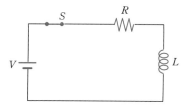

예제 8 변위전류

다음 그림과 같이 반지름이 R인 원형 평행판 축전기가 충전되고 있다. 축전기 내부에서 전기장이 시간에 따라 $E = kt$로 변할 때 다음 각 위치에서 유도 자기장을 구하라. (r은 원판의 중심축으로 부터의 거리이다.)

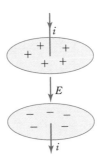

(1) $r < R$

(2) $r \geq R$

풀이 (1) $\int \vec{B} \cdot \vec{ds} = \mu_0 (i_d + i)$에서 극판 사이에 흐르는 전류는 없으므로 $i = 0$이다.

따라서 $\int \vec{B} \cdot \vec{ds} = \mu_0 \varepsilon_0 \dfrac{d\phi_E}{dt}$ 이고 $\phi_E = E\pi r^2$이므로

$$B \cdot 2\pi r = \mu_0 \varepsilon_0 \frac{d}{dt} (kt \cdot \pi r^2)$$

$$\therefore \ B = \frac{1}{2} \mu_0 \varepsilon_0 kr$$

(2) $\int \vec{B} \cdot \vec{ds} = \mu_0 \varepsilon_0 \dfrac{d\phi_E}{dt}$ 이고 $\phi_E = E\pi R^2$이므로

$$B \cdot 2\pi r = \mu_0 \varepsilon_0 \frac{d}{dt} (kt \cdot \pi R^2)$$

$$\therefore \ B = \frac{\mu_0 \varepsilon_0 k R^2}{2r}$$

문제 15-8 다음 그림과 같은 평행판 축전기의 변위전류를 구하라.

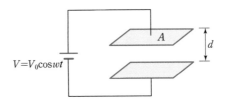

예제 9 광 압

그림과 같이 세기가 I인 빛이 반지름이 R이고 높이 H인 원통의 한면을 향해 위로 쏘여졌다. 이 원통이 받는 힘이 0일 때 이 물체의 질량은? (단, 빛은 원통면에서 완전 반사된다고 하자.)

풀이 물체에 작용하는 힘은 다음과 같다.

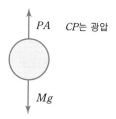

PA CP는 광압

Mg

그러므로 힘의 평형조건으로부터

$$Mg = PA = \left(\frac{2I}{c}\right)(\pi R^2)$$

$$\therefore\ M = \frac{2I\pi R^2}{cg}$$

문제 15-9 세기가 I인 빛이 어떤 물체에 수직으로 들어가 그 중 70%가 반사되고 나머지는 흡수되었다면 물체가 받는 광압은?

EXERCISE

문제 **15-10** 그림과 같이 길이 l, 질량 m, 저항 R인 막대가 수평면과 θ의 각도로 기울어진 궤도를 마찰없이 미끄러져 내려온다. 궤도와 막대는 닫혀진 회로를 만든다. 수평면에 수직인 균일한 자기장 B가 궤도에 작용할 때 막대가 일정한 속도로 내려올 때 속도 v를 구하라.

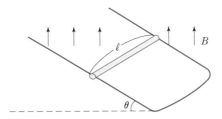

문제 **15-11** 넓이가 A이고 저항이 R인 회로로 이루어진 안테나가 균일한 자기장 B에 수직으로 놓여 있다. 자기장이 B에서 시작하여 시간 T동안 시간에 비례하여 0으로 줄어들 때 회로에서 시간당 방출되는 열에너지는?

문제 **15-12** 길이가 a이고 폭이 b인 사각형에 도선을 N번 감은 고리가 그림과 같이 균일한 자기장 B에서 진동수 f로 회전할 때 회로에 생기는 유도기전력은?

문제 **15-13** 그림과 같은 직사각형 고리가 속력 v로 긴 도선에서 멀어질 때 고리에 생기는 유도기전력은?

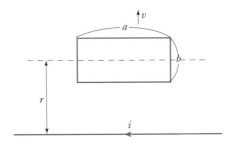

문제 15-14 그림과 같이 생긴 두 개의 도체막대가 있다. $t=0$일 때 직선막대는 꼭지점에 있었다. 이 막대가 오른쪽으로 일정한 속력 v로 움직일 때 시간 t 후 삼각형 회로에 생기는 유도기전력의 크기는? (단, 자기장은 지면 위로 향하는 방향이고 크기는 B이다.) (단, $t=0$에 삼각형 고리의 면적은 Φ이다.)

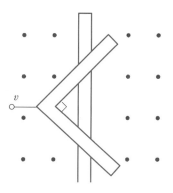

문제 15-15 그림과 같이 안쪽 반지름이 a, 바깥쪽 반지름이 b이고 길이가 l인 원통도체로 이루어진 긴 동축선에서 두 원통 사이에 저장된 자기 에너지를 구하라. (단, 반지름이 a인 원통으로 전류 i가 흐르고 다시 반지름 b인 원통을 통해 돌아온다.)

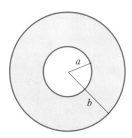

문제 15-16 단면적이 A이고 도선을 N번 감은 길이가 L인 솔레노이드에 전류 I가 흐를 때 솔레노이드에 저장되는 자기에너지밀도는?

문제 15-17 반지름이 a인 두 개의 긴 직선도선을 서로의 거리 d만큼 떨어지게 놓고 각 도선에 전류 I를 서로 반대방향으로 흐르게 하였다. 이런 한 쌍의 도선에 의한 자체인덕턴스는?

문제 15-18 그림과 같이 N_2번 감은 코일에 N_1번 감아 만든 토로이드가 연결되어 있을 때 코일-토로이드 복합체의 상호인덕턴스는? (토로이드의 안쪽 반지름은 a, 바깥쪽 반지름은 b, 높이는 h이다.)

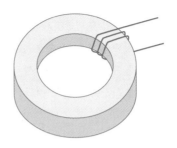

문제 15-19 그림은 같은 축을 가진 두 개의 솔레노이드의 단면을 보여준다. n_1, n_2가 각 솔레노이드에 단위길이당 감은 도선의 수이고 두 솔레노이드의 길이가 l일 때 솔레노이드-솔레노이드 복합체의 상호인덕턴스는?

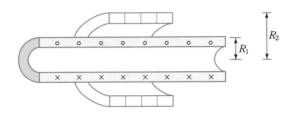

문제 15-20 그림과 같은 회로에 교류전압 $V = V_0 \sin wt$가 걸릴 때 도선에 흐르는 전류는?

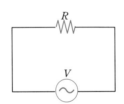

문제 15-21 그림과 같은 발전기에 두 도선이 연결되어 있다. 각 도선의 전기퍼텐셜이 $V_1 = A \sin wt$, $V_2 = A \sin(wt - 120°)$일 때 두 도선사이의 전위차의 진폭은?

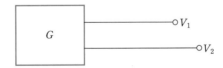

문제 15-22 전류가 시간에 따라 $i = I \sin wt$로 변할 때 I^2의 시간에 대한 평균을 구하라.

문제 15-23 그림과 같이 저항이 R이고 N번 감겨 있는 직사각형의 코일이 균일한 자기장지역으로 일정한 속도 v로 들어가고 있다. 다음 각 경우 코일의 기전력을 구하라.
  (1) 코일이 자기장 지역으로 들어갈 때
  (2) 코일이 자기장 지역에서 움직일 때

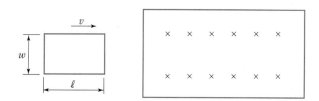

문제 15-24 그림과 같이 질량 m이고 길이 l인 막대가 정지상태로부터 자기력을 받아 움직이기 시작했다. 시간 t 후 막대의 속도 $v(t)$를 구하라.

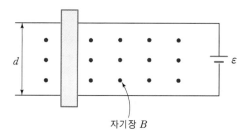

자기장 B

문제 15-25 그림과 같이 자기장 속에 RC회로가 있다. 자기장 B가 시간에 따라 $\dfrac{dB}{dt} = -K$ 로 변할 때 오랜 시간 후 축전기의 전하량 Q를 구하라.

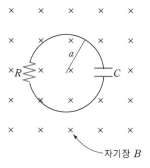

자기장 B

문제 15-26 그림과 같이 회로가 속도 v로 무한 직선 도선으로부터 멀어져 간다. 회로의 왼쪽 부분과 도선 사이의 거리가 r인 순간 회로의 기전력을 구하라.

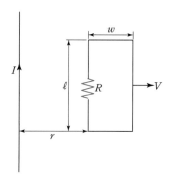

문제 15-27 그림과 같이 질량 m인 막대가 균일한 자기장 속에 놓여 있고 이 물체는 줄을 통해 질량 M인 물체와 연결되어 있다. 막대가 처음 정지해 있었다고 할 때 시간 t 후 막대가 움직이는 속력 v를 시간의 함수로 나타내라.

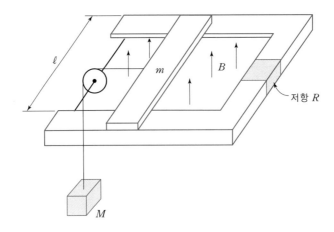

chapter 16

열역학 제1법칙과 이상기체

FORMULA

16 − 1 열팽창

$$\Delta L = L\alpha \Delta T$$
$$\Delta A = A\alpha' \Delta T \qquad (\ \alpha' = 2\alpha)$$
$$\Delta V = V\beta \Delta T \qquad (\ \beta = 3\alpha)$$

16 − 2 열

$$Q = C\Delta T \qquad (\ C는 \ 열용량)$$
$$Q = mc\Delta T \qquad (\ c는 \ 비열)$$

16 − 3 계가 한 일

$$W = \int_{V_i}^{V_f} p\,dV \qquad (팽창시\ (+),\ 수축시\ (-))$$

16 − 4 열역학 제1법칙

$$\Delta E_{\text{int}} = Q - W$$

1) 단열

$$Q = 0 \quad \therefore \quad \Delta E_{\text{int}} = -W$$

2) 등적 (부피변화없음 ∴ $W = 0$)

$$\Delta E_{\text{int}} = Q$$

3) 순환 (내부에너지가 안 변함)

$$Q = W$$

4) 자유팽창 (계에 일이 행해지지 않는 단열과정)

$$Q = W = \Delta E_{\text{int}} = 0$$

16 − 5 이상기체방정식

$$pV = nRT \quad (몰수\ n = \frac{N}{N_A},\ N : 분자수,\ N_A : 아보가드로 수)$$

$$기체상수 \ R = 8.31\,\text{J/mol}\cdot\text{K}$$

16 – 6 보일의 법칙

$$pV = 일정$$

16 – 7 등온팽창

$$W = nRT\ln\frac{V_f}{V_i}$$

16 – 8 이상기체분자의 속도

$$v_{rms} = \sqrt{\frac{3RT}{M}} \quad (\ M = 몰질량 = mN_A)$$

16 – 9 이상기체 분자 한 개의 운동에너지

$$K = \frac{3}{2}kT \qquad (\ k = 볼츠만\ 상수 = \frac{R}{N_A}\ )$$

16 – 10 N개의 일원자 분자

내부에너지 : $E = \frac{3}{2}NkT$

등적몰비열 : $C_V = \frac{3}{2}R$

16 – 11 N개의 이원자 분자

내부에너지 : $E = \frac{5}{2}NkT$

등적몰비열 : $C_V = \frac{5}{2}R$

16 – 12 분자의 속력분포(맥스웰 볼츠만 분포)

1) 속력이 v와 $v+dv$ 사이인 분자의 비율은

$$P(v)dv = 4\pi\left(\frac{M}{2\pi RT}\right)^{3/2}v^2 e^{-\frac{Mv^2}{2RT}}$$

2) 평균속력 : $\bar{v} = \int_0^\infty P(v)vdv = \sqrt{\frac{8RT}{\pi M}}$

3) 제곱 제곱근 속력 : $v_{rms} = \sqrt{\int_0^\infty P(v)v^2 dv} = \sqrt{\frac{3RT}{M}}$

4) P가 최대가 되는 속력 : $v_p = \sqrt{\frac{2RT}{M}}$

16 – 13 등압몰비열

$$C_p = C_V + R$$

1) 단원자분자 : $C_p = \frac{5}{2}R$ 2) 이원자분자 : $C_p = \frac{7}{2}R$

16 – 14 이상기체의 단열팽창 $(Q = 0)$

$$p_1 V_1^\gamma = p_2 V_2^\gamma$$

$$\left(\gamma = \frac{C_p}{C_V}\right)$$

TYPICAL PROBLEMS

예제 1 열팽창

다음 그림과 같은 합성막대가 있다. 각각의 선팽창계수가 각각 α_1, α_2일 때 막대의 유효선팽창계수 α_e를 구하라.

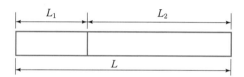

풀이 각각의 막대가 늘어난 길이를 각각 ΔL_1, ΔL_2라고 하자.

$$\Delta L_1 = L_1 \alpha_1 \Delta T, \quad \Delta L_2 = L_2 \alpha_2 \Delta T$$

전체 늘어난 길이 ΔL은

$$\begin{aligned} \Delta L &= \Delta L_1 + \Delta L_2 \\ &= \alpha_1 L_1 \Delta T + \alpha_2 L_2 \Delta T \\ &= \frac{\alpha_1 L_1 + \alpha_2 L_2}{L} \cdot L \Delta T \\ &= \alpha_e L \Delta T \end{aligned}$$

이므로

$$\alpha_e = \frac{\alpha_1 L_1 + \alpha_2 L_2}{L}$$

note

일반적으로

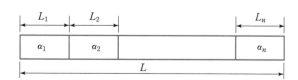

$$\alpha_e = \frac{\sum_{k=1}^{n} \alpha_k L_k}{L}$$

문제 16-1 ρ를 밀도, β를 부피팽창계수라고 할 때 $\dfrac{\varDelta\rho}{\varDelta T}$를 구하라.

예제 2   내부에너지

계가 다음 그림과 같이 경로 iaf를 따라 상태 i에서 상태 f로 변했다. 이 과정에서 $Q=50\,\mathrm{cal}$이고 $W=20\,\mathrm{cal}$이다. 경로 ibf를 따라서는 $Q=36\,\mathrm{cal}$이다.

(1) 경로 ibf에서 W를 구하라.

(2) 곡선 fi를 따라서 계가 $W=-13\,\mathrm{cal}$의 일을 할 때 이 경로에서 Q를 구하라.

(3) $E_{\mathrm{int},i}=10\,\mathrm{cal}$, $E_{\mathrm{int},b}=22\,\mathrm{cal}$라고 할 때 과정 ib와 bf에서 Q의 값을 구하라.

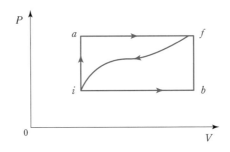

풀이 (1) iaf에 대해 열역학 제1법칙을 쓰면

$$\varDelta E_{\mathrm{int}}=Q-W=50-20=30\ \mathrm{cal}$$

ibf에 대해 열역학 제1법칙을 쓰면

$$\varDelta E_{\mathrm{int}}=30=36-W \qquad \therefore\ W=6\ \mathrm{cal}$$

(2) 경로 fi를 따라서 내부에너지의 변화는 $-30\,\mathrm{cal}$이고 $W=-13\,\mathrm{cal}$이므로 $-30=Q-W$에서 $Q=-43\,\mathrm{cal}$

(3) $\varDelta E_{\mathrm{int}}=E_{\mathrm{int},f}-E_{\mathrm{int},i}=30\,\mathrm{cal}$이고 $E_{\mathrm{int},i}=10\,\mathrm{cal}$이므로 $E_{\mathrm{int},f}=40\,\mathrm{cal}$이다.

bf에서 부피변화가 없으므로 $W=0$이다.

그러므로 $\varDelta E_{bf}=40-22=Q_{bf}-0$에서

$$Q_{bf}=18\ \mathrm{cal}$$

한편 $Q_{ibf}=36\,\mathrm{cal}$이므로

$$Q_{ib}=18\ \mathrm{cal}$$

문제 16-2 다음 $P-V$ 그래프에서 세 경로에 대해 기체가 한 일을 구하라.

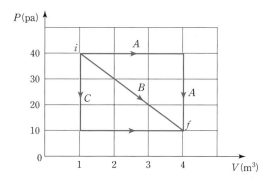

예제 3 이상기체

다음 그림과 같이 그릇 A에는 압력이 p_A이고 온도가 T_A인 이상기체가 들어있다. 그릇A는 부피가 4배 큰 그릇 B와 가는 관으로 연결되어 있다. 한편 그릇 B에는 압력이 p_B이고 온도가 T_B인 같은 종류의 이상기체가 들어 있다. 연결관을 열었더니 각 그릇의 온도가 처음 상태로 유지되면서 같은 압력이 되는 평형상태가 되었다. 나중압력을 구하라.

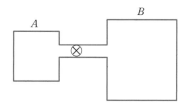

풀이 각 그릇에 있는 기체의 처음 몰수를 각각 n_A, n_B라 하고 나중 몰수를 각각 $n_A{'}$, $n_B{'}$이라고 하자. 그럼

$$n_A + n_B = n_A{'} + n_B{'} \tag{1}$$

처음상태에 대해 이상기체방정식을 쓰자. A의 부피를 V라고 하면 B의 부피는 $4V$이다. 그러므로

$$p_A V = n_A R T_A \tag{2}$$

$$4p_B V = n_B R T_B \tag{3}$$

한편 나중 상태의 압력을 $p_A{'} = p_B{'} = p$라고 하면

$$pV = n_A{'} R T_A \tag{4}$$

$$4pV = n_B{'} R T_B \tag{5}$$

(2), (3)에서

$$n_A = \frac{p_A V}{R T_A}$$

$$n_B = \frac{4 p_B V}{R T_B}$$

(6)

한편 (4), (5)에서

$$n_B{}' = \frac{4 T_A}{T_B} n_A{}'$$

(7)

(5), (6), (7)을 (1)에 넣으면

$$n_A{}' = \frac{V}{R}\left(\frac{T_B}{T_B + 4 T_A}\right)\left(\frac{P_A}{T_A} + \frac{4 P_B}{T_B}\right)$$

(8)

(8)을 (4)에 넣으면

$$p = \frac{p_A T_B + 4 p_B T_A}{4 T_A + T_B}$$

문제 16-3 그릇 안에 서로 반응하지 않는 세 종류의 기체가 있다. 첫 번째 기체 n몰의 정적 몰비열은 a, 두 번째 기체 $2n$ 몰의 정적몰비열은 $2a$, 세 번째 기체 $3n$ 몰의 정적몰비열은 $3a$일 때 전체 기체의 정적몰비열은?

예제 4 **분자의 속력분포**

다음 그림은 N개의 입자에 대한 속력분포이다. $P(v) = Cv^2$ ($0 \le v \le v_0$)이고 $v > v_0$일 때 $P(v) = 0$이다. (여기서 $P(v)dv$는 속력이 v와 $v + dv$ 사이인 입자의 개수이다.)

(1) C를 구하라.

(2) 평균속력 $\overline{v}$를 구하라.

(3) rms 속력을 구하라.

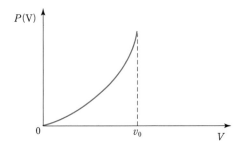

(1) $N = \int_0^\infty P(v)\,dv$로부터

$$N = \int_0^{v_0} Cv^2 dv \qquad \therefore \quad N = \frac{Cv_0^3}{3}$$

$$\therefore \quad C = \frac{3N}{v_0^3}$$

(2) $\overline{v} = \frac{1}{N}\int_0^\infty vP(v)dv = \frac{3}{v_0^3}\int_0^{v_0} v^3 dv = \frac{3}{4}v_0$

(3) $v^2_{\mathrm{rms}} = \frac{1}{N}\int_0^\infty v^2 P(v)dv = \frac{3}{v_0^3}\int_0^{v_0} v^4 dv = \frac{3}{5}v_0^2$

$$\therefore \quad v_{\mathrm{rms}} = \sqrt{\frac{3}{5}}\,v_0$$

문제 16-4 두 개의 그릇이 있다. 첫 번째 그릇에는 분자들의 질량이 m인 기체가 rms 속력 v를 갖고 온도 T인 상태로 있다. 두 번째 그릇에는 질량이 M인 기체가 같은 온도에서 평균속력 $2v$를 갖고 있다. 이때 $\dfrac{m}{M}$의 값은?

예제 5 이상기체의 단열팽창

(1) 처음 압력이 p인 이상기체가 자유팽창을 하여 나중 부피가 처음부피의 3배가 되었다. 자유팽창을 한 후 기체의 압력을 구하라.

(2) 그 후 기체를 천천히 단열적으로 처음 부피가 될 때까지 압축하였다. 압축 후 압력은 $3^{2/3}p$가 되었다. 이 기체는 단원자인가, 이원자인가?

풀이 (1) 자유팽창이므로 보일의 법칙을 쓰면

$$pV = p' \times 3V$$

$$\therefore \quad p' = \frac{1}{3}p$$

(2) 단열팽창 공식 $p_1 V_1^\gamma = p_2 V_2^\gamma$을 쓰면

$$\frac{p}{3}(3V)^\gamma = 3^{2/3}pV^\gamma$$

$$\therefore \quad 3^{\gamma-1} = 3^{2/3}$$

이 식을 풀면 $\gamma = \dfrac{5}{3}$

따라서 이 기체는 단원자 기체이다.

··· note

$\gamma = \dfrac{C_p}{C_v}$ 이고

단원자기체에 대해 $C_v = \dfrac{3}{2} R$, $C_p = \dfrac{5}{2} R$ $\therefore \gamma = \dfrac{5}{3}$

이원자기체에 대해 $C_v = \dfrac{5}{2} R$, $C_p = \dfrac{7}{2} R$ $\therefore \gamma = \dfrac{7}{5}$

[문제] 16-5 처음 압력이 p이고 온도가 T인 단원자 이상기체가 단열팽창하여 처음 부피의 $\dfrac{27}{8}$ 배가 된 순간의 온도와 압력을 구하라.

[예제] 6 이상기체 pV 그래프

처음 온도가 T_1이고 압력이 P_1인 단원자 이상기체 n몰이 있다. 이 기체를 다음 그림과 같이 압력과 부피를 2배가 되도록 할 때 다음을 구하라.

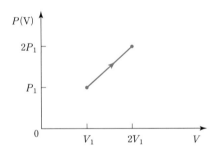

(1) W (2) ΔE_{int} (3) Q

[풀이] (1) 그래프로부터 P와 V의 관계는 $P = \dfrac{P_1}{V_1} V$ 이고 $P_1 V_1 = nRT_1$을 쓰면

$$P = \dfrac{P_1^{\,2}}{nRT_1} V \qquad\qquad ①$$

따라서 계가 한 일은 $W = \displaystyle\int_{V_1}^{2V_1} p\,dV = \dfrac{3}{2} nRT_1$

(2) 내부에너지의 변화는

$$\Delta E_{int} = \dfrac{3}{2} nRT_2 - \dfrac{3}{2} nRT_1 = \dfrac{3}{2} p_2 V_2 - \dfrac{3}{2} p_1 V_1$$
$$= \dfrac{3}{2}(2p_1 \cdot 2V_1 - p_1 V_1) = \dfrac{9}{2} p_1 V_1 = \dfrac{9}{2} nRT_1$$

(3) 열역학 제1법칙 $\Delta E_{\text{int}} = Q - W$로부터

$$Q = \frac{9}{2}nRT_1 + \frac{3}{2}nRT_1 = 6nRT_1$$

문제 16-6 다음 세 경우에 대해 열량과 내부에너지의 변화량의 크기를 비교하라. (1몰의 단원 자기체에 대해)

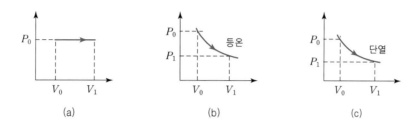

(a)   (b)   (c)

EXERCISE

문제 16-7 뉴턴의 냉각의 법칙에 따르면 접촉한 두 물체의 온도차 ΔT는 시간에 따라 다음과 같이 변한다.

$$\frac{d\Delta T}{dt} = -A\Delta T$$

처음 온도차가 k일 때 시간 t 후 두 물체 사이의 온도차는?

문제 16-8 수직형 유리관에 20°C에서 액체로 채워져 있다. 액체의 높이는 h이다. 온도가 1°C 올라가면 액체의 높이는? (유리의 선팽창계수는 α, 액체의 부피팽창계수는 β이다.)

문제 16-9 어떤 물질의 비열이 온도에 따라 $c = a + bT$로 변한다고 하자. 이 물질 1g을 온도 T에서 $2T$로 올리는 데 필요한 열량은?

문제 16-10 다음 $P-V$ 그래프의 각 순환과정에 대해 기체가 한 일은?

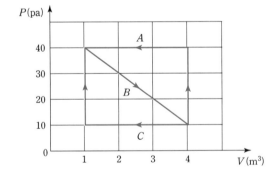

문제 16-11 어떤 기체가 다음과 같은 순환과정을 거친다. 과정 AB 동안 공급된 열량이 20J 이고 과정 BC 동안에는 열량의 공급이 없고 전체 순환과정 동안 기체가 한 일이 15J일 때 과정 CA 동안 계가 소비한 열량은?

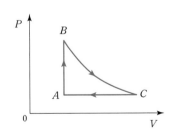

(문제) 16-12 일정한 온도 T와 일정한 압력 p에서 1몰의 기체의 부피가 2배로 등온팽창하는 동안 기체가 한 일은?

(문제) 16-13 1몰의 단원자 이상기체가 그림과 같이 i의 상태에서 f의 상태로 두 경로 1, 2를 따라 변할 때 각 경로에 대해 내부에너지의 변화와 기체가 한 일을 구하라. (단, 온도는 T로 일정하다.)

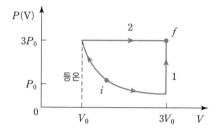

(문제) 16-14 분자의 질량이 m_1, 몰수가 n_1인 기체 A가 온도 T로 단열된 부피 V의 용기 속에 있다. 기체 A는 빠져나오지 못하도록 하면서 이들과 화학작용을 하지 않는 분자의 질량 m_2인 기체 B를 일정한 속력 v_0로 이 용기 속으로 집어넣었다. 새로 넣은 기체 B의 양은 n_2 몰이다. 이 혼합기체가 평형상태에 이른 후 기체 분자 A의 평균 속력을 구하라.

(문제) 16-15 밀폐된 용기에 들어 있는 이상기체의 부피를 절반이 되게 하였더니 기체의 온도가 처음 온도의 절반이 되었다. 기체의 압력의 변화량은 얼마인가?

(문제) 16-16 어떤 이상기체의 $P-V$ 그래프가 그림과 같다.

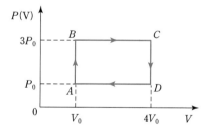

(1) C에서의 기체분자들의 평균운동량은 B에서의 평균운동량의 몇 배인가?
(2) 이 순환과정에서 기체가 한 일을 구하라.

문제 16-17 밀폐된 원통의 중앙에 피스톤이 있고 양쪽에 있는 기체의 압력은 모두 p이다. 양쪽의 온도를 일정하게 유지하면서 오른쪽 기체의 부피를 반으로 줄이면 양쪽 기체의 압력차는 얼마가 되는가?

문제 16-18 질량이 m인 물체가 h의 높이에서 떨어져 역학적인 연결에 의해 질량이 M이고 비열이 c인 액체를 휘젓는 물갈퀴가 있는 바퀴를 돌린다. 이때 액체의 최대 온도 변화량을 구하라.

문제 16-19 다음 $P - V$ 그래프를 보고 빈 칸을 채워라.

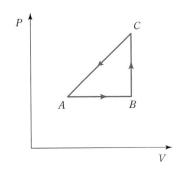

	Q	W	ΔE_{int}
$A \to B$			+
$B \to C$	+		
$C \to A$			

문제 16-20 그림과 같이 열전도도가 각각 k_1, k_2인 두 물체를 통해 열이 전달될 때 합성 열전도도 k_e를 구하라.

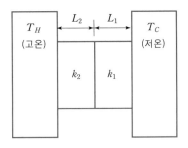

문제 16-21 압력 P_0, 부피 V_0인 1몰의 기체가 등온팽창하여 $\dfrac{P_0}{2}$의 압력이 되었다. 이 과정에서 기체가 한 일을 구하라.

문제 16-22 그릇에 2몰의 이상기체 A와 0.5몰의 이상기체 B가 섞여 있다. 이때 기체 B가 기체 A에 작용하는 압력은 전체 압력의 몇 배인가?

문제 16-24 그림과 같이 마찰이 없는 실린더 벽면을 따라 움직이는 피스톤이 용수철에 매달려 있다. 용수철 상수는 $k = 2000\,\text{N/m}$이고 처음 기체의 압력은 $10^5\,\text{N/m}^2$이고 부피는 $0.001\,\text{m}^3$이며 피스톤의 단면적은 $0.01\,\text{m}^2$이다.

실린더 내부의 온도가 두 배로 될 때 용수철이 압축된 길이 Z를 구하라.

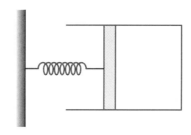

chapter 17

열역학 제2법칙

FORMULA

17-1

열역학 제2법칙
아무런 변화없이 열을 모두 일로 바꾸는 것은 불가능하다.

17-2

열기관의 효율

$$e = \frac{|Q_H| - |Q_C|}{|Q_H|}$$

17-3

카르노 기관(가역기관)의 효율

$$e = \frac{T_H - T_C}{T_H}$$

17-3

냉동기의 성능계수

$$K = \frac{|Q_C|}{W}$$

17-4

엔트로피 변화

$$\Delta S = \frac{\Delta Q}{T} \quad \text{(온도가 일정할 때)}$$

$$\Delta S = \int \frac{dQ}{T} \quad \text{(온도가 변할 때)}$$

17-5

순환과정의 엔트로피 변화

$$\Delta S = 0$$

17-6

가역기관의 경우

$$\Delta S = \frac{Q_H}{T_H} + \frac{Q_C}{T_C} = 0$$

TYPICAL PROBLEMS

예제 1 순환과정

단원자 이상기체 1몰이 그림과 같은 순환과정을 갖는다. 과정 bc는 단열팽창이다. $p_b = p$, $V_b = V$이고 $V_c = 8V$일 때 다음을 구하라.

(1) 기체에 가해진 열량

(2) 기체를 떠나는 열량

(3) 순환과정 동안 기체가 한 알짜 일

(4) 순환과정의 효율

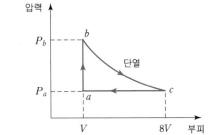

풀이 (1) ab과정에서 부피가 일정하므로 1몰의 기체에 가해진 열량을 Q_{in}이라고 하면

$$Q_{in} = C_V \Delta T = \frac{3}{2} R \Delta T \qquad ①$$

이상기체 방정식으로부터

$$\Delta T = \frac{1}{R}(p_b V_b - p_a V_a) = \frac{1}{R}(p - p_a)V \qquad ②$$

bc가 단열팽창이므로 $p_b V_b^\gamma = p_c V_c^\gamma$로부터 $pV^\gamma = p_c(8V)^\gamma$이고 $\gamma = \frac{5}{3}$을 사용하면 $p_c = \frac{1}{32}p$이다. 한편 $p_a = p_c$이므로

$$p_a = \frac{1}{32}p \qquad ③$$

③을 ②에 넣으면

$$\Delta T = \frac{31pV}{32R} \qquad ④$$

④를 ①에 넣으면 $Q_{in} = \frac{93}{64}pV$

(2) ca는 등압과정이므로

$$Q_{out} = C_p \Delta T = \frac{5}{2}R \cdot \frac{1}{R}(p_a V_a - p_c V_c) = \frac{5}{2}p_a(V_a - V_c)$$

$$= \frac{5}{2} \cdot \frac{p}{32}(V - 8V) = -\frac{35pV}{64}$$

(3) 순환과정에 대해 $\Delta E_{\text{int}} = 0$이므로 $W = Q = Q_{\text{in}} + Q_{\text{out}} = \dfrac{58}{64}pV$

(4) 효율은 $e = \dfrac{W}{Q_{\text{in}}} = \dfrac{58}{93}$

[문제] **17-1** 한 순환과정 동안 50kcal의 열을 흡수하고 30kcal의 열을 방출하는 열기관의 효율은?

[예제] **2** **카르노 기관**

1몰의 단원자 이상기체가 그림과 같은 순환과정을 거치는 기관의 작용물로 사용된다. 다음을 계산하라.

(1) 순환과정당 한 일

(2) 순환과정당 팽창할 때(abc) 가해진 열

(3) abc과정에서 기관의 효율

(4) 이 과정에서 가장 높은 온도와 가장 낮은 온도 사이에 작용하는 카르노 기관의 효율

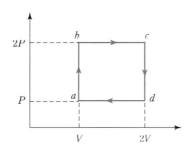

[풀이] (1) W는 $P - V$ 그래프의 넓이이므로

$$W = (p_b - p_a)(V_c - V_b) = (2p - p)(2V - V) = pV$$

(2) 팽창하는 동안 내부에너지의 변화는

$$\Delta E_{\text{int}} = \frac{3}{2}nR\Delta T = \frac{3}{2}((2p)(2V) - pV) = \frac{9}{2}pV$$

팽창하는 동안 한 일은 $W = (2p)(2V - V) = 2pV$

열역학 제1법칙으로부터 $Q = \Delta E_{\text{int}} + W = \dfrac{13}{2}pV$

(3) 기관의 효율은 $e = \dfrac{W}{Q} = \dfrac{pV}{\dfrac{13}{2}pV} = \dfrac{2}{13}$

(4) 가장 높은 온도와 가장 낮은 온도는 $T_H = \dfrac{(2p)(2V)}{R}$, $T_C = \dfrac{pV}{R}$ 이므로

카르노 기관의 효율을 E라하면 $E = \dfrac{T_H - T_C}{T_H} = \dfrac{3}{4} = 75\%$

문제 17-2 이상기체를 사용하는 열기관이 온도 T와 $2T$ 사이에서 카르노 순환과정을 돌고 있다. 이 기관이 높은 온도에서 열 Q를 흡수할 때 이 기관이 할 수 있는 일은?

예제 3 엔트로피 변화

(1) 400J의 열이 200K의 열원에서 100K의 열원으로 전달될 때 엔트로피의 변화를 구하라.

(2) 비열이 c이고 질량이 m인 물체가 온도 T에서 $2T$로 되었을 때 엔트로피의 변화를 구하라.

풀이 (1) $\varDelta S = \dfrac{Q_H}{T_H} + \dfrac{Q_C}{T_C}$ 를 이용하면 뜨거운 물체에서 차가운 물체로 열이 흘러 들어가므로 $Q_H = -Q$, $Q_C = +Q$이다. 이 때 엔트로피의 변화는

$$\varDelta S = \frac{Q}{T_C} - \frac{Q}{T_H} = 400 \left(\frac{1}{100} - \frac{1}{200} \right) = 2 \, (\text{J/K})$$

(2) 온도가 변하므로 $dS = \dfrac{dQ}{T}$ 에서 $\varDelta S = \displaystyle\int \dfrac{dQ}{T}$ 를 사용해야 한다. $dQ = mcdT$이므로 엔트로피의 변화는 다음과 같다.

$$\varDelta S = \int_T^{2T} mc \frac{dT}{T} = mc\ln 2$$

문제 17-3 1몰의 이상기체가 그림과 같이 등온과정에 의해 팽창했다. 이때 엔트로피의 변화는?

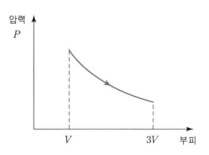

예제 4 순환과정의 엔트로피 변화

1몰의 단원자 이상기체가 그림과 같은 순환과정을 지난다.

(1) 경로 abc를 따라서 기체가 팽창할 때 기체가 한 일을 구하라.

(2) b에서 c로 갈 때 내부에너지의 변화와 엔트로피의 변화를 구하라.

(3) 한 순환과정을 돌았을 때 내부에너지의 변화와 엔트로피의 변화를 구하라.

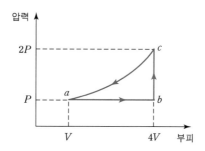

풀•1 (1) bc 과정에서는 부피의 변화가 없으므로 기체가 한 일은 없다. 그러므로 구

하는 일은 $W = \int_{V}^{4V} pdV = 3pV$

(2) bc 사이에 일을 하지 않으므로 $\Delta E_{int} = Q - W = Q = C_V \Delta T = \dfrac{3}{2} R\Delta T$

이상기체 방정식으로부터

$$T_b = \frac{p_b V_b}{R} = \frac{4pV}{R}, \qquad T_c = \frac{p_c V_c}{R} = \frac{8pV}{R}$$

$$\therefore \ \Delta E_{int} = Q = \frac{3}{2} R(T_c - T_b) = \frac{3}{2} R \cdot \frac{4pV}{R} = 6pV$$

한편 엔트로피 변화는 $\Delta S = \int \dfrac{dQ}{T} = \int \dfrac{C_V dT}{T} = C_V \ln \dfrac{T_c}{T_b}$

한편 $\dfrac{T_c}{T_b} = 2$이므로 $\Delta S = \dfrac{3}{2} R\ln 2$

(3) 순환과정이므로 $\Delta E_{int} = 0, \ \Delta S = 0$

문제 17-4 1몰의 단원자 기체의 $P-V$ 그래프가 그림과 같을 때 다음 물음에 답하라.

(1) P_2, P_3, T_3를 구하라.

(2) 각 과정에서 W, Q, ΔE_{int}, ΔS를 구하라.

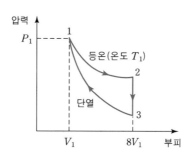

EXERCISE

문제 17-5 디젤기관이 매 순환주기당 2000J의 일을 하고 6000J의 열을 내보낸다.
(1) 매 순환주기당 기관에 얼마의 열을 공급해야 하는가?
(2) 기관의 열효율을 구하라.

문제 17-6 휘발유 기관이 200kW의 출력을 내며 열효율은 0.25이다.
(1) 매 초당 얼마의 열을 기관에 공급해야 하는가?
(2) 매 초당 기관이 내보내는 열은 얼마인가?

문제 17-7 2단계의 카르노 기관이 있다. 1단계에서는 Q_1의 열량이 온도 T_1에서 흡수되고 W_1의 일을 하며 Q_2의 열이 낮은 온도 T_2로 방출된다. 2단계에서는 1단계에서 방출된 열로 W_2의 일을 하고 더 낮은 온도 T_3로 Q_3의 열량을 방출한다. 이 기관의 효율은?

문제 17-8 카르노 기관이 온도 T_1과 T_2 사이에 작용한다. 이 기관은 다른 두 온도 T_3와 T_4 사이에서 작용하는 카르노 냉동기를 돌린다. 이때 $\dfrac{|Q_3|}{|Q_1|}$ 을 구하라.

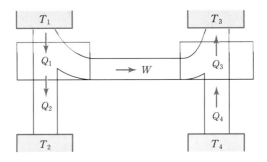

문제 17-9 열효율이 0.2이고 분당 120번 작동되는 80W의 열기관이 있다.
(1) 이 기관이 한 번 작동할 때 일은?
(2) 이 기관이 고온체로부터 흡수한 열량은?
(3) 이 기관이 저온체로 방출한 열량은?

문제 17-10 어떤 열기관이 그림과 같은 $P - V$ 그래프를 따른다. 이 기관에서 1몰의 이상기체가 온도 $2T$와 T의 열원 사이에서 작용하고 초당 n번 순환과정을 돈다.

(1) 한 순환과정 동안 이 기관이 한 일은?

(2) 이 기관의 일율은?

(3) 한 순환과정 동안 기체로 전해진 열량은?

(4) 이 기관의 효율은?

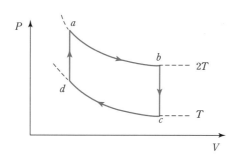

문제 17-11 카르노 순환과정에서 온도 $4T$에서 이상기체가 등온팽창하고 온도 $3T$에서 등온압축한다. 팽창하는 동안 Q의 열이 기체로 이동한다. 이때 다음을 구하라.

(1) 등온팽창하는 동안 기체가 한 일

(2) 등온압축하는 동안 기체로부터 방출된 열

(3) 등온압축할 때 기체에 가해진 일

문제 17-12 성능계수가 2인 냉장고가 매 순환과정에서 저온체로 부터 열 Q를 흡수한다.

(1) 냉장고를 작동시키기 위해 매 순환과정마다 얼마의 에너지가 필요한가?

(2) 매 순환과정에서 얼마의 열이 고온체로 이동하는가?

문제 17-13 카르노 기관이 600K의 고온체로부터 매 순환과정에서 500J의 열을 얻어 300J을 저온체로 보낸다.

(1) 매 순환과정에서 기관이 하는 일은?

(2) 저온체의 온도는?

(3) 기관의 열효율은?

문제 17-14 어떤 증기기관의 열효율이 0.5이다. 이 기관의 열방출은 냉각기를 통해 100℃의 수증기를 매초 2kg 씩 100℃의 물로 액화시킴으로써 일어난다. 이 기관으로부터 초당 방출된 열량 Q_c는 얼마인가? (물의 기화열은 2.3×10^6 J/kg이다.)

문제 17-15 다음 그래프는 어느 디젤 기관의 순환과정 동안의 $P - V$ 그래프이다. 기관 속에는 1몰의 단원자 이상기체가 있다. ab와 cd를 단열과정이라고 하고 a점의 온도는 T이다.

(1) bc 과정에서 흡수한 열량은?

(2) 이 기관의 열효율은?

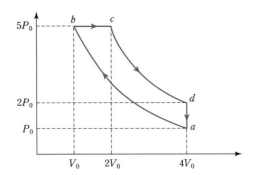

chapter 18

빛의 반사 굴절

FORMULA

18-1

반사

$$\theta_1{'} = \theta_1$$

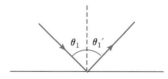

18-2

굴절

$$n_1 \sin \theta_1 = n_2 \sin \theta_2, \quad n_i = \frac{c}{v_i}$$

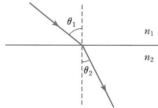

18-3

굴절률과 파장

굴절률이 n_1인 곳에서 파장이 λ_1이던 빛이 굴절률이 n_2인 곳으로 들어갔을 때 파장을 λ_2라고 하면

$$\frac{n_2}{n_1} = \frac{\lambda_1}{\lambda_2}$$

18-4

전반사

굴절률이 큰 곳에서 작은 곳으로 빛이 진행할 때 반사만 일어나는 현상

1) 전반사의 조건 : $\theta \geq \theta_c$

2) 임계각 : $\theta_C = \sin^{-1}\left(\dfrac{n_2}{n_1}\right),\ (n_1 > n_2)$

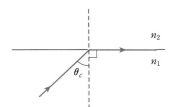

18-5 브루스터각

브루스터각 θ_B로 입사된 빛의 평행성분은 경계면에서 손실 없이 굴절되어 들어가고 반사된 빛은 평행성분은 사라진다.

$$\theta_B = \tan^{-1}\left(\dfrac{n_2}{n_1}\right)$$

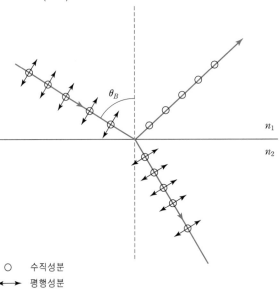

○   수직성분
↔   평행성분

TYPICAL PROBLEMS

예제 1 유리판에 의한 굴절

그림과 같이 두께가 t인 굴절률이 n인 유리판을 투과하여 나오는 빛에 대해 x를 구하라. (단, θ는 아주 작다고 가정하라.)

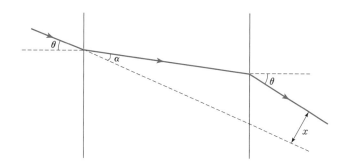

풀이 그림과 같이 놓자.

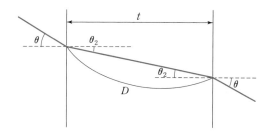

공기에서 유리로 들어갈 때

$$1 \times \sin\theta = n\sin\theta_2 \tag{1}$$

유리에서 공기로 나올 때

$$n\sin\theta_2 = 1 \times \sin\theta \tag{2}$$

한편 $D\cos\theta_2 = t$ 이므로

$$D = \frac{t}{\cos\theta_2} \tag{3}$$

이고

$$x = D\sin\alpha = D\sin(\theta - \theta_2) = \frac{t\sin(\theta - \theta_2)}{\cos\theta_2} \tag{4}$$

한편 θ가 작으므로 $\theta - \theta_2$ 도 작다.

그러므로

$$\sin(\theta - \theta_2) \cong (\theta - \theta_2), \quad \cos\theta_2 \cong 1 \tag{5}$$

이때 (1)은 $\theta \cong n\theta_2$ 이므로 (5)를 (4)에 넣으면

$$x \cong t(\theta - \theta_2) = t\left(\theta - \frac{\theta}{n}\right) = t\theta\frac{n-1}{n}$$

문제 18-1 그림과 같이 굴절률이 각각 n, $2n$, $3n$인 세 층의 맨 위층을 빛이 입사각 θ로 들어갔다.

맨 위층 위는 진공이라고 하자. 이때 맨 아래층의 굴절각을 θ_3라 할 때 $\sin\theta_3$를 n과 θ로 나타내라.

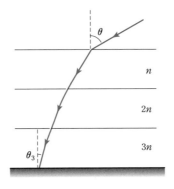

예제 2 겉보기 깊이

그림처럼 깊이가 d인 물속 바닥에 동전이 있다. 이 동전의 겉보기 깊이 D를 구하라. (단, 수면에 수직한 방향과 가깝게 진행해 나오는 광선을 본다고 가정하자.)

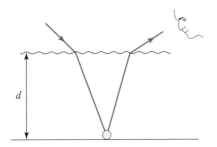

풀이 다음 그림을 보자.

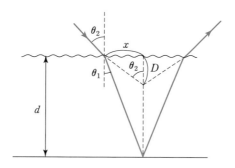

$$x = D \tan \theta_2 = d \tan \theta_1 \tag{1}$$

이므로

$$D = d \left(\frac{\tan \theta_2}{\tan \theta_1} \right)$$

수면에 수직한 방향과 가깝게 진행해 나오는 광선을 본다면 수면으로 들어가는 광선도 수직인 방향에 가깝게 입사하므로 θ_1, θ_2 는 아주 작은 각도이다. 그러므로

$$\tan \theta_1 \cong \sin \theta_1, \quad \tan \theta_2 \cong \sin \theta_2$$

굴절률은 $n = \dfrac{\sin \theta_1}{\sin \theta_2}$ 이므로 $D \cong \dfrac{d}{n}$

문제 18-2 그림과 같이 지름이 4cm이고 높이가 h 인 원통에 아무것도 채워져 있지 않을 때 바닥의 끝 부분이 보였다. 이 원통에 굴절률이 $\dfrac{\sqrt{3}}{\sqrt{2}}$ 인 투명한 액체를 넣었더니 원통바닥의 중심이 보였다. 이 원통의 높이를 구하라.

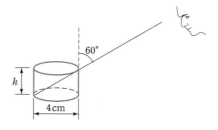

예제 3 전반사 1

그림과 같이 빛이 유리판 A로 입사해 B에서 전반사하기 위해서는 유리의 굴절률의 최소값은?

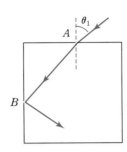

풀·ㅣ 다음 그림과 같이 놓자.

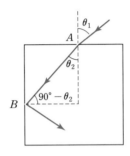

굴절률을 n이라고 하면 전반사의 조건은

$$n\sin(90° - \theta_2) \geq 1 \qquad \therefore \quad n\cos\theta_2 \geq 1 \qquad (1)$$

한편 A에서의 스넬의 법칙에 의해

$$1 \times \sin\theta_1 = n\sin\theta_2 \qquad (2)$$

(1)의 양변을 제곱하면

$$n^2\cos^2\theta_1 \geq 1 \qquad (3)$$

$\cos^2\theta_1 = 1 - \sin^2\theta_1$과 (2)를 (3)에 적용하면

$$n \geq \sqrt{1 + \sin^2\theta_1}$$

문제 18-3 어떤 물고기가 수면아래 깊이 d인 곳에 있다. 이 물고기가 아주 멀리 떨어진 물가의 빛을 보기 위해서는 몇 도로 올려다보아야 하는가? (단, 물의 굴절률은 n이다.)

예제 4 전반사 2

점광원이 깊고 넓은 호수 속 깊이 h 되는 곳에 있다. 이때 물 밖으로 나오는 빛 에너지의 전체 에너지에 대한 비율을 구하라. (전반사된 빛 이외의 빛은 모두 물 밖으로 나온다고 하자. 또한 물의 굴절률은 n이다.)

[풀·1] 다음 그림과 같이 전반사의 임계각을 θ_c라고 하자.

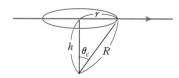

이때 빛은 모든 방향으로 퍼지므로 전체 빛에너지는 다음과 같이 반지름이 R인 구의 넓이에 비례한다.

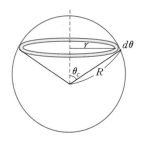

이때 임계각보다 작은 빛만이 물 밖으로 빠져나가므로 그림에서 θ가 0에서 θ_c까지의 빛만이 물 밖으로 빠져나간다. 그러므로 물 밖으로 빠져나가는 빛들이 지나간 부분의 넓이를 A라고 하면 물 밖으로 빠져나간 빛의 세기는 A에 비례한다.

$$A = \int_0^{\theta_c} 2\pi r \cdot R d\theta = \int_0^{\theta_c} 2\pi R^2 \sin\theta d\theta = 2\pi R^2 (1 - \cos\theta_C) \qquad (1)$$

한편 임계각의 정의로부터 $n\sin\theta_C = 1$이므로

$$\cos\theta_C = \sqrt{1 - \frac{1}{n^2}} \qquad (2)$$

(2)를 (1)에 넣으면 $A = 2\pi R^2 \left(1 - \sqrt{1 - \frac{1}{n^2}}\right)$

따라서 구하는 비율을 P라고 하면 $P = \dfrac{A}{4\pi R^2} = \dfrac{1}{2}\left(1 - \sqrt{1 - \dfrac{1}{n^2}}\right)$

[문제] 18-4 한 변의 길이가 L이고 굴절률 n인 유리로 만들어진 정육면체의 중심에 점광원이 있다. 이 빛이 어느 방향에서도 보이지 않기 위해서는 전체 겉넓이 중 얼마의 넓이를 가려야 하는가? (한번 전반사된 빛은 사라지는 것으로 간주한다.)

EXERCISE

문제 18-5   그림과 같이 길이 l인 막대가 물 밑으로부터 수면 위 $\frac{l}{3}$ 되는 곳까지 수직으로 서 있다. 여기에 태양 빛이 수면과 60°를 이루고 들어갈 때 물 바닥에 생기는 막대의 그림자의 길이를 구하라. (물의 굴절률은 $\frac{4}{3}$ 이다.)

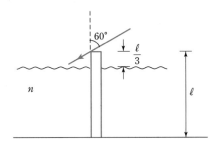

문제 18-6   그림과 같이 물위 높이 d인 곳에 전등이 있다. 물의 깊이도 d일 때 전등의 상이 생기는 곳은 바닥 밑으로부터 얼마 되는 곳인가? (단, 수직에 가깝게 입사되는 빛만 고려하라.)

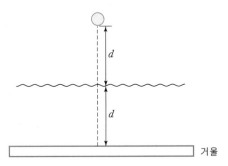

문제 18-7   그림과 같은 그릇에 물이 연직선과 θ의 각도를 이루며 들어갈 때 이 빛이 물밖으로 나올 때 연직선과 이루는 각을 θ로 나타내면?

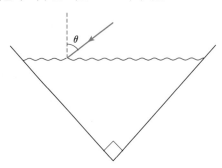

문제 18-8 그림과 같이 빛이 굴절률 n인 유리프리즘에 입사하여 전반사가 일어날 때 $\cos\phi$ 의 최소값을 구하라.

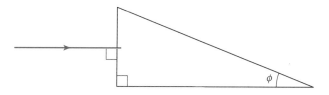

문제 18-9 그림과 같이 빛이 프리즘에 점 P에서 입사각 θ로 들어가 점 Q에서 굴절각 $90°$ 로 나온다. 이때 굴절률을 θ로 나타내라.

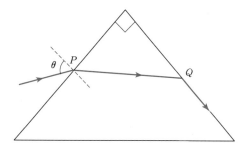

문제 18-10 다음 그림과 같은 광섬유를 보자. ($n_2 < n_1$) 광섬유의 중심축과 θ의 각도를 이루며 들어간 광선이 광섬유 밖으로 나오지 않고 광섬유를 따라 진행하기 위한 $\sin\theta$의 최대값을 구하라.

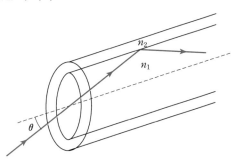

문제 18-11 그림과 같이 물의 표면으로부터 거리 d 아래쪽에 점광원이 있다. 이 점광원은 물 위에서 보았을 때 원의 형태로 빛을 방출한다. 물의 굴절률이 $\frac{4}{3}$일 때 이 원의 반지름 R을 구하라.

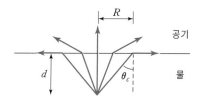

문제 **18-12** 정삼각형의 프리즘에 그림과 같이 빛이 입사하고 있다. 이때 $\sin\theta'$을 구하라. (단, 유리의 굴절률은 1.5이다.)

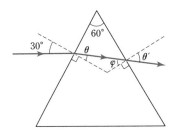

문제 **18-13** 빛이 직각프리즘의 한 면과 수직하게 입사하고 있다. 그림과 같이 프리즘 위에 액체를 올려놓았을 때 이 빛이 전반사되기 위한 액체의 최대굴절률은? (단, 유리의 굴절률은 $\dfrac{4}{3}$이다.)

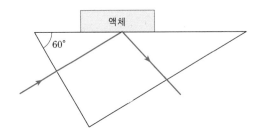

chapter 19

거울과 렌즈

FORMULA

19 − 1

평면거울의 허상

$$i = -p$$

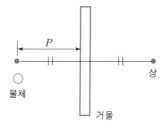

19 − 2

구면거울(곡률반지름 $= r$) 의 거울 방정식

$$\frac{1}{p} + \frac{1}{i} = \frac{1}{f}$$

(광선은 왼쪽에서 들어감. 이때 $(+)$이면 거울의 왼쪽, $(-)$이면 거울의 오른쪽에 있음을 의미)

1) 볼록거울 $f = -\dfrac{r}{2}$

   상 : 똑바로 선 허상

2) 오목거울 $f = \dfrac{r}{2}$

   상 : 가) 물체가 초점 안쪽에 있으면 똑바로 선 허상

   　　나) 물체가 초점 바깥에 있으면 거꾸로 선 실상

19 − 3

배율

$$m = -\frac{i}{p} = \frac{h'}{h}$$

(m이 $+$이면 상이 똑바로 서있고 m이 $-$이면 상이 거꾸로 서있음)

19-4   구면에서의 굴절

$$\frac{n_1}{p} + \frac{n_2}{i} = \frac{n_2 - n_1}{r}$$

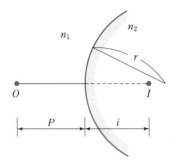

19-5   렌즈제작자의 공식

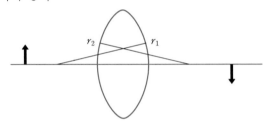

$$\frac{1}{p} + \frac{1}{i} = (n-1)\left(\frac{1}{r_1} - \frac{1}{r_2}\right)$$

(r_1, r_2는 곡률중심이 왼쪽에 있으면 (−)이고 오른쪽에 있으면 (+)이다. 위 그림의 경우 r_1은 (+), r_2는 (−)이다.)

$p = \infty$일 때 $i = f$이므로

$$\frac{1}{f} = (n-1)\left(\frac{1}{r_1} - \frac{1}{r_2}\right)$$

19-6   렌즈 공식

$$\frac{1}{p} + \frac{1}{i} = \frac{1}{f}$$

1) 수렴렌즈이면 f는 (+)
2) 발산렌즈이면 f는 (−)

19-7   렌즈결합

초점거리가 각각 f_1, f_2인 두 렌즈가 접촉해 있을 때 이것을 초점거리가 f인 하나의 렌즈로 간주하면

$$\frac{1}{f} = \frac{1}{f_1} + \frac{1}{f_2}$$

TYPICAL PROBLEMS

예제 1 **평면거울**

키가 H인 사람이 거울을 통해 전신을 보기 위한 거울의 최소길이를 구하라.

풀이 다음 그림을 보라.

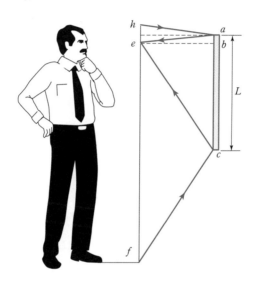

그림으로부터 $ab=\dfrac{1}{2}\,he$, $bc=\dfrac{1}{2}\,ef$이므로 거울의 최소길이를 L이라고 하면

$$L = ab + bc = \frac{1}{2}(he+ef) = \frac{1}{2}\,ef = \frac{1}{2}\,H$$

문제 19-1 그림과 같이 평면거울로부터 거리 d인 곳에서 길이가 h인 물체 AB가 있다. 거울로부터 $\dfrac{d}{3}$인 곳인 E에 눈이 있고 거울을 볼 때 물체 AB 전체를 보기 위한 거울의 최소길이를 구하라.

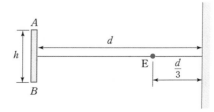

예제 2 평면거울 2개에 의한 상

그림과 같이 어떤 사람이 수직으로 놓여있는 서로 평행이며 거리 d만큼 떨어진 두 평면거울 A, B를 들여다보고 있다. 작은 물체 O가 A로부터 $d/3$ 만큼 떨어진 곳에 있다. 이때 거울들 속에는 무수히 많은 상들이 생기게 되는데 거울 A의 상중 가장 가까운 두 개의 상의 거리를 구하라.

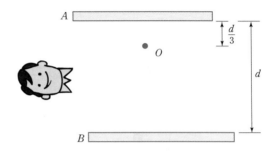

풀이 거울 A에 의한 첫 번째 상을 O_1이라 하면 다음 그림과 같다.

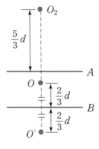

O가 거울 B에 의한 상을 O'이라고 하면 그것의 거울 A에 대한 상 O_2의 위치는 그림과 같다.

따라서 O_1과 O_2의 거리는 $\dfrac{5}{3}d - \dfrac{1}{3}d = \dfrac{4}{3}d$ 이다.

문제 19-2 서로 수직으로 만나는 두 평면거울에 의한 상은 모두 몇 개인가?

예제 3 구면거울의 상

높이가 h인 물체가 구면 거울 앞에 서 있을 때 다음 각 경우 물체의 상에 대해 기술하라.

(1) 물체가 곡률반지름이 $4a$인 오목거울로부터 거리 a 떨어진 곳에 있다.

(2) 물체가 곡률반지름이 $4a$인 오목거울로부터 거리 $3a$ 떨어진 곳에 있다.

(3) 물체가 곡률반지름이 $4a$인 볼록거울로부터 거리 a 떨어진 곳에 있다.

풀이 (1) $r=4a$이고 오목거울이므로 $f=\dfrac{4a}{2}=2a$

$\dfrac{1}{p}+\dfrac{1}{i}=\dfrac{1}{f}$에서 $p=a$, $f=2a$이므로 $i=-2a$

그러므로 상은 허상이다.

$m=-\dfrac{i}{p}=\dfrac{2a}{a}=2$이므로 상의 높이는 $2h$가 된다.

(2) $r=4a$이고 오목거울이므로 $f=\dfrac{4a}{2}=2a$

$\dfrac{1}{p}+\dfrac{1}{i}=\dfrac{1}{f}$에서 $p=3a$, $f=2a$이므로 $i=6a$

그러므로 상은 실상이다.

$m=-\dfrac{i}{p}=-\dfrac{6a}{3a}=-2$이므로 상의 높이는 $2h$가 되며 거꾸로 선 상이다.

(3) $r=4a$이고 볼록거울이므로 $f=-\dfrac{4a}{2}=-2a$

$\dfrac{1}{p}+\dfrac{1}{i}=\dfrac{1}{f}$에서 $p=a$, $f=-2a$이므로 $i=-\dfrac{2}{3}a$

그러므로 상은 허상이다.

$m=-\dfrac{i}{p}=\dfrac{2}{3}$이므로 상의 높이는 $\dfrac{2}{3}h$가 된다.

문제 19-3 길이가 L인 막대가 그림과 같이 초점거리가 $2a$인 구면거울로부터 $3a$만큼 떨어져 있다. 이때 상의 길이를 구하라.

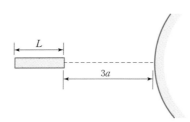

예제 4 구면에서의 굴절

평행광선이 그림과 같이 굴절률 n인 투명하고 속이 찬 공에 입사한다. 이 광선의 상이 공의 뒷면에 모아졌다면 공의 굴절률은 얼마인가?

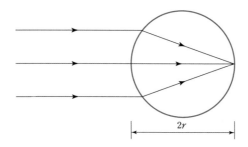

풀이 $\dfrac{n_1}{p} + \dfrac{n_2}{i} = \dfrac{n_2 - n_1}{r}$ 에서 $p = \infty$, $n_1 = 1$, $n_2 = n$이라 놓으면 $i = 2r$ 이므로

$$\frac{n}{2r} = \frac{n-1}{r} \qquad \therefore \quad n = 2$$

문제 19-4 그림과 같이 점광원 O가 굴절률 1.5인 유리 속에 있다. 오목 면의 곡률반지름이 1cm일 때 상의 위치 i를 구하라.

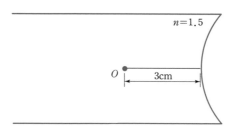

예제 5 렌즈제작자의 공식

다음 그림과 같이 곡률반지름이 주어져 있는 유리로 만든 얇은 렌즈의 초점거리를 구하라. (단, 유리의 굴절률은 1.5이다.)

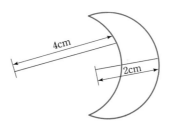

풀•이 렌즈제작자의 공식 $\dfrac{1}{f} = (n-1)\left(\dfrac{1}{r_1} - \dfrac{1}{r_2}\right)$에서 두 변의 곡률의 중심이 모두

왼쪽에 있으므로 $r_1 = -4, r_2 = -2$이다.

$$\therefore \ \frac{1}{f} = (1.5-1)\left(\frac{1}{(-4)} - \frac{1}{(-2)}\right)$$

$$\therefore \ f = 8 \text{ cm}$$

문제 19-5 굴절률이 1.5인 유리로 다음 그림과 같은 렌즈를 만들었다. 이때 구면의 곡률반지
름은 0.2cm이다. 이 렌즈의 왼쪽에 거리 0.6cm인 곳에 물체가 있을 때 상의 위치
는?

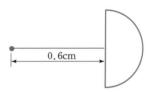

예제 6 수렴렌즈

초점거리가 10cm인 수렴렌즈로부터 다음 거리에 상이 있다. 이 상에 대해 기술하라.

(1) 30cm　　　　　　　　(2) 10cm　　　　　　　　(3) 5cm

풀•이 (1) $\dfrac{1}{p} + \dfrac{1}{i} = \dfrac{1}{f}$에 넣으면 $\dfrac{1}{30} + \dfrac{1}{i} = \dfrac{1}{10}$　　　　$\therefore \ i = 15 \text{ cm}$

따라서 상은 렌즈의 오른쪽에 생기며 실상이다.

한편 $m = -\dfrac{i}{p} = -0.5$가 음수이므로 거꾸로 선상이다.

(2) $\dfrac{1}{p} + \dfrac{1}{i} = \dfrac{1}{f}$에 넣으면 $\dfrac{1}{10} + \dfrac{1}{i} = \dfrac{1}{10}$　　　　$\therefore \ i = \infty$

따라서 상은 생기지 않는다.

(3) $\dfrac{1}{p} + \dfrac{1}{i} = \dfrac{1}{f}$에 넣으면 $\dfrac{1}{5} + \dfrac{1}{i} = \dfrac{1}{10}$　　　　$\therefore \ i = -10 \text{ cm}$

따라서 상은 렌즈의 왼쪽에 생기며 허상이다. 한편 $m = -\dfrac{i}{p} = 2$가 양수이

므로 바로 선상이다.

문제 19-6 초점거리가 -20cm인 발산렌즈의 앞쪽 30cm 인 지점에 물체가 있다. 이 물체의
상의 위치를 구하라.

예제 7 렌즈계

다음 렌즈계에 대해 물음에 답하라.

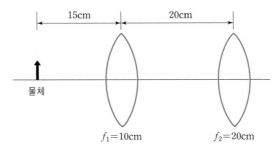

(1) 최종 상의 위치를 구하라.

(2) 배율을 구하라.

풀이 (1) 첫 번째 렌즈에 대해 $p_1 = 15$

$$\frac{1}{15} + \frac{1}{i_1} = \frac{1}{10} \qquad \therefore\ i_1 = 30\,\text{cm}$$

따라서 첫 번째 렌즈에 의한 상은 두 번째 렌즈의 오른쪽 10cm 지점에 생긴다. 이 상이 두 번째 렌즈에 대한 물체처럼 작용하므로 두 번째 렌즈에 대해 $p_2 = -10$이다. 따라서

$$\frac{1}{-10} + \frac{1}{i_2} = \frac{1}{20} \qquad \therefore\ i_2 = \frac{20}{3}\,\text{cm}$$

따라서 최종 상의 위치는 두 번째렌즈 오른쪽 $\frac{20}{3}$ cm 되는 지점이다.

(2) 첫 번째 렌즈에 대한 배율은 $m_1 = -\dfrac{i_1}{p_1} = -2$

두 번째 렌즈에 대한 배율은 $m_2 = -\dfrac{i_2}{p_2} = \dfrac{2}{3}$

전체 배율을 m이라고 하면 $m = m_2 m_1 = -\dfrac{4}{3}$

그러므로 상은 확대되고 거꾸로 선 상이다.

문제 19-7 다음 그림에서 A, B는 렌즈이고 C는 구면거울일 때 물체 P의 상의 위치를 구하라. (각각 초점거리는 2cm, 3cm, 4cm이다.)

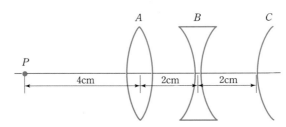

EXERCISE

문제 19-8 어떤 사람이 카메라를 통해 거울에 비친 물체의 상을 보고 있다. 물체와 카메라의 위치가 다음 그림과 같을 때 물체의 상과 카메라 사이의 거리 x를 구하라.

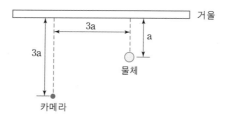

문제 19-9 그림과 같이 한쪽에 평면거울이 있는 복도에서 도둑 B가 거울의 중심을 향해 걸어들어오고 있다. 경비원 S가 도둑을 처음 발견할 때 도둑과 거울 사이의 거리는?

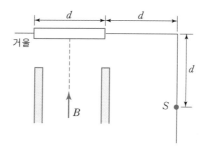

문제 19-10 점광원 S가 스크린 A로부터 거리 d인 곳에 있다. 이때 그림처럼 점광원의 뒤에 거리 d인 곳에 완전 반사하는 거울 M을 놓으면 스크린 중심 근처에서의 빛의 세기는 거울이 없을 때 S의 빛의 세기의 몇 배가 되는가?

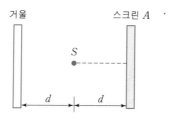

문제 19-11 다음 중 수렴렌즈를 모두 골라라.

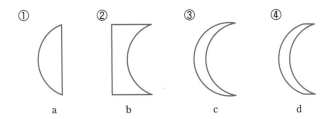

① ② ③ ④

a   b   c   d

[문제] 19-12 굴절률이 1.5인 유리로 다음과 양면이 모두 볼록인 렌즈를 만든다. 한쪽 면의 곡률 반지름이 반대쪽면의 곡률반지름의 두 배이고 초점거리가 100mm일 때 작은 쪽의 곡률반지름은?

[문제] 19-13 그림과 같이 초점거리 f인 수렴렌즈 앞에 똑바로 선 물체가 초점거리의 두 배의 위치에 있다. 렌즈의 뒤에는 초점거리 f인 오목거울이 렌즈로부터 $4f$ 되는 곳에 있다. 이때 물체의 위치로부터 최종 상까지의 거리는?

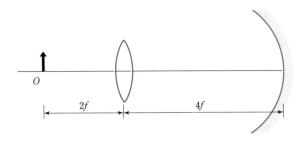

[문제] 19-14 점광원과 스크린이 거리 D만큼 떨어져 있다. 초점거리 f인 수렴렌즈를 광원과 스크린 사이에 놓았을 때 스크린에 상을 맺게 하는 위치는 두 군데이다. 이 두 곳 사이의 거리는?

[문제] 19-15 볼록거울과 오목거울이 그림과 같이 60cm 떨어져 있다. 두 거울의 곡률반지름이 40cm이고 광원이 오목거울로부터 x만큼 떨어져 있다. 광원에서 나온 광선이 볼록거울에서 반사된 뒤 오목거울에 반사되어 광원이 있는 곳으로 되돌아오기 위한 거리 x를 구하라.

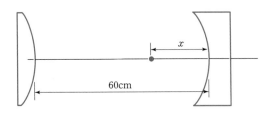

문제 **19-16** 초점거리가 20cm인 볼록렌즈와 초점거리가 60cm인 오목렌즈를 그림과 같이 배열
하고 볼록렌즈 앞 30cm 되는 곳에 물체를 놓았다. 최종 상의 위치와 배율은?

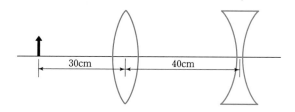

문제 **19-17** 초점거리 10cm인 볼록렌즈의 축상에서 렌즈로부터 5cm/s의 속력으로 멀어지는
광원이 있다. 상이 움직이는 속도를 렌즈로부터 물체까지의 거리 p의 함수로 나타
내라.

chapter 20

파동광학

20-1

매질 속의 파동수

$$\lambda_n = \frac{\lambda}{n} : 굴절률이 \ n \ 인 \ 곳에서 \ 파장$$

굴절률이 n이고 길이 L인 매질 속의 파동수는

$$N = \frac{L}{\lambda_n}$$

위상 : $\phi = 2\pi N$

20-2

위상차

$$\Delta\phi = \frac{2\pi}{\lambda} \times (경로차)$$

20-3

위상변화

1) 굴절률이 작은 매질에서 굴절률이 큰 매질로 반사될 때 $\frac{\lambda}{2}$ 만큼 위상 변화

$n_1 < n_2$

2) 굴절률이 큰 매질에서 작은 매질로 반사될 때 위상변화 없음

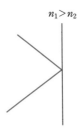

$n_1 > n_2$

20 −4 두께가 d인 얇은 막(굴절률 = n)에 의한 간섭

1) 보강간섭

$$2nL = \left(m + \frac{1}{2}\right)\lambda, \ (m = 0, \ 1, \ 2, \ 3, \ \cdots)$$

2) 소멸간섭

$$2nL = m\lambda, \ (m = 0, \ 1, \ 2, \ 3, \ \cdots)$$

20 −5 영의 이중슬릿실험

1) 극대조건

$$d\sin\theta = m\lambda$$

2) 극소조건

$$d\sin\theta = \left(m + \frac{1}{2}\right)\lambda \ (m = 0, \ 1, \ 2, \ 3, \ \cdots)$$

3) 간섭무늬의 밝기

$$I = 4I_0 \cos^2\left(\frac{\phi}{2}\right)$$

(I_0는 한 파원에 의한 빛의 세기)

20 −6 단일슬릿에 의한 회절

1) 극소조건 $a\sin\theta = m\lambda$ ($m = 1, \ 2, \ 3, \ \cdots$)

2) 회절무늬의 세기

$$I = I_0 \left(\frac{\sin\frac{\phi}{2}}{\frac{\phi}{2}}\right)^2, \qquad \phi = \frac{2\pi a}{\lambda}\sin\theta$$

(여기서 I_0는 $\theta = 0$일 때 I의 최대값)

20 − 7

다중슬릿

극대조건 $d\sin\theta = m\lambda$ ($m = 0,\ 1,\ 2,\ 3,\ \cdots$)

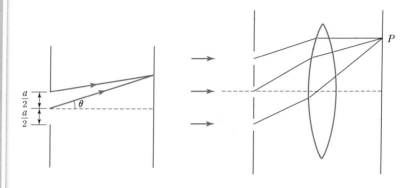

20 − 8

X선 회절조건 (브래그 조건)

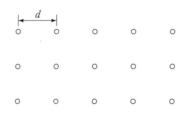

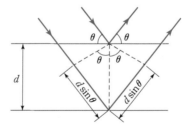

극대 $2d\sin\theta = m\lambda$ ($m = 1,\ 2,\ 3,\ \cdots$)

TYPICAL PROBLEMS

예제 1 파동수

공기 중에서 파장이 λ인 두 빛이 위상은 같다. 그림과 같이 두 빛이 서로 다른 매질을 통과한 후 위상차가 생기지 않기 위한 두 매질의 굴절률의 비를 구하라.

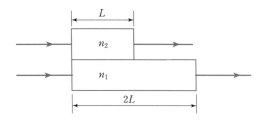

풀이 굴절률이 n_1인 매질 속의 파동수 $\dfrac{n_1}{\lambda}2L$이고 굴절률이 n_2인 매질 속의 파동수 $\dfrac{n_2}{\lambda}L$이므로 두 빛의 위상차 $\Delta\phi$가 0이려면

$$\Delta\phi = 2\pi\left(\frac{2n_1L}{\lambda} - \frac{n_2L}{\lambda}\right) = 0$$

$$\therefore \ 2n_1 = n_2$$

$$\therefore \ n_1 : n_2 = 1 : 2$$

문제 20-1 공기 중에서 파장이 λ인 두 빛이 그림과 같이 굴절률이 각각 4, n인 매질을 통과한 후 두 빛의 위상차가 생기지 않았을 때 굴절률이 n인 매질 속의 파동수를 구하라.

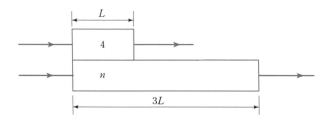

예제 2 영의 실험

그림과 같은 영의 실험을 생각하자.

(1) 보강간섭의 조건을 구하라.

(2) 소멸간섭이 조건을 구하라.

(3) θ가 작을 때 극대사이의 거리를 구하라.

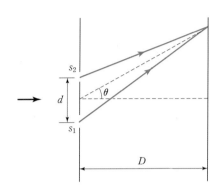

풀이 (1) 다음 그림을 보자.

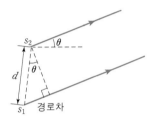

(경로차) $= d\sin\theta$이므로 위상차가 $\Delta\phi = \dfrac{2\pi}{\lambda} d\sin\theta = 2\pi m$ ($m=0,\ 1,\ 2,$

$3,\ \cdots$)일 때 보강간섭이 일어난다.　　$\therefore\ d\sin\theta = m\lambda$

(2) 위상차가 $\Delta\phi = \dfrac{2\pi}{\lambda} d\sin\theta = 2\pi m + \pi$ ($m=0,\ 1,\ 2,\ 3,\ \cdots$)일 때 소멸간

섭이 일어난다.　　　　　　　$\therefore\ d\sin\theta = \left(m+\dfrac{1}{2}\right)\lambda$

(3) θ가 작으면 $\theta \cong \sin\theta \cong \tan\theta$ 이므로 m에 대응되는 극대의 위치를

y_m이라고 하면 $\dfrac{y_m}{D} = \dfrac{m\lambda}{d}$ 　　$\therefore\ y_m = \dfrac{m\lambda D}{d}$

따라서 이웃하는 극대사이의 거리는 $\Delta y = y_{m+1} - y_m = \dfrac{\lambda D}{d}$

문제 20-2 그림과 같이 파장이 λ인 빛이 한 쌍의 슬릿에 α의 각으로 입사되어 θ의 각으로 슬릿을 빠져나가 스크린에 도달할 때 보강간섭이 일어날 조건을 구하라.

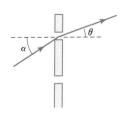

예제 3 얇은 막에 의한 간섭

파장이 680nm인 빛이 그림과 같이 한쪽은 붙어 있고 다른 쪽은 0.048mm 떨어져 있는 120mm의 유리판을 비추고 있다. 120mm의 길이에 몇 개의 밝은 무늬가 나타나겠는가?

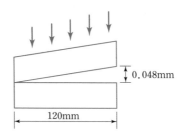

풀이 $2L = \left(m + \dfrac{1}{2}\right)\lambda$를 이용하면 $m \leq 140$

따라서 $m = 0, 1, 2, 3 \cdots, 140$일 때 밝은 무늬가 생기므로 밝은 무늬의 개수는 141개이다.

문제 20-3 다음 그림과 같이 유리와 플라스틱판의 한쪽 끝이 붙어 있다. 파장 λ인 빛이 유리면에 수직으로 입사했을 때 간섭무늬가 그림과 같을 때 유리와 플라스틱이 벌어진 틈의 길이 d는?

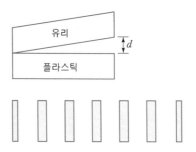

예제 4 뉴턴 링

그림과 같이 곡률반지름이 R인 렌즈를 편평한 유리판 위에 올려놓고 파장이 λ인 빛을 위에서 수직으로 입사시킬 때 원형간섭무늬의 극대가 일어나는 반지름 r의 조건을 구하라. (단, $R \gg r$)

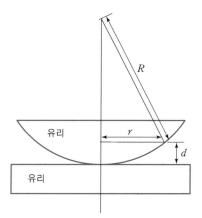

풀•이) 공기층을 얇은 막이라고 생각하고 보강조건을 쓰면 공기의 굴절률이 1이므로

$$2d = \left(m + \frac{1}{2}\right)\lambda \qquad \therefore \quad d = \frac{(2m+1)\lambda}{4} \tag{1}$$

피타고라스 정리에 의해

$$(R-d)^2 = R^2 - r^2 \quad \therefore \quad d = R - \sqrt{R^2 - r^2} \tag{2}$$

(1), (2)를 비교하면

$$r = \sqrt{\frac{(2m+1)R\lambda}{2} - \frac{(2m+1)^2\lambda^2}{16}}$$

$R \gg r$를 이용하면

$$r \cong \sqrt{\frac{(2m+1)R\lambda}{2}} \quad (m=0,\ 1,\ 2,\ 3,\ \cdots)$$

문제) 20-4 위의 예제에서 m이 아주 클 때 m번째 밝은 고리와 $(m+1)$번째 밝은 고리 사이의 간격을 구하라.

EXERCISE

문제 20-5 그림과 같이 A, B 두 지점에서 같은 파장 λ를 갖는 두 빛이 동시에 발사되었다. 이때 P점에서 소멸간섭이 일어나는 최대 거리 x_m은?

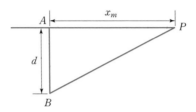

문제 20-6 그림에서 빔 W_1은 거울에서 한 번 반사한 것이고 W_2는 거울에서 반사되어 거리 L 떨어진 곳에 있는 은막에서 반사된 후 다시 거울에서 한 번 더 반사된 빛이다. 두 빛이 완전히 반대 위상이 되기 위한 L의 최소값은?

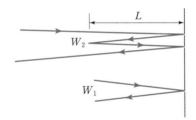

문제 20-7 다음 그림에서 빛은 파장이 600nm이다. $L = 4\ \mu m$이고 물체의 굴절률이 1.5일 때 다음 중 보강간섭이 일어나는 것은?

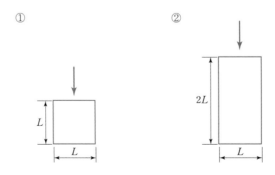

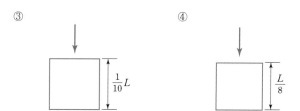

③ $\frac{1}{10}L$ ④ $\frac{L}{8}$

문제 20-8 다음과 같은 두 파가 중첩되었을 때 새로운 파의 진폭은?

$$E_1 = E_0 \sin wt, \quad E_2 = E_0 \sin (wt + \phi)$$

문제 20-9 그림과 같이 빛이 격자에 ϕ 각도로 입사할 때 이 빛이 회절하여 각도 θ에서 극대가 일어날 조건은?

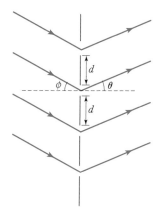

문제 20-10 그림과 같이 7.5MHz의 전파를 발생하는 두 개의 똑같은 안테나가 있다. 안테나 사이의 거리가 110m일 때 안테나 사이에서 보강간섭을 일으키는 거리 x를 있는 대로 구하라.

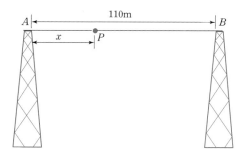

문제 20-11 그림과 같이 길이 L인 평평한 유리가 한쪽 끝은 붙어 있고 다른 한 쪽 끝은 h 만큼 떨어져 있다. 유리판 사이의 공기층에 의해 간섭을 일으킬 때 밝은 무늬 사이의 간격을 구하라. (단, 간섭에 사용한 빛의 파장은 λ 이다.)

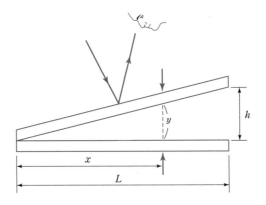

문제 20-12 반지름이 1.5m인 뉴턴 링이 있다. 빛의 파장이 6000Å일 때 링의 중심으로부터 세 번째 밝은 무늬가 나타나는 링의 반지름을 구하라. (뉴턴 링과 바닥면 사이의 공기층은 충분히 작다고 가정하라.)

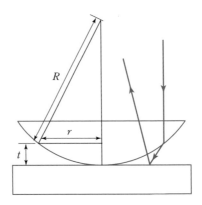

chapter 21

양자론과 원자모형

21 −1

광자에너지

$$E = hf = h\,\frac{c}{\lambda}$$

$h =$ 플랑크상수 $= 6.63 \times 10^{-34}\,\mathrm{J \cdot s}$
$f =$ 진동수
$\lambda =$ 파장
$c =$ 광속도

21 −2

광자의 운동량

$$p = \frac{hf}{c} = \frac{h}{\lambda}$$

21 −3

흑체의 복사에너지 밀도

$$u = \frac{8\pi hf^3}{c^3}\,\frac{1}{e^{\frac{hf}{kT}} - 1}$$

21 −4

콤프턴 산란 : 엑스선이 전자에 의해 산란되어 엑스선의 파장이 길어지는 현상

$$\Delta\lambda = \frac{h}{mc}\,(1 - \cos\phi)$$

$\Delta\lambda =$ 엑스선 파장의 연화량
$m =$ 전자질량
$\phi =$ 엑스선이 산란되는 각도

21-5

광전효과 : 높은 진동수의 빛을 금속 표면에 쪼였을 때 금속 속의 전자가
표면 밖으로 방출되는 현상

$$hf = K_{max} + \Phi$$

f = 광자의 진동수

K_{max} = 튀어나온 전자(광전자)의 최대운동에너지

Φ = 금속의 일함수(전자가 금속 표면을 탈출하기 위한 최소에너지)

21-6

물질파의 드브로이 파장

$$\lambda = \frac{h}{p}$$

21-7

불확정성 원리

$$\Delta x \cdot \Delta p \geq \hbar$$

($\hbar = \dfrac{h}{2\pi}$, Δx = 위치의 부정확도, Δp = 운동량의 부정확도)

21-8

보어의 양자가설

$$mvr = nh \quad (n = 1, 2, 3, \cdots)$$

(m = 전자질량, v = 전자속력, r = 궤도 반지름, n = 양자수)

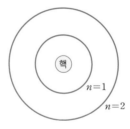

21-9

수소의 에너지 준위

$$E_n = -\frac{me^4}{8\varepsilon_0^2 h^2}\frac{1}{n^2} = -\frac{13.6\,eV}{n^2} \quad (n = 1, 2, 3, \cdots)$$

21-10

두 에너지 준위 사이의 전이

$$\frac{1}{\lambda} = R\left(\frac{1}{n_1^2} - \frac{1}{n_2^2}\right)$$

R = 뤼드베리 상수 = $-\dfrac{me^4}{8\varepsilon_0^2 h^3 c} = 1.097 \times 10^7\,\mathrm{m}^{-1}$

λ = 흡수 또는 방출되는 빛의 파장

⏸ TYPICAL PROBLEMS

⟨예제 1⟩ 광자

초록빛 광자는 520nm의 파장을 가진다.

(1) 이 광자의 진동수를 구하라.

(2) 이 광자의 운동량의 크기를 구하라.

(3) 이 광자의 에너지를 구하라.

⟨풀이⟩ (1) $\lambda = 520 \times 10^{-9}$ m

$$f = \frac{c}{\lambda} = \frac{3 \times 10^8 \text{m/s}}{520 \times 10^{-9} \text{m}} \fallingdotseq 5.77 \times 10^{14} \text{ (Hz)}$$

(2) $p = \dfrac{h}{\lambda} = \dfrac{6.63 \times 10^{-34}}{520 \times 10^{-9}} \fallingdotseq 1.27 \times 10^{-27} \text{kg} \cdot \text{m/s}$

(3) $E = hf = 6.63 \times 5.77 \times 10^{14} \cong 3.82 \times 10^{-19} \text{ (J)}$

⟨문제⟩ 21-1 아연판에 자외선 빛을 쪼였더니 광전자가 V의 전압에 의해 멈추었다. 이때 광전자의 최대 속력을 구하라. (전자의 질량은 m이다.)

⟨예제 2⟩ 흑체복사

흑체복사에 대한 플랑크 공식은 복사에너지 밀도를 u라고 할 때

$$u = \frac{8\pi h \nu^3}{c^3} \frac{1}{e^{\frac{h\nu}{kT}} - 1}$$

로 주어진다. (ν는 진동수)

(1) ν가 아주 작을 때 u의 표현을 구하라.

(2) ν가 아주 클 때 u의 표현을 구하라.

⟨풀이⟩ (1) $\dfrac{h\nu}{kT}$가 작으므로 테일러 전개를 이용하면

$$e^{\frac{h\nu}{kT}} \approx 1 + \frac{h\nu}{kT}$$

$$\therefore \quad u \approx \frac{8\pi h \nu^3}{c^3} \frac{1}{1 + \dfrac{h\nu}{kT} - 1} = \frac{8\pi kT}{c^3} \nu^2$$

(2) ν가 아주 크면 $e^{\frac{h\nu}{kT}}$가 1에 비해 아주 크므로

$$u \approx \frac{8\pi h \nu^3}{c^3} \frac{1}{e^{\frac{h\nu}{kT}}} = \frac{8\pi h \nu^3}{c^3} e^{-\frac{h\nu}{kT}}$$

문제 21-2 흑체 표면의 단위면적당 방출되는 복사 일률을 P라고 하면

$$P = \int_0^\infty u(\nu)\, d\nu$$

로 주어진다. 이때 $P = \sigma T^4$이 됨을 보여라. (단, $\displaystyle\int_0^\infty \frac{x^3\, dx}{e^x - 1} = \frac{\pi^4}{15}$ 이다.)

예제 3 콤프턴 산란

파장이 λ인 엑스선이 질량 m인 전자에 의해 산란각 ϕ로 산란되었을 때 광자에너지의 손실률을 구하라.

풀이 산란 후 엑스선의 파장을 λ'이라 하면

$$(손실률) = \frac{잃은\ 에너지}{원래\ 에너지} = \frac{h\dfrac{c}{\lambda} - h\dfrac{c}{\lambda'}}{h\dfrac{c}{\lambda}}$$

$$= \frac{\lambda' - \lambda}{\lambda'} = \frac{\dfrac{h}{mc}(1 - \cos\phi)}{\lambda + \dfrac{h}{mc}(1 - \cos\phi)}$$

$$= \frac{h(1 - \cos\phi)}{mc\lambda + h(1 - \cos\phi)}$$

문제 21-3 콤프턴 산란에서 엑스선의 광자에너지 손실률이 75%일 때 엑스선의 파장은 몇 배 증가하는가?

예제 4 불확정성 원리

전자의 속도의 부정확도가 0.5%로 $2.05 \times 10^6\,\text{m/s}$ 이다. 이때 전자의 위치의 부정확도를 구하라. (전자의 질량 m은 $9.1 \times 10^{-31}\,\text{kg}$이다.)

$\boxed{\text{풀 • 이}}$ $p = mv = 9.1 \times 10^{-31} \times 2.05 \times 10^{6} = 1.87 \times 10^{-24}$ (kg · m/s)

$\Delta p = 0.005 \times p = 0.005 \times 1.87 \times 10^{-24} = 9.35 \times 10^{-27}$ (kg · m/s)

$\Delta x \cdot \Delta p = \hbar$ 이므로

$$\Delta x = \frac{\hbar}{\Delta p} = \frac{6.63 \times 10^{-34}}{9.35 \times 10^{-27}} = 1.13 \times 10^{-8} \text{ (m)}$$

$\boxed{\text{문제}}$ **21-4**   한 변이 15m인 방 안에 100g의 공이 있다. 이 공의 속도의 부정확도를 구하라.

$\boxed{\text{예제} \;\; 5}$ 보어의 원자 모형

수소원자에서 전자가 양수인 n 인 궤도에 있다.

(1) 궤도 반지름 r_n을 구하라.

(2) 전자의 에너지 E_n을 구하라.

$\boxed{\text{풀 • 이}}$ (1) 쿨롱힘이 구심력 역할을 하므로

$$\frac{e^2}{4\pi\varepsilon_0 r_n^2} = m\frac{V_n^2}{r_n} \tag{①}$$

(v_n 은 전자의 속도)

$m r_n v_n = n\hbar$ 로 부터

$$v_n = \frac{n\hbar}{m r_n} \tag{②}$$

②를 ①에 넣으면

$$\frac{e^2}{4\pi\varepsilon_0 r_n^2} = m\frac{1}{r_n}\left(\frac{n\hbar}{m r_n}\right)^2$$

$$\therefore \; r_n = \frac{h^2\varepsilon_0}{\pi m e^2}\, n^2$$

여기서 $n = 1$일 때

$$r_1 = \frac{h^2\varepsilon_0}{\pi m e^2} \fallingdotseq 5.3 \times 10^{-11} \text{ (m)}$$

를 보어 반지름이라 한다.

$$(2) \quad E_n = K_n + U_n = \frac{1}{2} m v_n^2 - \frac{1}{4\pi\varepsilon_0} \frac{e^2}{r_n} = -\frac{1}{8\pi\varepsilon_0} \frac{e^2}{r_n}$$

$$= -\frac{me^4}{8\pi\varepsilon_0^2 h^2} \cdot \frac{1}{n^2} = -\frac{13.6\,eV}{n^2}$$

문제 **21-5**   수소원자에서 전자가 양자수 n인 궤도에 있을 때 전자의 속력 v_n을 구하라.

EXERCISE

문제 21-6 도달하는 모든 빛을 흡수하는 커다란 공의 중심에 나트륨등이 놓여있다. 이 등이 방출하는 에너지 일률은 P이고 방출되는 빛의 파장이 λ일 때 공 표면에 흡수되는 광자는 초당 몇 개인가?

문제 21-7 파장이 300nm인 빛을 나트륨 표면에 쪼였다. 나트륨의 일함수가 $2.46eV$일 때 튀어나온 광전자의 최대운동에너지를 구하라.

문제 21-8 1.0×10^{7} m/s로 움직이는 전자의 드브로이 파장을 구하라.
(전자의 질량은 9.1×10^{-31} kg이다.)

문제 21-9 질량이 m인 어떤 입자의 운동에너지가 K일 때 이 입자의 드브로이 파장을 구하라.

문제 21-10 전하량 e인 전자가 가속도 a로 움직일 때 전자의 에너지를 E라고 하면

$$\frac{dE}{dt} = -\frac{1}{6\pi\varepsilon_0}\frac{e^2 a^2}{c^3}$$

이 성립한다. (여기서 c는 광속이다.)
이것을 이용하여 수소원자 속의 전자가 쿨롱인력에 의해 원운동을 하면 원운동의 반지름은 시간에 따라 감소함을 보여라.

문제 21-11 수소원자 속의 전자가 $n=2$ 궤도에서 $n=1$ 궤도로 전이될 때 방출되는 광자의 파장을 구하라.

문제 21-12 수소원자 속의 전자가 양자수가 $n+1$인 궤도에서 양자수가 n인 궤도로 전이될 때 방출되는 빛의 파장을 λ라고 하자. n이 아주 클 때 λ의 근사식을 구하라.

문제 21-13 지구가 태양 주위를 도는 궤도가 보어의 양자가설을 따른다면 허용되는 지구의 궤도반지름 r은

$$r = \frac{n^2 \hbar^2}{GM_S M_E^2}$$

임을 보여라. (M_S, M_E는 각각 태양과 지구의 질량)

문제 **21-14** 처음 에너지가 E_0인 광자가 산란각 θ로 질량 m_e인 자유전자와 콤프턴 산란되어 에너지가 E로 변했다. E를 E_0로 나타내라.

문제 **21-15** 용수철 상수 k인 용수철에 매달린 질량 m인 입자에 대해 이 입자의 운동량 p와 위치 x가 $xp = h$라는 관계를 만족한다고 가정하자. 이때 이 입자의 에너지의 최소값을 구하라.

chapter 22

핵과 방사선

FORMULA

22 − 1

질량수

$$A = Z + N$$

Z = 양성자수 = 원자번호

N = 중성자수

22 − 2

핵의 반지름

$$r = r_0 A^{\frac{1}{3}}$$

($r_0 \approx 1.2\,\mathrm{fm}$, $1\,\mathrm{fm} = 10^{-15}\,\mathrm{m}$)

22 − 3

핵의 결합에너지

$$E_b = (Z m_p + M m_n - M_A) \times 931.494\,(\mathrm{MeV/u})$$

m_p = 양성자의 질량 = $1.007825\,\mathrm{u}$

m_n = 중성자의 질량 = $1.008665\,\mathrm{u}$

M_A = 원자 질량

$1\,\mathrm{u} = 1.66 \times 10^{-27}\,\mathrm{kg}$

22 − 4

방사능 핵의 붕괴

$$N = N_0 e^{-\lambda t}$$

(t = 시간, λ = 붕괴상수, N_0 = 처음 방사능 핵의 수, N = 시간 t일 때 방사능 핵의 수)

붕괴율 $R = \left| \dfrac{dN}{dt} \right| = \lambda N$

22-5 반감기

$$T_{1/2} = \frac{\ln 2}{\lambda} = \frac{0.693}{\lambda}$$

22-6 알파붕괴

$$_{Z}^{A}X \;\rightarrow\; _{Z-2}^{A-4}Y + \alpha$$

(X는 모핵, Y는 딸핵, α는 알파 입자)

붕괴에너지 $= Q = (M_X - M_Y - M_\alpha) \times 931.494 \text{ MeV/u}$

22-7 베타붕괴

(I) $_{Z}^{A}X \;\rightarrow\; _{Z+1}^{A}Y + e^- + \overline{\nu}$

(II) $_{Z}^{A}X \;\rightarrow\; _{Z+1}^{A}Y + e^+ + \nu$

(e^-는 전자, e^+는 양전자, ν는 뉴트리노, $\overline{\nu}$는 반뉴트리노)

(I) 붕괴에너지 $Q = (M_X - M_Y) \times 931.494 \text{ MeV/u}$

(II) 붕괴에너지 $Q = (M_X - M_Y - 2m_e) \times 931.494 \text{ MeV/u}$

($m_e =$ 전자질량 $= 0.000549 \text{ u}$)

22-8 감마붕괴

$$_{Z}^{A}X^* \;\rightarrow\; _{Z}^{A}X + \gamma$$

(X^*는 핵 X의 들뜬상태, γ는 감마선)

TYPICAL PROBLEMS

예제 1 핵의 부피와 밀도

질량수가 A인 핵을 생각하자. 양성자의 질량과 중성자의 질량이 m으로 같다고 가정할 때 다음을 구하라.

(1) 핵의 질량

(2) 핵의 부피

(3) 핵의 밀도

풀이 (1) 질량수는 양성자의 수와 중성자의 수의 합이므로 핵의 질량은 Am이다.

(2) $V = \dfrac{4}{3}\pi r^3 = \dfrac{4}{3}\pi \left(r_0 A^{\frac{1}{3}}\right)^3 = \dfrac{4}{3}\pi r_0^3 A$

(3) $\rho = \dfrac{Am}{V} = \dfrac{Am}{\dfrac{4}{3}\pi r_0^3 A} = \dfrac{3m}{4\pi r_0^3} \fallingdotseq 2.3 \times 10^{17}\,(\mathrm{kg/m^3})$

문제 22-1 지구의 밀도가 핵의 밀도와 같아지려면 지구의 반지름이 얼마가 되어야 하는가? (지구의 질량 $= 5.98 \times 10^{24}\,\mathrm{kg}$)

예제 2 반감기

방사능 핵의 붕괴시 반감기가

$$T_{\frac{1}{2}} = \frac{\ln 2}{\lambda}$$

임을 보여라.

풀이 $N = N_0 e^{-\lambda t}$에서 $N = \dfrac{N_0}{2}$ 일 때의 시간 $t = T_{\frac{1}{2}}$ 이므로

$$\frac{N_0}{2} = N_0 e^{-\lambda T_{\frac{1}{2}}}$$

$$\therefore \quad \frac{1}{2} = e^{-\lambda T_{\frac{1}{2}}}$$

양변에 자연로그를 취하면

$$-\ln 2 = -\lambda T_{\frac{1}{2}}$$

$$\therefore\ T_{\frac{1}{2}} = \frac{\ln 2}{\lambda}$$

(문제) 22-2 방사능 핵 $_{6}^{14}\text{C}$의 반감기는 5730년이다. 1200개의 $_{6}^{14}\text{C}$ 핵이 있는 시료에서 출발해 22920년이 지나면 약 몇 개의 핵이 남는가?

(예제 3) 알파붕괴

^{238}U가 다음과 같이 붕괴한다.

$$^{238}\text{U}\ \rightarrow\ ^{234}\text{Th} + \alpha$$

(^{238}U, ^{234}Th, α의 원자질량이 각각 $238.05079\,\text{u}$, $234.04363\,\text{u}$, $4.00260\,\text{u}$이다.)
이 붕괴과정의 붕괴에너지를 구하라.

(풀이)
$$Q = (M_{\text{U}} - M_{\text{Th}} - M_{\alpha}) \times 931.494\ \text{MeV/u}$$
$$= (238.05079 - 234.04363 - 4.00260) \times 931.494 = 4.25\ \text{MeV}$$

(문제) 22-3 다음 붕괴과정은 일어나지 않음을 보여라.

$$^{238}\text{U}\ \rightarrow\ ^{237}\text{Pa} + ^{1}\text{H}$$

(^{237}Pa, ^{1}H의 원자질량이 각각 $237.05121\,\text{u}$, $1.00783\,\text{u}$이다.)

(예제 4) 방사성연대측정

어떤 암석의 ^{40}K와 ^{40}Ar이 $10.3 : 1$의 질량비로 존재한다. ^{40}Ar은 반감기가 1.25×10^{9}년인 ^{40}K의 붕괴로 만들어졌다고 하면 암석의 나이는?

(풀이) 운석 당시 남아있는 ^{40}K의 수를 N_{K}라고 하고 처음 ^{40}K의 수를 N_0라 하면

$$N_{\text{K}} = N_0 e^{-\lambda t} \qquad\qquad\qquad ①$$

운석 당시 남아있는 ^{40}Ar의 수를 N_{Ar}이라 하면

$$N_0 = N_{\text{Ar}} + N_{\text{K}}$$

이므로

$$\lambda t = \ln\left(1 + \frac{N_{Ar}}{N_K}\right)$$

$$\therefore \ t = \frac{1}{\lambda}\ln\left(1 + \frac{Ar}{N_K}\right)$$

$T_{\frac{1}{2}} = \dfrac{\ln 2}{\lambda}$ 를 이용하면

$$t = \frac{T_{\frac{1}{2}}\ln\left(1 + \dfrac{N_{Ar}}{N_K}\right)}{\ln 2}$$

$$= \frac{(1.25 \times 10^9) \times \ln(1 + 10.3)}{\ln 2}$$

$$= 4.37 \times 10^9 (년)$$

[문제] **22-4** 반감기가 5730년인 방사능 핵으로 이루어진 암석에서 $t = 0$일 때 붕괴율이 370 (붕괴/분)이다. 붕괴율이 250(붕괴/분)일 때까지 걸리는 시간은?

EXERCISE

문제 22-5   핵 1의 양성자수는 핵 2의 양성자수의 8배이다.
핵 1의 중성자수는 핵 2의 중성자수의 5배이다.
핵 1의 핵자수는 핵 2의 핵자수의 6배이다.
핵 1에서 중성자수가 양성자수보다 4개 많을 때 핵 1과 핵 2의 원자번호를 구하라.

문제 22-6   원자핵의 질량수가 8배로 되면 핵의 반지름은 몇 배가 되는가?

문제 22-7   중수소핵의 핵자당 결합에너지를 구하라.
(중수소핵의 원자질량은 2.014102 u이다.)

문제 22-8   반감기가 2.57년인 ^{60}C 100 g의 붕괴율을 구하라.
(^{60}C의 몰질량은 59.93 g/mol이다.)

문제 22-9   반감기가 τ인 빙사능 핵이 있다. 이 핵으로 이루어진 암석의 $t = 0$일 때의 붕괴율이 R_0이다. t_1과 t_2 사이 동안 붕괴한 핵의 수를 구하라.

문제 22-10   다음 붕괴에서 X는 어떤 원자핵인가?
$$X \quad \rightarrow \quad {}^{65}_{28}Ni + \gamma$$

문제 22-11   다음 붕괴에서 X는 어떤 원자핵인가?
$$^{215}_{84}Po \quad \rightarrow \quad X + \alpha$$

문제 22-12   다음 붕괴과정에서 X는 어떤 원자핵인가?
$$X \quad \rightarrow \quad {}^{55}_{26}Fe + e^+ + \nu$$

문제 22-13   다음 붕괴는 일어나는가?
$$^{40}_{20}Ca \quad \rightarrow \quad {}^{40}_{19}K + e^+ + \nu$$

($M_{Ca} = 39.962591$ u, $M_K = 39.963999$ u)

문제 22-14 다음 붕괴는 일어나는가?

$$^{98}_{44}\text{Ru} \quad \rightarrow \quad ^{94}_{42}\text{Mo} + \alpha$$

$(\, M_{\text{Ru}} = 97.905287 \, \text{u}, \quad M_{\text{Mo}} = 93.905088 \, \text{u}\,)$

문제 22-15 다음 붕괴는 일어나는가?

$$^{144}_{60}\text{Nd} \quad \rightarrow \quad ^{140}_{58}\text{Ce} + \alpha$$

$(\, M_{\text{Nd}} = 143.910083 \, \text{u}, \quad M_{\text{Ce}} = 139.905434 \, \text{u}\,)$

해 답

Chapter 1 일차원운동

1−1   갈 때 속력 $= v$ 라고 하면 올 때 속력은 $3v$ 이다. 서울 대전 거리를 L 이라고 하면

$$(\text{올 때 걸린 시간}) = \frac{L}{3v}$$

$$(\text{갈 때 걸린 시간}) = \frac{L}{v}$$

$$\therefore \ (\text{총 걸린 시간}) = \frac{L}{v} + \frac{L}{3v}$$

$$\therefore \ (\text{평균속력}) = \frac{2L}{\dfrac{L}{v} + \dfrac{L}{3v}} = \frac{3}{2}\, v$$

$$\therefore \ 1.5\text{배}$$

1−2   갈 때 걸린 시간을 $2t$ 올 때 걸린 시간을 $3t$ 라고 하면 총 걸린 시간은 $5t$ 이고 전체 이동거리는 200m이므로

$$4 = \frac{200}{5t} \ \therefore \ t = 10\,(\text{s})$$

그러므로 갈 때 걸린 시간은 20초이다.

1−3   3초 때의 순간속력 v 는 접선의 기울기이므로

$$v = \frac{40 - 0}{3 - 1} = 20\,(\text{m/s})$$

1−4   제자리로 돌아왔으므로 변위는 0이다.
그러므로 평균속도는 0이다.

1-5 (1) 9초까지는 시간에 따라 위치가 증가하므로 속도가 (＋)이고 9초부터는 위치가 감소하므로 속도가 (－)인 곳이다. 그러므로 9초일 때 자동차의 운동방향이 바뀐다.

(2) 12초 때 자동차의 위치는 120m이므로 변위는 120m이다. 그러므로 평균속도 $= \dfrac{120}{12} = +10 \,(\text{m/s})$이다.

(3) 이 차는 9초일 때 처음 위치로부터 360m인 지점까지 가장 멀리 움직였다. 그 이후 방향을 바꿔 12초 때에 처음 위치로부터 120m인 곳으로 왔으므로 9초에서 12초 사이에 차가 움직인 거리는 $360-120=240\,(\text{m})$이다. 그러므로 12초 동안 차가 움직인 거리는 $360+240=600\,(\text{m})$이므로 평균속력은 $\dfrac{600}{12}=50\,(\text{m/s})$이다.

1-6 처음 오른쪽으로 움직일 때 x가 (＋)이므로 x가 (－)일 때가 원점의 왼쪽에 있을 때이다. 그러므로 3초와 5초 사이이다.

1-7 하니와 기차가 시간 t 동안 움직인다고 하자. 하니가 움직인 거리는 $7t$이고 기차가 움직인 거리는 $\dfrac{1}{2}at^2$에서 $a=2\,(\text{m/s}^2)$이므로 t^2이다. 하니가 움직인 거리가 기차가 움직인 거리와 10m의 합 이상일 때 하니가 기차를 탈 수 있으므로

$$7t \ge 10+t^2, \quad (t-2)(t-5) \le 0 \quad \therefore \ 2 \le t \le 5$$

즉 2초와 5초 사이에 하니는 기차를 타게 된다.

1-8 $v-t$ 그래프에서 시간축과 그래프 사이의 넓이가 물체의 이동거리 s이므로

$$s=\dfrac{1}{2}\times5\times20+5\times20+5\times20=250\,(\text{m})$$

1-9 첫 번째 돌이 낙하한 시간을 t_1이라고 하면

$$125=\dfrac{1}{2}gt_1{}^2 \text{에서} \quad t_1=5\,(\text{s})$$

그러므로 두 번째 돌이 위로 올라갔다 제자리로 돌아오는 데 걸리는 시간은 3초이다.

두 번째 돌에 대해 강으로부터의 높이를 y라고 하면 시간 t 후 돌의 위치는 $y=vt-\dfrac{1}{2}gt^2$이고 이것이 $t=3\,(\text{s})$일 때 다시 $y=0$(강의 수면)이 되어야 하므로

$$3v-\dfrac{1}{2}\times10\times3^2=0 \qquad \therefore \ v=15\,(\text{m/s})$$

1-10 첫 번째 공이 떠난 후부터 충돌할 때까지의 시간을 t라고 하자.

(첫 번째 공이 움직인 시간) $= t$

(두 번째 공이 움직인 시간) $= t-1$

$$\therefore \; \frac{1}{2}gt^2 = 15(t-1) + \frac{1}{2}g(t-1)^2$$

이 식을 풀면 $t=2\,(\text{s})$

1-11 공 A가 낙하한 거리와 공 B가 올라간 거리의 합이 H이다. 두 공이 시간 t일 때 부딪친다고 하자.

$$\frac{1}{2}gt^2 + \left(v_0 t - \frac{1}{2}gt^2\right) = H \qquad \therefore \; H = v_0 t \tag{1}$$

시간 t 후의 공 A의 속력이 공 B의 속력의 2배이므로

$$gt = 2(v_0 - gt) \qquad\qquad \therefore \; v_0 = \frac{3}{2}gt \tag{2}$$

(1), (2)에서 $H = \frac{3}{2}gt^2 = 3\left(\frac{1}{2}gt^2\right)$이므로 공이 낙하한 거리는 $\frac{H}{3}$이다. 그러므로 바닥으로부터 공의 높이는 $\frac{2}{3}H$이다.

1-12 (1) $v^2 - v_0{}^2 = 2ad$에서 나중속도 $v=0$이므로

$$-v_0{}^2 = 2ad \qquad \therefore \; a = -\frac{v_0{}^2}{2d}$$

(여기서 음의 부호는 감속을 의미한다.)

(2) $v = v_0 + at$에서 $v=0$이므로

$$v_0 - \frac{v_0{}^2}{2d}t = 0 \quad \therefore \; t = \frac{2d}{v_0}$$

1-13 이고속군이 걸린 시간을 t라고 하면 김저속군이 걸린 시간은 $(t+2)$이고 두 사람이 뛴 거리가 같으므로

$$5t = 4(t+2) \quad \therefore \; t=8$$

이때 (뛴 거리) $= 5 \times 8 = 40\,(\text{km})$

1-14 $v = \dfrac{ds}{dt} = 2 + 10t$이므로

$$v(2) = 2 + 2 \times 10 = 22\,(\text{m/s})$$

1-15 순간속도가 0일 때 운동방향이 바뀌므로

$$v = \frac{dx}{dt} = 20 - 10t = 0 \quad \therefore \ t = 2\,(\text{s})$$

즉 2초 후에 바뀐다.

1-16 변위를 구할 때는 시간축 위의 넓이는 (+)로 시간축 아래 넓이는 (−)로 하여 계산한다.

$$(\text{변위}) = \frac{1}{2} \times 2 \times 20 - \frac{1}{2} \times 2 \times 10 + \frac{1}{2} \times 1 \times 10$$
$$= 15\,(\text{m})$$

이고 걸린 시간은 5초이므로

$$v = \frac{15}{5} = 3\,(\text{m/s})$$

1-17 $x = v_0 t + \frac{1}{2}at^2$ 으로부터

$$40 = 20 \times 4 + \frac{1}{2} \times a \times 4^2 \qquad \therefore \ a = -5\,(\text{m/s}^2)$$

$$v^2 - v_0{}^2 = 2as \ \text{에서}$$

$$v^2 - 20^2 = 2 \times (-5) \times 40 \ \therefore \ v = 0$$

1-18 80m를 낙하하는 데 걸리는 시간을 t 라고 하면

$$80 = \frac{1}{2}gt^2 \qquad \therefore \ t = 4\,(\text{s})$$

배의 속력을 v 라고 하면

$$v \times 4 = 16 \qquad \therefore \ v = 4\,(\text{m/s})$$

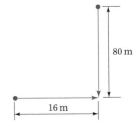

1-19 $\left(\dfrac{v}{3}\right)^2 - v^2 = -2g \times 160$ 으로부터 $\quad v = 60\,(\text{m/s})$

1-20 시간 t 후에 추월하기 시작하고 차가 25m/s의 속력에 도달하는 데 걸리는 시간을 t_1 이라고 하자. 시간 t_1 동안은 등가속도운동을 하므로

$$25 = 0 + 1.25 \times t_1 \qquad \therefore \ t_1 = 20\,(\text{s})$$

이 시간 동안 움직인 거리는

$$x_1 = \frac{1}{2}at_1{}^2 = 250\,(\text{m})$$

이 후 차는 시간 $(t-20)$초 동안 등속도 운동하므로 이 시간 동안 움직인 거리

는　$x_2 = 25(t-20)$ (m)차가 움직인 거리와 트럭이 움직인 거리가 같아야하므로

$$15t = 250 + 25(t-20) \qquad \therefore t = 25\,(\mathrm{s})$$

1-21　등가속도운동을 한 시간을 t_1, 등가속도운동을 한 시간은 t_2라고 하면
등가속도운동을 할 때 $d = \dfrac{1}{2}at_1{}^2$에서

$$t_1 = \sqrt{\frac{2d}{a}} \tag{1}$$

시간 t_1 후의 속도는 $v = at_1 = \sqrt{2ad}$이므로 등속도운동을 할 때 $d = vt_2$에서

$$t_2 = \frac{d}{v} = \sqrt{\frac{d}{2a}} \tag{2}$$

평균속력을 $\overline{v}$라 하면

$$\overline{v} = \frac{2d}{t_1 + t_2} \tag{3}$$

(1),(2)를 (3)에 넣으면

$$\overline{v} = \frac{2}{3}\sqrt{2ad}$$

1-22　$s = \dfrac{1}{2}gt^2$이므로 $t \propto \sqrt{s}$이다.

그러므로 전체 거리는 $\dfrac{1}{4}$을 낙하하는 데 걸린 시간이 T이므로 전체 거리를 낙하하는 데 걸린 시간은 $\sqrt{4}\,T = 2T$이다. 그러므로 남은 거리를 낙하하는 데 걸린 시간 역시 T이다.

1-23　던진 위치를 원점으로 하고 위방향을 $(+)$, 아래 방향을 $(-)$로 하자.
연직상방의 경우

$$-h = v_0 T - \frac{1}{2}gT^2 \tag{1}$$

연직하방의 경우

$$h = v_0\left(\frac{T}{2}\right) + \frac{1}{2}g\left(\frac{T}{2}\right)^2 \tag{2}$$

두 식을 더하여 v_0를 구하면

$$v_0 = \frac{1}{4}gT \tag{3}$$

(3)을 (1)에 넣으면 $h = \dfrac{1}{4}gT^2$

Chapter 2 이삼차원 운동

2−1 다음 그림을 보자.

(변위) $=\sqrt{80^2+60^2}=100\,(\mathrm{m})$ 이므로

$\qquad$ (평균속도) $=\dfrac{100}{10}=10\,(\mathrm{m/s})$

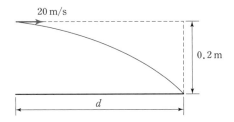

2−2 다음 그림을 보자.

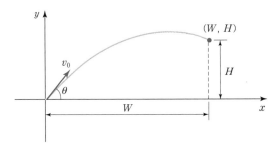

표적에 닿을 때까지의 시간을 t, 표적까지의 거리를 d라고 하면

$0.2=\dfrac{1}{2}gt^2 \quad \therefore\ t=0.2\,(\mathrm{s})$

$\therefore\ d=20\times0.2=4\,(\mathrm{m})$

2−3 $H=\dfrac{v_0{}^2\sin^2\theta}{2g}$, $R=\dfrac{v_0{}^2\sin2\theta}{g}$ 이므로

$\qquad \dfrac{H}{R}=\dfrac{\sin^2\theta}{2\sin2\theta}=\dfrac{\sin^2\theta}{4\sin\theta\cos\theta}=\dfrac{\tan\theta}{4}$

2−4 다음 그림과 같이 좌표를 도입하자.

$y=(\tan\theta)x-\dfrac{g}{2(v_0\cos\theta)^2}x^2$ 이 점 $(W,\,H)$를 지나므로

$\qquad H=(\tan\theta)W-\dfrac{g}{2(v_0\cos\theta)^2}W^2$

$$\therefore \quad v_0{}^2 = \frac{gW^2}{2\cos^2\theta\,(W\tan\theta - H)}$$

2−5 가장 시간이 적게 걸리게 하려면 뱃머리를 똑바로 강폭방향으로 향하게 해야한다. 이때 물론 강물의 속도가 더해서 배는 오른쪽으로 기울어져 나아가지만 강을 건너는 데 걸리는 시간은 최소화된다. 이때 배의 속도의 수직방향 성분은 그대로 배의 속도인 4m/s이고 배가 반대편에 닿을 때가지 배의 수직방향 성분은 100m을 움직이게 되므로 이때 걸리는 시간은 $\dfrac{100}{4}$ =25초가 된다.

2−6 $\vec{a} = \dfrac{\overrightarrow{dv}}{dt} = 3t^2\,\hat{i} + 4t^3\hat{j}$, 여기에 $t=1$을 넣으면 $\vec{a} = 3\hat{i} + 4\hat{j}$ 이다.

$$\therefore \quad |\vec{a}| = \sqrt{3^2 + 4^2} = 5\,(\mathrm{m/s^2})$$

2−7

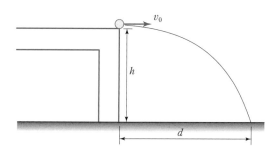

$$0.45 = \frac{1}{2} \times 10 \times t^2 \qquad \therefore \ t = 0.3\,(\mathrm{s})$$

$$\therefore \ 0.3 = v_0 \times 0.3 \qquad \therefore \ v_0 = 1\,(\mathrm{m/s})$$

2−8 $R(\theta) = \dfrac{v_0{}^2 \sin 2\theta}{g}$ 에서

$$R(\theta + 45°) = \frac{v_0{}^2 \sin(90° + 2\theta)}{g} = \frac{v_0{}^2}{g}\cos 2\theta = R$$

$$R(45° - \theta) = \frac{v_0{}^2 \sin(90° + 2\theta)}{g} = \frac{v_0{}^2}{g}\cos 2\theta = R$$

2−9 지구의 자전각속도를 w, 지구의 반지름을 R이라 하자.

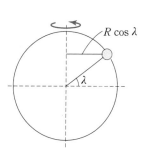

위도가 λ인 곳의 구심가속도는 $a_\lambda = (R\cos\lambda)w^2$

적도(위도=0)의 구심가속도는 $a_0 = Rw^2$

$$\therefore \ \frac{a_\lambda}{a_0} = \cos\lambda$$

2－10　$10 = \dfrac{10^2}{r}$　　$\therefore r = 10 \, (\text{m})$

2－11　$w = \dfrac{1200 \times 2\pi}{60} = 40\pi \, (\text{rad/s})$

$\therefore a_c = 2 \times (40\pi)^2 = 3200\pi^2 \, (\text{m/s}^2)$

2－12　에스컬레이터의 길이를 L 이라고 하면

$$(\text{태호의 속도}) = \frac{L}{30}$$

$$(\text{에스컬레이터의 속도}) = \frac{L}{20}$$

이므로 에스컬레이터를 타고 태호가 걸어갈 때 속도는 두 속의 합인 $\dfrac{L}{30} + \dfrac{L}{20}$
이다. 따라서

$$(\text{걸린 시간}) = \frac{L}{\dfrac{L}{30} + \dfrac{L}{20}} = 12 \, (\text{s})$$

2－13　강물을 따라 갈 때의 속도 $= 2 + 4 = 6 \, (\text{m/s})$
강물을 반대로 갈 때의 속도 $= 4 - 2 = 2 \, (\text{m/s})$

$$\therefore (\text{걸린 시간}) = \frac{12}{6} + \frac{12}{2} = 8 \, (\text{s})$$

2－14

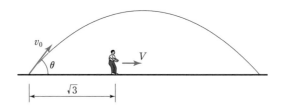

공이 날아간 시간을 t_1 이라 하면

$$t_1 = \frac{2v_0 \sin\theta}{g} = 1 \, (\text{s})$$

수평도달거리 R 은

$$R = \frac{v_0{}^2 \sin 2\theta}{g} = 5\sqrt{3} \, (\text{m})$$

$$\therefore 5\sqrt{3} = \sqrt{3} + v \times 1$$

$$\therefore v = 4\sqrt{3} \, (\text{m/s})$$

2-15 다음 그림과 같이 좌표를 택하자.

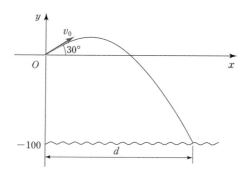

걸린 시간을 t라고 하면 $y = v_0 \sin\theta t - \dfrac{1}{2}gt^2$으로부터

$$-100 = 10 \times \sin 30° \times t - \dfrac{1}{2} \times 10 \times t^2$$

$$\therefore \ -100 = 5t - 5t^2 \qquad \therefore \ t = 5 \ (\text{s})$$

$$\therefore \ d = v_0 \cos 30° \times 5 = 25\sqrt{3} \ (\text{m})$$

2-16
$$h = v_0 \sin 30° t + \dfrac{1}{2}gt^2 \tag{1}$$

$$10\sqrt{3} = v_0 \cos 30° t \qquad \therefore \ t = 2 \ (\text{s}) \tag{2}$$

(2)를 (1)에 넣으면

$$h = 10 \times \dfrac{1}{2} \times 2 + \dfrac{1}{2} \times 10 \times 2^2 = 30 \ (\text{m})$$

2-17 기차에 대한 비의 상대속도를 생각한다.

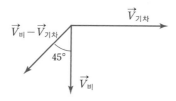

다음 그림을 보자.

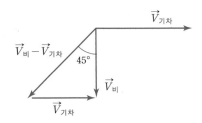

$$\tan 45° = \frac{v_{기차}}{v_{비}} = 1 \text{이므로}$$

$$v_{기차} = v_{비} = 60 \,(\text{km/h})$$

2－18 $v_0 \sin \theta = v$ 라 두면

$$h = vt_1 - \frac{1}{2} gt_1{}^2 \tag{1}$$

한편 바닥에 닿을 때까지 걸린 시간이 $t_1 + t_2$이므로

$$t_1 + t_2 = \frac{2v}{g} \tag{2}$$

(2)에서 $v = \frac{g}{2}(t_1 + t_2)$를 (1)에 넣으면

$$h = \frac{g}{2}\, t_1 t_2$$

2－19 주어진 그림으로부터

$$\frac{H}{d} = \tan \theta \tag{1}$$

한편 시간 t 후에 총알이 간 수평거리가 d이므로

$$d = v_0 \cos \theta t \tag{2}$$

시간 t일 때 총알과 원숭이의 수직위치를 각각 y_1, y_2라고 하면

$$y_1 = v_0 \sin \theta t - \frac{1}{2} gt^2 \tag{3}$$

$$y_2 = H - \frac{1}{2} gt^2 \tag{4}$$

(1), (2)를 (4)에 넣으면

$$y_2 = d \tan \theta - \frac{1}{2} gt^2 = v_0 \sin \theta t - \frac{1}{2} gt^2 = y_1$$

따라서 원숭이는 항상 총에 맞게 된다.

$\mathcal{C}$hapter 3 뉴턴의 운동법칙 I

3−1 줄 아래에 있는 추의 무게의 합과 같다.

$$T = (20+30+40+50) \times 10 = 1400\,(\mathrm{N})$$

3−2 가속도를 a라고 하면

$$(2+3)a = 3g \qquad \therefore\ a = 6\,(\mathrm{m/s^2})$$

이 운동은 등가속도운동이고 두 물체의 속도는 같으므로 2m 내려왔을 때 두 물체이 속도를 v라고 하면

$$v^2 - 0^2 = 2 \times 6 \times 2 \qquad \therefore\ v = 2\sqrt{6}\,(\mathrm{m/s})$$

3−3 $\quad F = (m + 2m + 3m)\,a \qquad\qquad \therefore\ a = \dfrac{F}{6m}$

3−4 두 경우 물체가 움직이는 가속도는 같다. 그 가속도를 a라고 하면 $(2m + 3m)\,a = F$에서

$$a = \frac{F}{5m} \tag{1}$$

a로 잡아당기는 경우 줄의 장력을 T_a라고 하면 질량이 $2m$인 물체에 대해

$$2ma = F - T_a \tag{2}$$

(1)을 (2)에 넣으면

$$T_a = \frac{3}{5}\,F$$

b로 잡아당기는 경우 줄의 장력을 T_b라고 하면 질량이 $3m$인 물체에 대해

$$3ma = F - T_b \tag{3}$$

$$T_b = \frac{2}{5}\,F$$

3−5 다음 그림과 같이 힘을 나타내자.

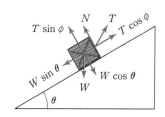

빗변방향의 힘의 평형에서

$$W \sin \theta = T \cos \phi \qquad (1)$$

빗변과 수직인 방향의 힘의 평형에서

$$N + T \sin \phi = W \cos \theta \qquad (2)$$

(1)을 (2)에 넣으면

$$N = W(\cos \theta - \tan \phi \sin \theta)$$

3−6 줄의 T의 힘으로 잡아당기면 이 판을 잡아당기는 힘은 $2T$이다. 이것이 판과 사람의 무게의 합보다 클 때 알짜힘이 위 방향으로 생겨 가속된다. 그러므로

$$110 \times 1 = 2T - 1100 \qquad \therefore \ T = 605 \, (\text{N})$$

3−7 질량 m인 물체를 떨어뜨리기 전과 후의 운동방정식을 세우자.

$$(전) \ Ma = Mg - f - B \qquad (1)$$

$$(후) \ 0 = (M - m)g - f - B \qquad (2)$$

(2)를 (1)에 넣으면

$$Ma = mg \qquad \therefore \ a = \frac{m}{M} g$$

그러므로 중력가속도의 $\dfrac{m}{M}$ 배이다.

3−8 $\quad 2T \sin 30° = 2 \times 10 \qquad\qquad \therefore \ T = 20 \, (\text{N})$

3−9 $\quad v^2 - v_0{}^2 = 2as$에서 $v_0 = 20$, $v = 0$, $s = 0.4$를 넣으면 $a = -500 \, (\text{m/s}^2)$

$$\therefore \ |F| = |ma| = 50 \times 500 = 25000 \, (\text{N})$$

3−10 아래로부터 i번째 고리가 j번째 고리를 당기는 힘을 f_{ij}라고 하면 작용 반작용의 원리에 따라 f_{ij}와 f_{ji}는 크기는 같고 방향은 반대이다.

맨 아래 고리에 대해 운동방정식을 쓰자.

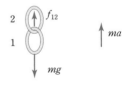

$$ma = f_{12} - mg$$

여기서 가속도는 $2g$이므로

$$f_{12} = m(a + g) = 3mg$$

2번 고리에 대해 운동방정식을 쓰자.

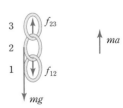

$$ma = f_{23} - f_{12} - mg$$

$$\therefore f_{23} = ma + f_{12} + mg = 6mg$$

3−11 줄의 장력을 T라고 하면 수레차 위의 블록을 가속시키는 힘은 mg이므로 이때 가속도를 a라고 하면

$$ma = mg \qquad \therefore a = g$$

블록이 제자리에 있기 위해서는 수레차의 가속도와 블록의 가속도가 같아야 하므로 수레차의 가속도도 $a = g$이다. 블록과 수레차의 질량의 합은 $4m$이고 이것이 가속도 $a = g$로 움직이므로 $F = 4mg$의 힘이 필요하다.

3−12 다음 그림을 보자.

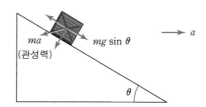

$$ma\cos\theta = mg\sin\theta \qquad \therefore a = g\tan\theta$$

$\theta = 60°$이므로 $a = g\sqrt{3}$

3−13 다음 그림을 보자.

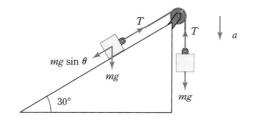

가속도를 a라고 하면

$$ma = mg - T \qquad\qquad (1)$$

$$ma = T - mg\sin 30° \qquad\qquad (2)$$

(1)과 (2)를 더하면

$$2ma = mg - \frac{1}{2}mg$$

$$\therefore a = \frac{1}{4}g$$

3 – 14 다음 그림을 보자.

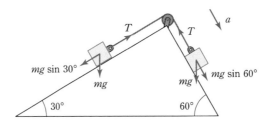

가속도를 a 라고 하면

$$ma = mg\sin 60° - T \tag{1}$$

$$ma = T - mg\sin 30° \tag{2}$$

(1)과 (2)를 더하면

$$2ma = mg\left(\frac{\sqrt{3}}{2} - \frac{1}{2}\right)$$

$$\therefore \ a = \frac{\sqrt{3}-1}{4}\,g$$

3 – 15 그림과 같이 세 힘의 작용점을 일치시키자.

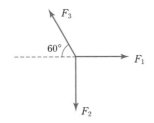

힘의 평형조건으로부터

$$F_3\cos 60° = F_1$$

$$\therefore \ F_1 = \frac{1}{2}\,F_3 \tag{1}$$

$$F_3\sin 60° = F_2$$

$$\therefore \ F_2 = \frac{\sqrt{3}}{2}\,F_3 \tag{2}$$

(1), (2)에서

$$F_1 : F_2 : F_3 = \frac{1}{2}\,F_3 : \frac{\sqrt{3}}{2}\,F_3 : F_3 = 1 : \sqrt{3} : 2$$

3-16 다음 그림을 보자.

T를 장력, N을 벽이 공에 작용하는 힘이라고 하면

$$T\cos\theta = 48 \qquad\qquad (1)$$

$$T\sin\theta = N \qquad\qquad (2)$$

(2)를 (1)로 나누면

$$\tan\theta = \frac{N}{48} \qquad\qquad (3)$$

한편 그림에서 $\tan\theta = \dfrac{5}{12}$ 이므로

$$\frac{N}{48} = \frac{5}{12} \qquad \therefore\ N = 20\,(\mathrm{N})$$

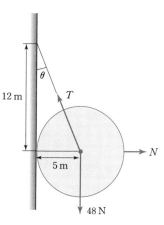

3-17 물체는 2초 동안 등가속도운동을 한 후 다음 2초 동안은 등속도운동을 한다. 등가속도운동을 할 때

$$40 = 8a \qquad\qquad \therefore\ a = 5\,\mathrm{m/s}^2$$

이때

$$(간\ 거리) = \frac{1}{2}\,at^2 = \frac{1}{2}\times 5\times 2^2 = 10\,(\mathrm{m})$$

2초후 속도는 $v = v_0 + at = 0 + 5\times 2 = 10\,(\mathrm{m/s})$이므로 이때

$$(간\ 거리) = 10\times 2 = 20\,(\mathrm{m})$$

따라서 전체 간 거리는 30m이다.

3-18 두 용수철은 똑같이 10N을 가리키므로 $10+10 = 20\,(\mathrm{N})$이 답이다.

3-19 구하는 힘을 T라고 하면 줄의 장력은 T이므로 $2T = W$(무게)이면 가속도가 0이 되어 등속도로 올라간다.

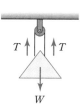

이때 $T = \dfrac{W}{2} = 500\,(\mathrm{N})$

3-20 관성력 ma가 위로 작용하므로 $300 - 30\times 5 = 150\,(\mathrm{N})$을 가리킨다.

3-21 다음 그림을 보라.

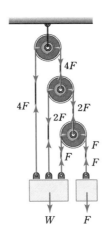

$$\therefore \ 4F + 2F + F = W \qquad \therefore \ F = \frac{W}{7}$$

3-22 모든 힘을 표시하면 다음 그림과 같다.

여기서 구하는 힘은 f 이다.

아래 공에 작용하는 힘은 다음과 같다.

수직방향의 힘의 평형에서

$$N_2 = W + \frac{f}{\sqrt{2}} \tag{1}$$

수평방향의 힘의 평형에서

$$\frac{f}{\sqrt{2}} = N_1 \tag{2}$$

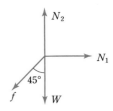

위 공에 작용하는 힘은 다음과 같다.

수직방향의 힘의 평형에서

$$\frac{f}{\sqrt{2}} = W \tag{3}$$

수평방향의 힘의 평형에서

$$\frac{f}{\sqrt{2}} = N_1 \tag{4}$$

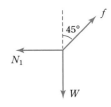

(1), (2), (3), (4)로부터 $f = \sqrt{2}\,W$ 이다.

Chapter 4 뉴턴의 운동법칙 Ⅱ

4-1 그래프를 보면 물체는 2초 때 움직이기 시작했다. 2초에서 4초 사이가 물체가 비탈을 따라 내려오는 동안인데 이때 가속도가 $a = \dfrac{2}{2} = 1\,\mathrm{m/s^2}$이다.

$$mg\sin\theta - \mu_k mg\cos\theta = ma$$

에 대입하면 $\mu_k = 1 - \dfrac{\sqrt{2}}{10}$

4-2 줄의 장력을 T라고 하면 $T = mg$이다.

T의 빗변방향 성분이 M의 정지마찰력과 Mg의 빗변방향 성분과 비겨야하므로 정지마찰력을 f라고 하면

$$f + Mg\sin\alpha = T\cos\theta$$

$$\therefore\ f = mg\cos\theta - Mg\sin\alpha$$

4-3 (1) 다음 그림을 보자.

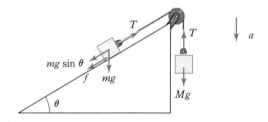

질량 m인 물체의 수직항력은 $mg\cos\theta$이므로 운동마찰력은 $f = \mu_k mg\cos\theta$이다. 구하는 가속도를 a라고 하고 줄의 장력을 T라고 하자.

$M)\ Ma = Mg - T$

$m)\ ma = T - mg\sin\theta - \mu_k mg\cos\theta$

두 식을 더하면

$$(M+m)a = +Mg - mg\sin\theta - \mu_k mg\cos\theta$$

$$\therefore\ a = \frac{+Mg - mg\sin\theta - \mu_k mg\cos\theta}{M+m}$$

(2) 다음 그림을 보자.

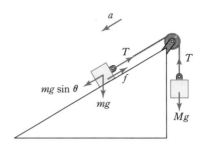

구하는 가속도를 a라고 하고 두 물체에 대해 운동방정식을 쓰자.

M) $Ma = T - Mg$

m) $ma = T - mg\sin\theta - \mu_k mg\cos\theta$

두 식을 더하면

$$(M + m)a = -Mg + mg\sin\theta - \mu_k mg\cos\theta$$

$$\therefore \ a = \frac{-Mg + mg\sin\theta - \mu_k mg\cos\theta}{M + m}$$

4-4 힘 F에 의한 가속도를 a라고 하면 ma가 최대정지마찰력보다 클 때 물체 m이 미끄러지므로

$$ma \geq \mu mg \ \therefore \ a \geq \mu g \tag{1}$$

한편 운동방정식으로부터 $(m + M)a = F$에서

$$a = \frac{F}{m + M} \tag{2}$$

(2)를 (1)에 넣으면

$$F \geq \mu g(m + M)$$

따라서 F의 최소값은 $\mu g(M + m)$이다.

4-5 모든 힘을 그림에 나타내자.

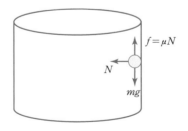

여기서 N은 바닥의 수직항력이고 f는 마찰력이다. 우선 최대정지마찰력과 사

람의 무게가 평형을 이루어야 하므로

$$\mu N = mg \qquad (1)$$

이때 N은 항상 회전축방향으로 향하므로 원운동의 구심력이 된다. 그러므로

$$N = mRw^2$$

$$\therefore \ w = \sqrt{\frac{g}{\mu R}}$$

4-6 다음 그림을 보자.

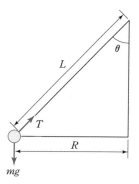

수평방향의 힘의 평형에서

$$T\cos\theta = mg \qquad (1)$$

수직방향의 힘의 평형에서

$$T\sin\theta = m\frac{v^2}{R} \qquad (2)$$

(2)를 (1)로 나누면

$$v^2 = gR\tan\theta = gR \cdot \frac{R}{\sqrt{L^2 - R^2}} = \frac{90}{4}$$

$$\therefore \ v = \frac{3}{2}\sqrt{10}\,(\mathrm{m/s})$$

따라서 구심가속도 a_C는

$$a_c = \frac{v^2}{R} = 7.5\,(\mathrm{m/s}^2)$$

4-7 최대정지마찰력은 $0.4 \times 100 \times 10 = 400\,(\mathrm{N})$이고 물체에 작용한 힘은 30N이다. 작용한 힘이 최대정지마찰력보다 작으므로 물체는 움직이지 않는다. 따라서 합력의 크기는 0이다.

4－8 최대정지마찰력은 $100 \times 10 \times 0.3 = 300 \,(\text{N})$이고 작용한 힘은 $500 \,\text{N}$이므로 물체는 움직인다. 움직이는 동안은 운동마찰력 $100 \times 10 \times 0.2 = 200 \,(\text{N})$을 받으므로 물체에 작용하는 알짜힘(합력)은 $500 - 200 = 300 \,(\text{N})$이다.

$F = ma$로부터 $300 = 100a$

$$\therefore \ a = 3 \,(\text{m/s}^2)$$

4－9 구심력이 최대정지마찰력보다 작아야 한다.

$$m\frac{v^2}{r} \leq \mu mg$$

$$\therefore \ v \leq \sqrt{\mu rg} = \sqrt{0.25 \times 10 \times 10} = 5 \,(\text{m/s})$$

4－10 장력을 T라고 하고 구하는 가속도를 a라고 하면

$$20a = 20 \times 10 - T$$

$$10a = T - 0.2 \times 10 \times 10$$

두 식을 더하면

$$30a = 180 \qquad \therefore \ a = 6 \,(\text{m/s}^2)$$

4－11 그림과 같이 힘을 표시하자. 구하는 가속도를 a라고 하자.

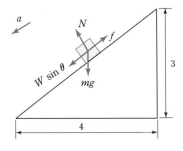

$N = mg\cos\theta = 3 \times 10 \times \dfrac{4}{5} = 24 \,(\text{N})$이므로

$$f = \mu_k N = 0.24 \times 24 = 4.8 \,(\text{N})$$

운동방정식을 쓰면

$$ma = mg\sin\theta - f$$

$$3a = 3 \times 10 \times \frac{3}{5} - 4.8 \qquad \therefore \ a = 4.4 \,\text{m/s}^2$$

4－12 $m_B g = \mu_s(m_A + m_C)g$로부터

$$3 \times 10 = 0.3 \times (6 + m_C) \times 10 \qquad \therefore \ m_C = 4 \,(\text{kg})$$

4-13 다음 그림과 같이 힘을 나타내자.

힘의 평형조건을 쓰면

$$F\cos\theta = N \qquad\qquad (1)$$

$$mg = \mu N + F\sin\theta \qquad\qquad (2)$$

(1)을 (2)에 넣으면

$$mg = (\mu\cos\theta + \sin\theta)F$$

$$\therefore\ F = \frac{mg}{\mu\cos\theta + \sin\theta}$$

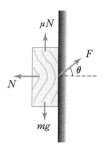

4-14 다음 그림과 같이 힘을 표시하자.

$T = Mg$이고 이것이 구심력이므로 구하는 속력을 v라고 하면 $Mg = m\dfrac{v^2}{r}$ 로부터

$$2 \times 10 = 1 \times \frac{v^2}{5}\ \ \therefore\ v = 10\,(\text{m/s})$$

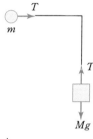

4-15 수직방향으로 합력이 0이므로

$$T_1\sin 30° = T_2\sin 30° + mg$$

따라서

$$T_2 = T_1 - 2mg = 50 - 2 \times 2 \times 10 = 10\,(\text{N})$$

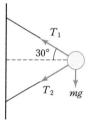

4-16

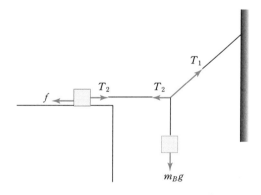

$$T_1\cos 45° = T_2 \qquad\qquad (1)$$

$$T_1\sin 45° = m_B g \qquad\qquad (2)$$

$$T_2 = f \qquad\qquad (3)$$

(3)을 (1)에 넣으면

$$\frac{T_1}{\sqrt{2}} = \mu m_A g \quad \therefore \ T_1 = 40\sqrt{2}\,(\text{N})$$

(4)를 (2)에 넣으면

$$40\sqrt{2} \times \frac{1}{\sqrt{2}} = m_B \times 10 \quad \therefore \ M_B = 4\,(\text{kg})$$

4-17 가속도를 a라고 하면

$$(10+5)a = 10g\sin30° - \mu \times 5g$$

$$\therefore \ a = 2\,(\text{m/s}^2)$$

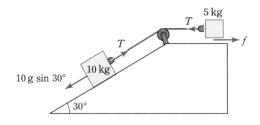

4-18 $10 - 0.2 \times 2 \times 10 = 2 \times a_1$에서 $a_1 = 3\,(\text{m/s}^2)$

$0.2 \times 2 \times 10 = 4 \times a_2$에서 $a_2 = 1\,(\text{m/s}^2)$

4-19

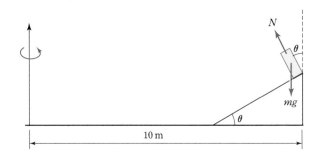

$$N\cos\theta = mg \tag{1}$$

$$N\sin\theta = m\frac{v^2}{r} \tag{2}$$

(2)를 (1)로 나누면

$$\tan\theta = \frac{v^2}{rg} = \frac{10^2}{10 \times 10} = 1$$

$$\therefore \ \theta = 45°$$

Chapter 5 일과 에너지

5-1   두 물체의 가속도를 a라고 하면

$$F = (m + 2m)a \quad \therefore \ a = \frac{F}{3m}$$

그러므로 물체 A가 받는 힘은

$$ma = \frac{F}{3}$$

따라서 물체 A에 한 일은

$$W = \left(\frac{F}{3}\right) \times s = \frac{Fs}{3}$$

5-2   물체가 $2d$만큼 올라가려면 줄을 $2d$ 만큼 잡아당겨야 하므로

$$W = F \times 2d = 2Fd$$

5-3   블록이 원형궤도의 바닥에 도달한 순간의 속력을 v_1라고 하면 에너지보존법칙에 의해

$$mgh = \frac{1}{2} m v_1{}^2 \quad \therefore \ v_1{}^2 = 2gh \tag{1}$$

한편 공이 원형궤도의 맨 위에 도달했을 때 속력을 v_2라고 하면 에너지보존법칙에 의해

$$\frac{1}{2} m v_2{}^2 + mg(2R) = \frac{1}{2} m v_1{}^2 \tag{2}$$

(1)을 (2)에 넣으면

$$v_2{}^2 = 2g(h - 2R) \tag{3}$$

한편 블록이 맨 위에 있을 때 블록이 받는 힘을 모두 표시하면 그림과 같다.

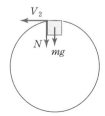

이때 수직항력(벽이 블록을 미는 힘) N과 중력이 구심력의 역할을 하므로

$$m \frac{v_2{}^2}{R} = N + mg \tag{4}$$

여기서 $N \geq 0$이므로

$$v_2{}^2 \geq gR \tag{5}$$

(3)을 (5)에 넣으면 $2g(h-2R) \geq gR \qquad h \geq \frac{5}{2}R$

5-4 총알이 박혀 하나가 된 후 속도를 V라고 하면 운동량 보존법칙에 의해

$$mv = (m+M)V \qquad \therefore \quad V = \frac{m}{m+M} v \tag{1}$$

그러므로 에너지 보존법칙에 의해

$$(m+M)gh = \frac{1}{2}(m+M)V^2 \tag{2}$$

(1)을 (2)에 넣으면

$$h = \frac{1}{2g}\left(\frac{m}{m+M}\right)^2 v^2$$

5-5 그림과 같이 $V=0$인 선을 택하자.

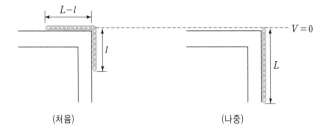

처음에 사슬이 정지해 있으므로 속력은 0이고 책상 옆으로 걸쳐진 사슬 부분의 질량은 $\frac{l}{L} m$이다. 이 부분의 위치에너지는 이 부분의 질량중심까지의 거리인 $\frac{l}{2}$이므로 $-\left(\frac{l}{L} m\right)g\left(\frac{l}{2}\right)$이다. 여기서 음의 부호는 질량중심이 $V=0$ 선보다 아래 있다는 것을 의미한다. 그러므로 모두 다 책상옆으로 걸쳐질 때 사슬의 속력을 v라고 하면 이 경우의 사슬의 에너지는 $\frac{1}{2} mv^2 - mg\frac{L}{2}$이다. 이제 에너지 보존법칙을 쓰면

$$-\left(\frac{l}{L} m\right)g\left(\frac{l}{2}\right) = \frac{1}{2} mv^2 - mg\frac{L}{2}$$

이 식에서 v를 구하면

$$v = \sqrt{g\left(L - \frac{l^2}{L}\right)}$$

5-6 (1) 돌이 높이 h까지 올라가는 동안 마찰력 f를 받으므로 이때 마찰력이 한 일은 hf이다. 그러므로 에너지 보존법칙을 쓰면

$$\frac{1}{2}mv_0{}^2 = mgh + hf$$

$$\therefore h = \frac{mv_0{}^2}{2(mg+f)}$$

한편 $w = mg$이므로

$$\therefore h = \frac{v_0{}^2}{2g\left(1+\dfrac{f}{w}\right)} \tag{1}$$

(2) 최고높이 h에 있던 물체가 다시 바닥으로 내려오는 동안 마찰력 f를 받으므로 그때 마찰력이 한 일은 역시 hf이다. 그러므로 에너지 보존법칙에 의해

$$mgh = \frac{1}{2}mv^2 + hf \tag{2}$$

(1)을 (2)에 넣고 $w = mg$를 사용하면

$$v = v_0\sqrt{\frac{w-f}{w+f}}$$

5-7 처음 경우 에너지 보존법칙에 의해

$$\frac{1}{2}kL^2 = \frac{1}{2}mv^2 \tag{1}$$

두 번째 경우 구하는 속도를 V라고 하면 에너지 보존법칙에 의해

$$\frac{1}{2}k(2L)^2 = \frac{1}{2}\left(\frac{m}{4}\right)V^2 \tag{2}$$

(1)을 (2)에 넣으면

$$V = 4v$$

5-8 아들의 질량을 m이라고 하면 아버지의 질량은 $2m$이다. 아버지와 아들의 처음 속력을 각각 v_1, v_2라고 하자. 이때

$$\frac{1}{2}(2m)v_1{}^2 = \frac{1}{2}\left(\frac{1}{2}mv_2{}^2\right) \quad \therefore v_2 = 2v_1 \tag{1}$$

$$\frac{1}{2}(2m)(v_1+1)^2 = \frac{1}{2}\,mv_2{}^2 \tag{2}$$

(1)을 (2)에 넣으면

$$(v_1+1)^2 = 2v_1{}^2$$

$v_1 > 0$이므로 $v_1 = 1 + \sqrt{2}\,(\mathrm{m/s})$

5-9 구하는 속도를 v라고 하면 $\frac{1}{2}\,mv^2 = mgh$로부터

$$\frac{1}{2}\times 1\times v^2 = 1\times 10\times 0.2 \quad \therefore\ v = 2\,(\mathrm{m/s})$$

5-10 거리 d를 달린 후 속도를 v라고 하면 일은 운동에너지의 변화량이므로

$$W = \frac{1}{2}\,mv^2 \tag{1}$$

일률을 P라고 하고 달린 시간을 t라고 하면

$$W = Pt \tag{2}$$

(1), (2)로부터

$$v^2 = \frac{2P}{m}\,t \qquad \therefore\ v = \sqrt{\frac{2P}{m}}\sqrt{t} \tag{3}$$

$v = \dfrac{dx}{dt}$ 이므로

$$\frac{dx}{dt} = \sqrt{\frac{2P}{m}}\sqrt{t} \qquad \therefore\ dx = \sqrt{\frac{2P}{m}}\sqrt{t}\,dt$$

양변을 적분하면

$$\int_0^d dx = \int_0^t \sqrt{\frac{2P}{m}}\sqrt{t}\,dt \qquad \therefore\ d = \sqrt{\frac{2P}{m}}\,\frac{2}{3}\,t^{\frac{3}{2}}$$

d가 $t^{\frac{3}{2}}$에 비례하므로 t는 $d^{\frac{2}{3}}$에 비례한다.

5-11 일은 $F-t$ 그래프의 넓이로부터 구할 수 있다. 이때 가로축 위의 넓이는 $(+)$의 일이고 가로축 아래의 넓이는 $(-)$의 일이다. 그래프를 보면 가로축 이의 넓이와 아래부분의 넓이가 같으므로 일의 양은 0이다.

5-12 그림을 보자.

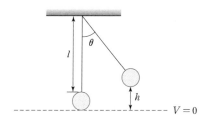

에너지보존법칙으로부터

$$mgh = \frac{1}{2} mv^2 \quad \therefore \quad v = \sqrt{2gh}$$

$h = l - l\cos\theta = 10 - 10\cos 60° = 5 \,(\text{m})$ 이므로

$$v = \sqrt{2 \times 10 \times 5} = 10 \,(\text{m/s})$$

5−13 차의 처음 속도와 나중속도를 각각 v_i, v_f라고 하면

$$\frac{1}{2} mv_i{}^2 - 150000 = \frac{1}{2} mv_f{}^2$$

에서 $m = 1000 \,(\text{kg})$, $v_i = 20 \,(\text{m/s})$를 넣으면 $v_f = 10 \,(\text{m/s})$

5−14 가속도가 음일 때 힘이 음이 된다. 그러므로 기울기가 음인 곳을 찾으면 된다. 즉 CD 구간이다.

5−15 그림을 보자.
구하는 속도를 v라고 하면

$$mg(2L) = \frac{1}{2} mv^2$$

$$\therefore \quad v = 2\sqrt{gL}$$

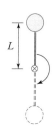

5−16 그림을 보자.

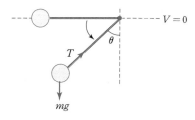

막대기의 장력을 T라고 하면

$$T - mg\cos\theta = m\frac{v^2}{L} \tag{1}$$

이고 $T = mg$ 이므로

$$g(1 - \cos\theta) = \frac{v^2}{L} \tag{2}$$

한편 막대기가 수평일 때 위치를 $V=0$ 이라고 하면 에너지 보존법칙으로부터

$$0 = \frac{1}{2}mv^2 - mgL\cos\theta \quad \therefore\ v^2 = 2gL\cos\theta \tag{3}$$

(3)을 (2)에 넣으면 $\cos\theta = \frac{1}{3}$

5-17 줄이 연직선과 이루는 각이 θ 일 때를 생각하자. 다음 그림을 보자.

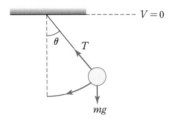

구심력관계식에서

$$T - mg\cos\theta = m\frac{v^2}{l} \tag{1}$$

에너지보존에서

$$-mgl\cos 60° = \frac{1}{2}mv^2 - mgl\cos\theta$$

$$\therefore\ v^2 = 2mgl\left(\cos\theta - \frac{1}{2}\right) \tag{2}$$

(2)를 (1)에 넣으면

$$T = mg(3\cos\theta - 1)$$

따라서 $\theta=0$ 일 때 최대가 되고 그 때 $T_{\max} = 2mg$ 이다.

5-18 $K = \frac{1}{m}v_h{}^2 + mgh$ 에서

$$1000 = \frac{1}{2} \times 2 \times v_h{}^2 + 2 \times 10 \times 30$$

$$\therefore\ v_h = 20\,(\text{m/s})$$

5-19 다음 그림을 보자.

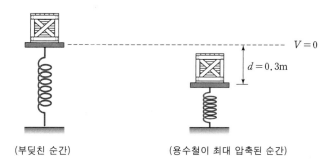

(부딪친 순간)   (용수철이 최대 압축된 순간)

에너지 보존에서 $\dfrac{1}{2}mv^2 = -mgd + \dfrac{1}{2}kd^2$

$$\dfrac{1}{2} \times 2v^2 = -2 \times 10 \times 0.3 + \dfrac{1}{2} \times 200 \times 0.3^2$$

$$\therefore\ v = \sqrt{3}\,(\text{m/s})$$

5-20 $P = Fv = mgv = (200 + 800) \times 10 \times 2 = 20\,(\text{kW})$

5-21 $P = Fv = Tv = mg\sin\theta v = 2 \times 10 \times \dfrac{3}{5} \times 2 = 24\,(\text{W})$

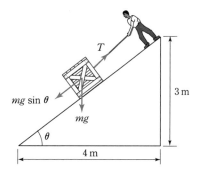

5-22 경사면을 따라 움직인 거리를 d 라고 하자.

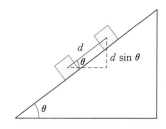

에너지 보존에서 $\dfrac{1}{2}mv^2 + O = O + mgd\sin\theta + \mu mg\cos\theta d$

$$\frac{1}{2} \times 10^2 = 10 \times d \times \left(\frac{3}{5} + \frac{5}{10} \times \frac{4}{5} \right)$$

$$\therefore \quad d = 5 \, (\mathrm{m})$$

5-23 에너지 보존에서

$$mgh = mg\left(\frac{2}{3} h \right) + \frac{1}{2} mv^2 \qquad \therefore \quad v^2 = \frac{2}{3} gh \qquad\qquad (1)$$

수평도로를 달리는 동안 운동에너지의 변화가 마찰력이 한 일이므로

$$\frac{1}{2} mv^2 = \mu \, mgd \qquad\qquad (2)$$

(1)을 (2)에 넣으면

$$d = \frac{h}{3\mu}$$

5-24 용수철을 a만큼 압축시켰을 때 구슬의 속도를 v라 고 하면 에너지 보존의 법칙에 의해

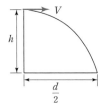

$$\frac{1}{2} ka^2 = \frac{1}{2} mv^2$$

$$\therefore \quad v^2 = \frac{k}{m} a^2 \qquad\qquad (1)$$

물체가 땅에 떨어진 시간을 t라 하면 $h = \frac{1}{2} gt^2$, $\frac{d}{2} = vt$

$$\therefore \quad v \cdot \sqrt{\frac{2h}{g}} = \frac{d}{2} \qquad\qquad (2)$$

용수철을 b만큼 압축시켰을 때 구슬의 속도를 v'이고 이때 수평도달거리가 d 라면

$$d = v'\sqrt{\frac{2h}{g}} \qquad\qquad (3)$$

$$v'^{\,2} = \frac{k}{m} b^2 \qquad\qquad (4)$$

이므로 (2), (3)에서

$$2v\sqrt{\frac{2h}{g}} = v'\sqrt{\frac{2h}{g}} \qquad \therefore \quad v' = 2v \qquad\qquad (5)$$

(5)를 (4)에 넣으면

$$4v^2 = \frac{k}{m} b^2 \qquad \therefore \quad 4\frac{k}{m} a^2 = \frac{k}{m} b^2 \qquad \therefore \quad b = 2a$$

5-25 용수철이 늘어난 길이가 $R-L$이고 이때 탄성력이 구심력이 되므로

$$m\frac{V^2}{R}=k(R-L) \tag{1}$$

$$운동에너지 = T=\frac{1}{2}mv^2=\frac{1}{2}kR(R-L)$$

$$탄성에너지 = V=\frac{1}{2}k(R-L)^2$$

$$\therefore\ T:V=\frac{1}{2}kR(R-L):\frac{1}{2}k(R-L)^2=R:R-L$$

5-26 A에서 B로 내려오는 동안은 마찰이 없으므로 에너지 보존법칙이 성립한다. B에서의 속도를 v라고 하면

$$mgR=\frac{1}{2}mv^2 \qquad \therefore\ v=\sqrt{2gR}$$

수평면에 도달한 후부터는 운동에너지의 변화가 마찰력이 한 일이므로

$$\frac{1}{2}mv^2=\mu mgd \qquad \therefore\ \mu=\frac{R}{d}$$

Chapter 6 운동량과 충격량

6-1 다음과 같이 좌표를 도입하자.

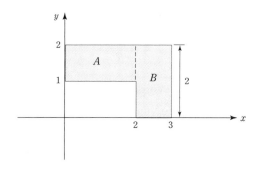

A와 B의 질량은 같으므로 두 질량을 각각 m이라 두자.

A의 질량 중심은 $\left(1,\ \frac{3}{2}\right)$, B의 질량중심은 $\left(\frac{5}{2},\ 1\right)$이다.

주어진 도형의 질량 중심을 $(X,\ Y)$라고 하면

$$X = \frac{1 \times m + \frac{5}{2} \times m}{m + m} = \frac{7}{4}$$

$$Y = \frac{\frac{3}{2} \times m + 1 \times m}{m + m} = \frac{5}{4}$$

6-2 잘려나간 부분을 채우면 질량중심이 $(0, 0)$이다. 주어진 물체의 질량중심을 $(0, y)$라고 하면 잘려나간 부분의 질량중심은 $(0, 3)$이고 두 조각의 비는 $60 : 4 = 15 : 1$이므로

$$0 = \frac{15 \times y + 1 \times 3}{15 + 1} \qquad \therefore \ y = -\frac{1}{5}$$

6-3 대칭에 의해 질량중심은 y축에 놓인다. 질량중심의 좌표를 $(0, d)$라 하면

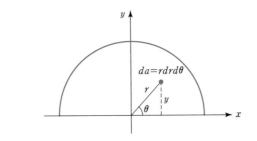

$$d = \frac{\int y\,dm}{\int dm} = \frac{\sigma \int_o^R \int_o^\pi r\sin\theta\, r\,dr\,d\theta}{\sigma \cdot \frac{1}{2}\pi R^2}$$

$$= \frac{2}{\pi R^2} \int_o^R r^2\,dr \int_o^\pi \sin\theta\,d\theta$$

$$= \frac{2}{\pi R^2} \cdot \frac{R^3}{3} \cdot 2 = \frac{4R}{3\pi}$$

6-4 지면에 대해 사람은 오른쪽으로 v의 속력으로 대차는 왼쪽으로 V의 속력으로 움직인다고 하자. 운동량 보존법칙으로부터

$$mv + 2m(-V) = 0 \qquad \therefore \ v = \frac{2m}{m} V = 2V \qquad\qquad (1)$$

대차에 대한 사람의 상대속도를 u라고 하면 사람이 차 위에서 시간 T 동안 거리 L을 움직였으므로

$$L = uT \qquad\qquad (2)$$

상대속도의 정의로부터

$$u = v - (-V) = v + V = \frac{L}{T} \tag{3}$$

(1)을 (3)에 넣으면

$$3V = \frac{L}{T} \qquad\qquad \therefore\ V = \frac{L}{3T}$$

6−5 수레가 움직이는 방향을 (+)로 하면 물체를 던지기 전 수레의 속도는 v이다. 물체를 던진 속도가 $-V$이므로 그것을 정지해 있는 사람이 보면 물체의 속도는 $-V+v$이다. 수레의 나중속도를 v'이라고 하면 운동량 보존에 의해

$$(m + 100m)v = m(-V + v) + 100\,mv'$$

$$\therefore\ v' = v + \frac{1}{100}\,V$$

6−6 두 조각의 속도를 각각 u_1, u_2라 하면 선운동량보존법칙에 의해

$$O = m_1 u_1 + m_2 u_2$$

$$\frac{u_1}{u_2} = -\frac{m_2}{m_1}$$

따라서 두 조각의 속력의 비는

$$\left|\frac{u_1}{u_2}\right| = \frac{m_2}{m_1}$$

6−7 B, C의 질량이 같으므로 C가 B와 충돌 후 C는 정지하고 B는 $-v$의 속도가 된다. A와 B의 충돌에 대해 운동량 보존법칙을 쓰자.(충돌후 AB의 속도를 $V_A'\ V_B'$이라 하자.)

$$O + 1 \times (-v) = 3 \times V_A' + 1 \times V_B'$$

$$\therefore\ 3V_A' = -v - v_B' \tag{1}$$

에너지 보존법칙에 의해

$$\frac{1}{2} \times 1 \times v^2 = \frac{1}{2} \times 3 \times V_A' + \frac{1}{2} \times 1 \times V_B'^2 \tag{2}$$

(1)을 (2)에 넣으면

$$V_A' = -\frac{v}{2},\ V_B' = \frac{v}{2}$$

A와 충돌 후 B는 $+\frac{v}{2}$의 속도가 된다.

B와 C는 다시 충돌한 후 B는 정지하고 C는 $+\frac{v}{2}$의 속도가 된다.

6-8 수평도달 거리는 $\dfrac{2v_x v_y}{g}$ 이고 바닥과 충돌 후 v_x는 변하지 않고 v_y만 $\dfrac{1}{2}$로 줄어드니까 BC의 길이는 AB의 길이의 반이다.

$$\therefore \text{ AB} : \text{BC} = 2 : 1$$

6-9 구하는 힘을 F라고 하면

$$\text{F} = \dfrac{\Delta p}{\Delta t} = \dfrac{\Delta(mv)}{\Delta t} = \dfrac{\Delta m}{\Delta t} \cdot v$$

$$= 3 \times 5 = 15\,(\text{N})$$

6-10 사령선의 질량을 m이라고 하면 운동량 보존 법칙에 의해

$$(m + 3m) \times 5000 = m \times v + 3m \times (-1000 + v)$$

$$\therefore\ v = 5750\,(\text{km/h})$$

6-11 각각의 질량을 $3m, m$이라고 하고 각각의 나중속도를 v_1, v_2라고 하면 운동량 보존 법칙에 의해

$$O = 3mv_1 + mv_2 \quad \therefore\ v_2 = -3v_1$$

각각의 운동에너지를 T_1, T_2라 하면

$$T_1 : T_2 = \dfrac{1}{2}(3m)v_1{}^2 : \dfrac{1}{2}mv_2{}^2$$

$$= \dfrac{3}{2}mv_1{}^2 : \dfrac{9}{2}mv_1{}^2$$

$$= 1 : 3$$

6-12 구하는 속도를 v라고 하면

$$200 \times 8 = 150 \times v + 50 \times (-4 + v)$$

$$\therefore\ v = 9\,(\text{m/s})$$

6-13 구하는 속도를 v라고 하면

$$100 \times 2 = (100 + 400) \times v$$

$$\therefore\ v = 0.4\,(\text{m/s})$$

6-14 사람과 모기의 질량을 각각 m_1, m_2라고 하면 m_1이 m_2에 비해 아주 크므로

$$v_{2f} = \dfrac{2m_1}{m_1 + m_2}v_{1i} \approx 2v_{1i} = 2 \times 10 = 20\,(\text{m/s})$$

6－15 에너지 보존법칙을 쓰면

$$\frac{1}{2}\times m\times 2^2=\frac{1}{2}\times 16m\times v^2$$

$$\therefore\ v=0.5\,(\text{m/s})$$

6－16 다음 그림을 보자.

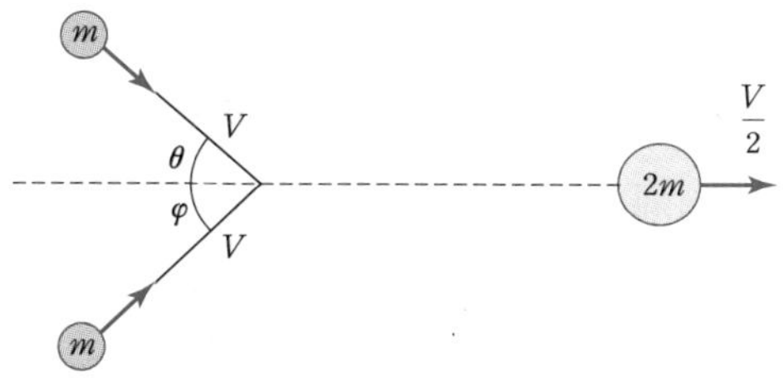

운동량보존법칙에 의해

$$mv\cos\theta+mv\cos\phi=\frac{v}{2}\cdot 2m$$

$$\therefore\ \cos\theta+\cos\phi=1$$

$$mv\sin\theta=mv\sin\phi \qquad \therefore\ \theta=\phi$$

$$\therefore\ \theta=\phi=60^\circ \qquad \therefore\ \theta+\phi=120^\circ$$

6－17 구하는 질량을 m, 처음 속도를 v라고 하면

$$3\times v=(m+3)\times\frac{1}{3}v$$

$$\therefore\ m=6\,(\text{kg})$$

6－18 에너지보존법칙에서

$$mgh=\frac{1}{2}mv^2 \qquad \therefore\ v^2=2\times 20\times 10 \qquad \therefore\ v=20\,(\text{m/s})$$

그러므로 물에 닿은 순간의 속도는 20 m/s이고 물바닥에 닿을 때 속도는 0이고 이때 가속도를 a라 하면

$$0^2-20^2=2a\times 1 \qquad \therefore\ a=-200\,(\text{m/s}^2)$$

따라서 평균력 $\overline{\text{F}}$는

$$\overline{\text{F}}=m|a|=20\times 200=4000\,(\text{N})$$

6-19
$$m \times v - 0 = \int_0^4 \mathrm{F}\, dt$$

$$20 \times v = \int_0^4 \frac{100}{4}\, t\, dt = 200$$

$$\therefore\ v = 10\,(\mathrm{m/s})$$

6-20 기둥에 닿을 때 속도를 v 라고 하면 $mgh = \frac{1}{2}mv^2$ 에서

$$v = \sqrt{2gh} = \sqrt{2 \times 10 \times 5} = 10\,(\mathrm{m/s})$$

기둥과 물체가 하나가 되었을 때의 속도를 V 라고 하면

$$2 \times 10 = (2+3)V \qquad \therefore\ V = 4\,(\mathrm{m/s})$$

기둥과 물체에 대해 에너지보존법칙으로 쓰자.
저항력을 $\overline{\mathrm{F}}$ 라 하면

$$\frac{1}{2}(2+3)V^2 = -(2+3)gs + \overline{\mathrm{F}}s$$

$$\therefore\ \overline{\mathrm{F}} = 250\,(\mathrm{N})$$

6-21 필요한 총알의 개수를 n 이라고 하면

$$n \times 0.01 \times 20 = 1 \times 4 \ \therefore\ n = 20$$

6-22 운동량보존법칙으로부터

$$m_A v + m_B(-v) = m_B V$$

$$V = \frac{m_A - m_B}{m_B}\, v \qquad\qquad (1)$$

에너지보존법칙으로부터

$$\frac{1}{2}m_A v^2 + \frac{1}{2}m_B v^2 = \frac{1}{2}m_B V^2$$

(1)을 (2)에 넣으면

$$m_A = 3m_B$$

6-23 두 사람의 질량을 $2m$, $3m$이라고 하자. 미미가 당긴 거리를 x 라고 하면 철수가 당긴 거리는 $(10-x)$이다. 이때 두 사람의 질량중심은 달라지지 않으므로 질량중심을 원점으로 택하면

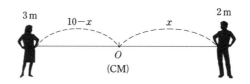

$$\therefore \ 0 = \frac{-3m(10-x)+2mx}{3m+2m} \qquad \therefore \ x = 6 \,(\mathrm{m})$$

6−24 기구가 지면에 대해 u라는 속도로 움직이면 그때 지면에 대한 사람의 속도는 $u+v$이다. 운동량보존법칙에 의해

$$0 = 3au + a(u+v) \qquad \therefore \ u = -\frac{1}{4}\,v$$

즉 기구는 아래로 움직인다.

6−25 나중 속력을 v_f라고 하면

$$v_f = v + \frac{v}{2}\ln\frac{M}{\frac{1}{2}M} = v + \frac{v}{2}\ln 2 = v\left(1 + \frac{1}{2}\ln 2\right)$$

6−26 운동량보존법칙에 의해

$$mv = m\frac{v}{2} + 2mV \qquad \therefore \ V = \frac{1}{4}\,v$$

6−27 운동량보존법칙을 쓰면

$$mv = 4mV \ \therefore \ V = \frac{1}{4}\,v \qquad\qquad (1)$$

등가속도운동 공식을 쓰면

$$O^2 - V^2 = 2ad \qquad\qquad (2)$$

한편 총알이 박힌 토막에 대한 운동방정식은

$$4ma = -\mu 4mg \qquad\qquad (3)$$

(1), (3)을 (2)에 넣으면

$$\left(\frac{1}{4}\,v\right)^2 = 2(\mu gd) \qquad \therefore \ \mu = \frac{v^2}{32gd}$$

6−28 n번째 총알이 박힌 후의 속도를 v_n이라 하고 그 때의 운동량을 p_n이라 하면

$$p_n = (2m + nm)v_n = (n+2)\,m\,v_n \qquad\qquad (1)$$

($n+1$)번째 총알이 박힌 후 운동량보존법칙에 의해

$$p_{n+1} = p_n + mv \qquad (2)$$

p_0, p_1, $p_2 \cdots$는 공차 mv인 등차수열을 이루므로

$$p_n = p_0 + n \cdot mv = 0 + nmv \qquad (3)$$

(1), (3)에서

$$(n+2)mv_n = nmv \quad \therefore \quad v_n = \frac{n}{n+2} v$$

여기에 $n = 8$을 넣으면

$$v_8 = \frac{8}{8+2} v = \frac{4}{5} v$$

6-29 1회 충돌 때 속도는 $v_x = v_0$, $v_y = gt$이므로

$$t_0 = \sqrt{\frac{2h}{g}} , \ d_0 = v_0 \sqrt{\frac{2h}{g}} \qquad (1)$$

1회 충돌 직전의 속도는 $v_{x0} = v_0$, $v_{y0} = \sqrt{2gh}$

1회 충돌 후 속도는 $\quad v_{x1} = \frac{1}{2} v_0$, $v_{y1} = \frac{1}{2} v_{y0}$

2회 충돌 후 속도는 $\quad v_{x2} = \frac{1}{2} v_{x1} = \left(\frac{1}{2}\right)^2 v_0$

$$v_{y2} = \frac{1}{2} v_{y1} = \left(\frac{1}{2}\right)^2 v_{y0} \cdots$$

($p_1 p_2$에 걸린 시간) $= \frac{2}{g} v_{y1} = \frac{1}{2} \left(\frac{2}{g} v_{y0}\right)$

($p_2 p_3$에 걸린 시간) $= \frac{2}{g} v_{y2} = \left(\frac{1}{2}\right)^2 \left(\frac{2}{g} v_{y0}\right) \cdots$

따라서 총 걸린 시간 T는

$$T = \sqrt{\frac{2h}{g}} + \frac{2}{g} v_{y0} \left(\frac{1}{2} + \left(\frac{1}{2}\right)^2 + \left(\frac{1}{2}\right)^3 + \cdots\right)$$

$$= \sqrt{\frac{2h}{g}} + 2\sqrt{\frac{2h}{g}} = 3\sqrt{\frac{2h}{g}}$$

6-30 충돌 후 속도를 u라고 하면

$$mv = 2mu \qquad \therefore \quad u = \frac{1}{2} v$$

$$\therefore \text{ (에너지 손실)} = \frac{1}{2}mv^2 - \frac{1}{2}(2m)u^2$$

$$= \frac{1}{2}mv^2 - \frac{m}{4}v^2$$

$$= \frac{1}{4}mv^2 = \frac{1}{2}\left(\frac{1}{2}mv^2\right)$$

$$\therefore \frac{1}{2} \text{ 배이다.}$$

Chapter 7 회전 운동

7-1 (1) 조종사와 프로펠러는 같이 등속도로 움직이고 있으므로 조종사가 보는 프로펠러 끝점의 운동은 원운동이다.

$$\therefore v = rw = 1 \times 30 = 30\,\text{m/s}$$

(2) 지상의 관측자가 볼 끝점은 원운동뿐 아니라 비행기가 가는 방향으로 직선운동을 하므로 두 속도를 더한 속도로 관측된다. 그림을 보라.

비행기의 속도 40m/s와 프로펠러 끝점의 선속력 30m/s가 수직을 이룬다. 그러므로 두 속도의 합은 아래 그림과 같다.

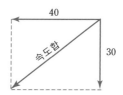

피타고라스 정리에 의해 두 속도의 합은

$$\sqrt{30^2 + 40^2} = 50\,\text{m/s}$$

7-2 $1 \times 1 \times 0.1^2 = \mu_s \times 1 \times 10 \qquad \therefore \mu_s = 0.001$

7－3 (A의 접선가속도) = (B의 접선가속도)이므로

$$r_A \alpha_A = r_B \alpha_B$$

$$\therefore \ 0.2 \times 2 = 0.4 \times \alpha_B \qquad \therefore \ \alpha_B = 1 \, (\text{rad}/\text{s}^2)$$

$w_B = \alpha_B t$에서

$$10 = 1 \times t \qquad\qquad \therefore \ t = 10 \, (\text{s})$$

7－4

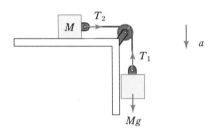

운동방정식은

$$Ma = Mg - T_1 \qquad\qquad (1)$$

$$Ma = T_2 \qquad\qquad (2)$$

(1) + (2)에서

$$2Ma = Mg - (T_1 - T_2) \qquad\qquad (3)$$

도르래의 각가속도를 α라 하면

$$(T_1 - T_2)R = I\alpha = \frac{1}{2} MR^2 \alpha$$

$$\therefore \ T_1 - T_2 = \frac{1}{2} MR\alpha \qquad\qquad (4)$$

한편 $R\alpha = a$이므로 (3), (4)에서

$$2Ma = Mg - \frac{1}{2} Ma$$

$$\therefore \ a = \frac{2}{5} g$$

7－5 에너지 보존법칙에 의해

$$O = -3Mg \cdot \frac{L}{2} + \frac{1}{2} Iw^2 \qquad\qquad (1)$$

$$I = ML^2 + \frac{1}{3} ML^2 = \frac{4}{3} ML^2 \qquad\qquad (2)$$

(2)를 (1)에 넣으면

$$w^2 = \frac{9}{4} \frac{g}{L}$$

$$\therefore \; w = \frac{3}{2} \sqrt{\frac{g}{L}}$$

7-6 에너지 보존법칙에 의해

$$Mgh = \frac{1}{2} Mv^2 + \frac{1}{2} Iw^2 + Mg \cdot \frac{h}{2} \qquad (1)$$

$$Iw^2 = \frac{2}{3} MR^2 w^2 = \frac{2}{3} Mv^2 \qquad (2)$$

(2)를 (1)에 넣으면

$$Mg \cdot \frac{h}{2} = \frac{5}{6} Mv^2$$

$$\therefore \; v = \sqrt{\frac{3gh}{5}}$$

7-7 각운동량 보존에 의해

$$O = RMV + I(-w)$$

$$\therefore \; w = \frac{MVR}{I} = \frac{MVR}{\frac{1}{2}(4M)R^2} = \frac{V}{2R}$$

7-8 충돌 후 하나가 되어 움직인 속도를 v_f라 하면 각운동량 보존에 의해

$$mvL = (m+M)v_f L \qquad \therefore \; v_f = \frac{m}{m+M} v$$

$$T_i = 처음운동에너지 = \frac{1}{2} mv^2$$

$$T_f = 나중운동에너지 = \frac{1}{2}(m+M)v_f^2 = \frac{m^2}{2(m+M)} v^2$$

$$\therefore \; \Delta T = T_i - T_f = \frac{1}{2} mv^2 - \frac{1}{2} \frac{m^2}{m+M} v^2$$

$$= \frac{mM}{2(m+M)} v^2$$

7-9
$$\overline{w} = \frac{\Delta\theta}{\Delta t} = \frac{3 \times 2\pi}{\Delta t} = \frac{6\pi}{\Delta t} \qquad\qquad (1)$$

$h = \frac{1}{2} g\Delta t^2$에서

$$20 = \frac{1}{2} \times 10 \times \Delta t^2 \qquad\qquad \therefore \ \Delta t = 2\,(\mathrm{s})$$

$$\therefore \ w = \frac{6\pi}{2} = 3\pi\,(\mathrm{rad/s})$$

7-10 $w = \alpha t$에서

$$8 = \alpha \times 4 \qquad\qquad \therefore \ \alpha = 2\,(\mathrm{rad/s}^2)$$

바퀴의 회전각도를 θ라 하면

$$\theta = \frac{1}{2} \times 2 \times 4^2 + 8 \times 6 = 64\,(\mathrm{rad/s})2$$

$$\therefore \ 회전수 = \frac{64}{2\pi} = \frac{32}{\pi}\,(회/초)$$

7-11 $w = \dfrac{120 \times 2\pi}{60} = 4\pi\,(\mathrm{rad/s})$

$$\therefore \ v = rw = 0.5 \times 4\pi = 2\pi\,(\mathrm{m/s})$$

7-12 $v = rw = (R\cos 60°)w = \dfrac{1}{2} Rw$

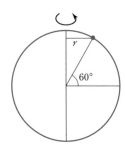

7-13 $I = ma^2 + m(2a)^2 = 5ma^2$

7-14 $I = 3 \times \dfrac{1}{3} ML^2 = ML^2$이므로

$$T = \frac{1}{2} Iw^2 = \frac{1}{2} ML^2 w^2$$

7 − 15

$$I_{CM} = \iint \sigma r^2 dx \times dy$$

$$= \sigma \iint (x^2 + y^2) \, dx \, dy$$

$$= \sigma \int_{-\frac{a}{2}}^{\frac{a}{2}} \left[\frac{x^3}{3} + y^2 x \right]_{x=-\frac{a}{2}}^{\frac{a}{2}} dy$$

$$= \sigma \int_{-\frac{a}{2}}^{\frac{a}{2}} \left[\frac{a^3}{12} + ay^2 \right] dy$$

$$= \sigma \left(\frac{a^4}{12} + \frac{a^4}{12} \right) = \frac{1}{6} Ma^2$$

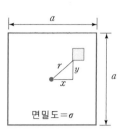

평행축 정리에 의해

$$I = I_{CM} + Mh^2 = \frac{1}{6} Ma^2 + M \left(\frac{\sqrt{2}}{2} a \right)^2 = \frac{2}{3} Ma^2$$

7 − 16 $\tau = mg \sin 30° \times 3 = 2 \times 10 \times \frac{1}{2} \times 3 = 30 \, (\text{N} \cdot \text{m})$

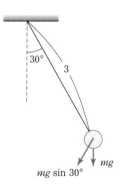

7 − 17 $\tau = 10 \times 1 - 8 \times 0.5 - 4 \times 1 = 2 \, (\text{N} \cdot \text{m})$

$\tau = I\alpha, \ I = \frac{1}{2} MR^2$을 이용하면

$$2 = \frac{1}{2} \times 2 \times 1^2 \times \alpha \qquad \therefore \ \alpha = 2 \, (\text{rad/s}^2)$$

7 − 18 $\tau = Fd = I\alpha = \frac{1}{3} md^2 \alpha$

$$\therefore \ F = \frac{md\alpha}{3} \tag{1}$$

$\theta = \frac{1}{2} \alpha t^2$에서

$$\frac{\pi}{4} = \frac{1}{2} \times \alpha \times 2^2 \qquad \therefore \ \alpha = \frac{\pi}{8} \, (\text{rad/s}^2) \tag{2}$$

(2)를 (1)에 넣으면

$$F = \frac{\pi m d}{24}$$

7-19 $P = \dfrac{F \cdot s}{t} = \dfrac{F \cdot R \cdot \theta}{t} = FRw = \tau w$ 에서

$$60000 = \tau \times 150 \qquad \therefore \ \tau = 400 \,(\mathrm{N \cdot m})$$

7-20 회전각속도는 같으므로 (가속도) = (반지름) × (회전각속도)에서 두 블록의 가속도의 비는 1 : 3이다.

7-21 차의 운동에너지는 $\qquad T_{\text{차}} = \dfrac{1}{2}(6m)v^2 = 3mv^2$

바퀴 한 개의 병진운동에너지는 $\quad \dfrac{1}{2} mv^2$

바퀴 한 개의 회전운동에너지는 $\quad \dfrac{1}{2} I w^2 = \dfrac{1}{2}\left(\dfrac{1}{2} mR^2\right) w^2 = \dfrac{1}{4} mv^2$

바퀴 한 개의 총운동 에너지를 $T_{\text{바}}$ 라고 하면

$$T_{\text{바}} = \frac{1}{2} mv^2 + \frac{1}{4} mv^2 = \frac{3}{4} mv^2$$

$$\therefore \ \text{차 전체의 운동에너지} = T_{\text{차}} + 4 \times T_{\text{바}} = 6\,mv^2$$

7-22 다음 그림을 보자.

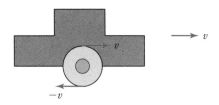

$$\therefore \ (\text{구하는 속도}) = -v + v = 0$$

7-23 원형트랙을 돌기 위해서는 맨꼭대기에서

$$mg = m\frac{v^2}{R} \qquad\qquad \therefore \ v = \sqrt{gR} \qquad\qquad (1)$$

에너지보존법칙에 의해

$$mg(h - 2R) = \frac{1}{2} mv^2 + \frac{1}{2} I w^2$$

$$= \frac{1}{2} mv^2 + \frac{1}{2}\left(\frac{2}{5} mR^2\right) w^2$$

$$= \frac{1}{2} mv^2 + \frac{1}{5} mv^2 = \frac{7}{10} mv^2 \qquad\qquad (2)$$

(1)을 (2)에 넣으면

$$mg(h-2R)=\frac{7}{10}\,mgR \qquad \therefore\ \ h=2.7R$$

7-24 $L=P\times h$

$= mvh$

$= 200\times 50\times 2000$

$= 20000000\ (\text{kgm}^2/\text{s}^2)$

7-25
$$\frac{1}{2}\,I_A\,w_A{}^2=\frac{1}{2}\,I_B\,w_B{}^2 \tag{1}$$

벨트의 속도를 V라고 하면

$$V=R_A\,w_A=R_B\,w_B \qquad \therefore\ \ w_B=3w_A \tag{2}$$

(2)를 (1)에 넣으면

$$I_A\,w_A^2=I_B\cdot 9w_A{}^2$$

$$\therefore\ \ I_A:I_B=9:1$$

7-26 각운동량 보존법칙에 의해

$$I_1\,w_1=T_2\,w_2 \tag{1}$$

$I_1=\dfrac{2}{5}\,MR^2,\ \ I_2=\dfrac{2}{5}\,M\left(\dfrac{R}{2}\right)^2=\dfrac{1}{4}\,I_1$ 이므로

$$w_2=4\,w_1$$

$$\therefore\ \ T_2=\frac{2\pi}{w_2}=\frac{2\pi}{4w_1}=\frac{1}{4}\,T_1$$

$\therefore\ \dfrac{1}{4}$ 배이다.

7-27
$$(\text{처음관성능률})=I=\frac{1}{12}\times 2ML^2+2M\cdot\left(\frac{L}{2}\right)^2=\frac{2}{3}\,ML^2$$

$$(\text{나중관성능률})=I'=\frac{1}{12}\times 2ML^2+2M\cdot\left(\frac{L}{4}\right)^2=\frac{7}{24}\,ML^2$$

$Iw=I'\,w'$ 에서

$$\frac{2}{3}\,ML^2w=\frac{7}{24}\,ML^2w'$$

$$\therefore\ \ w'=\frac{16}{7}\,w$$

7-28 다음과 같이 좌표를 도입하면 막대의 밀도는 $\dfrac{M}{L}$ 이므로 dx 부분의 미소질량은 $dm = \dfrac{M}{L} dx$ 이다.

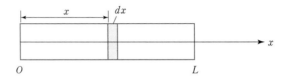

$$\therefore \ I = \int_0^L x^2 \cdot \frac{M}{L} \, dx = \frac{M}{L} \cdot \frac{L^3}{3} = \frac{ML^2}{3}$$

7-29 작은 원통은 정지해 있고 큰 원통은 w 의 각속도로 돌고 있다. 이때 두 원통이 부딪치면 두 물체는 서로에게 힘을 작용하게 된다. 이때 큰 원통이 작은 원통에 작용하는 힘을 F 라고 하면 작용 반작용에 의해 작은 원통이 큰 원통에 작용하는 힘은 $-F$ 가 된다.

작은 원통에는 F 가 작용하여 토크를 일으키므로 이때 작은 원통의 각가속도를 a_2 라 하면

$$FR_2 = I_2 \, a_2 \qquad\qquad \therefore \ a_2 = \frac{FR_2}{I_2} \qquad\qquad (1)$$

작은 원통은 처음 정지해있었으므로 시간 t 후의 각속도는

$$w_2 = a_2 \, t = \frac{FR_2}{I_2} \, t \qquad\qquad\qquad (2)$$

한편 원통1에 작용하는 힘은 $-F$ 이고 이것에 의해 생기는 각가속도를 a_1 이라고 하면

$$-FR_1 = I_1 \, a_1 \qquad\qquad \therefore \ a_1 = -\frac{FR_1}{I_1} \qquad\qquad (3)$$

(여기서 음의 부호는 부딪친 후 큰 원통의 회전속도가 줄어든다는 것을 말한다.)
시간 t 후 큰 원통의 각속도를 w_1 이라 하면

$$w_1 = w + a_1 \, t = w - \frac{R_1 F}{I_1} \, t \qquad\qquad\qquad (4)$$

두 원통이 부딪친 후 두 원통의 교점의 속력은 같아지므로

$$R_1 \, w_1 = R_2 \, w_2$$

$$\therefore \ R_1 \left(w - \frac{R_1 F}{I_1} \, t \right) = R_2 \cdot \frac{FR_2}{I_2} \, t$$

이 식에서 t를 구하면

$$t = \frac{I_1 I_2 R_1 w}{(I_1 R_2{}^2 + I_2 R_1{}^2)F} \tag{5}$$

(5)를 (2)에 넣으면

$$w_2 = \frac{R_1 R_2 I_1 w}{I_1 R_2{}^2 + I_2 R_1^2}$$

7−30 용수철이 d 압축되었을 때를 중력에 의한 위치에너지$=0$인 선으로 택하면 에너지보존법칙에 의해

$$\frac{1}{2} kd^2 = \frac{1}{2} mv^2 + \frac{1}{2} Iw^2 + mgd \sin\theta$$

$v = Rw$에서

$$\frac{1}{2} kd^2 = \frac{1}{2}(mR^2 + I)w^2 + mgd\sin\theta$$

$$\therefore \quad w = \sqrt{\frac{kd^2 - 2mgd\sin\theta}{I + mR^2}}$$

7−31 다음 그림을 보자.

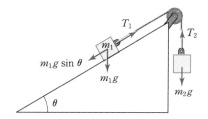

$$m_2 g - T_2 = m_2 a \tag{1}$$

$$T_1 - m_1 g\sin\theta = m_1 a \tag{2}$$

도르래에 걸리는 토크는 $(T_2 - T_1)R$이므로 $\tau = I\alpha$에서

$$(T_2 - T_1)R = I\alpha = I\frac{a}{R} \tag{3}$$

$(1) + (2)$하면

$$(m_1 + m_2)a = g(m_2 - m_1\sin\theta) - I\frac{a}{R^2}$$

$$a = \frac{g(m_2 - m_1\sin\theta)}{m_1 + m_2 + \dfrac{I}{R^2}}$$

7-32 바닥에 왔을 때 공의 속도를 v, 회전각속도를 w 라 하면 $V = Rw$ 이다. 에너지
보존법칙으로부터

$$-mg(r-R)\cos\theta = \frac{1}{2}mv^2 + \frac{1}{2}Iw^2 - mg(r-R) \tag{1}$$

$I = \frac{2}{5}mR^2$ 이고 $v = Rw$ 를 쓰면

$$\frac{1}{2}mR^2w^2 + \frac{1}{5}mR^2w^2 = mg(r-R)(1-\cos\theta)$$

$$\therefore \quad w = \sqrt{\frac{10(r-R)(1-\cos\theta)g}{7R^2}}$$

Chapter 8   평형과 중력

8-1 P점 주위로 $\sum\tau = 0$ 를 쓰면 밀도를 σ 라 하면

$$\sigma \times x \times 1 \times \frac{x}{2} = \sigma \times 1 \times 4 \times \frac{1}{2}$$

$$\therefore \quad x^2 = 4$$

$$\therefore \quad x = 2$$

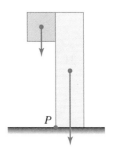

8-2 (1) 다음과 같이 두 개의 사다리를 잘라서 그리자.

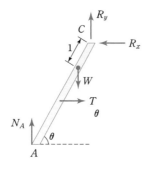
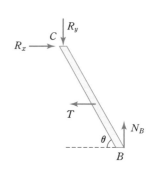

왼쪽 사다리에 대해 $\sum F_x = 0$ 에서

$$T = R_x \tag{1}$$

$\sum F_y = 0$ 에서

$$R_y + N_A = w \tag{2}$$

$\sum \tau_c = 0$에서

$$w \times 1 \times \cos\theta + T \times 2 \times \sin\theta = N_A \times 4\cos\theta$$

$$\therefore \quad 4N_A \cos\theta = 2T\sin\theta + w\cos\theta \tag{3}$$

오른쪽 사다리에 대해 $\sum F_x = 0$에서

$$T = R_x \tag{4}$$

$\sum F_y = 0$에서

$$R_y = N_B \tag{5}$$

$\sum \tau_C = 0$에서

$$4N_B \cos\theta = 2T\sin\theta \tag{6}$$

(2) (5)에서

$$N_A + N_B = w \tag{7}$$

(3) (6)에서

$$N_A - N_B = \frac{w}{4} \tag{8}$$

$$\therefore \quad N_A = \frac{5}{8}w, \; N_B = \frac{3}{8}w$$

(2), (6)에서

$$T = 2N_B \cot\theta = \frac{3}{4}w\cot\theta$$

$$\therefore \quad R_x = T = \frac{3}{4}w\cot\theta2$$

8-3 a_3만 구하면 된다. $\sum \vec{\tau} = 0$로부터

$$k\frac{a_3}{L}g \cdot \frac{a_3}{2} + k\frac{a_3+a_2}{L}g \cdot \frac{a_3+a_2}{2} + k\frac{a_3+a_2+a_1}{L}g \cdot \frac{a_3+a_2+a_1}{2}$$

$$= k\frac{L-a_3}{L}g \cdot \frac{L-a_3}{2} + k\frac{L-(a_3+a_2)}{L}g \cdot \frac{L-(a_3-a_2)}{2}$$

$$+ k\frac{L-(a_3+a_2+q_1)}{L}g \cdot \frac{L-(a_3-a_2+a_1)}{2}$$

$$\therefore \quad -2La_3 - 2L(a_2+a_3) - 2L(a_1+a_2+a_3) + 3L^2 = 0$$

$$\therefore \quad a_3 = \frac{L}{6}$$

8－4 ds부분의 질량은 $\dfrac{ds}{\pi R} \times M$이고 $ds = Rd\theta$이다.

대칭성에 의해 중력의 수평방향성분은 0이다. $(F_x = 0)$

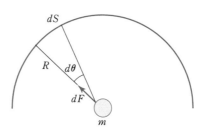

$$\therefore\ F_y = \int_0^\pi \frac{Gm\dfrac{ds}{\pi R}M}{R^2}\sin\theta$$

$$= \int_0^\pi \frac{GmM}{\pi R^2}\sin\theta d\theta = \frac{2GMm}{\pi R^2}$$

8－5 지표에서 높이 h인 곳에서의 속도를 v라 하면 에너지보존법칙에 의해

$$\frac{1}{2}mv_0{}^2 - G\frac{Mm}{R} = \frac{1}{2}mv^2 - G\frac{mM}{R+h}$$

이때 $v = 0$인 h가 최고 높이이다.

따라서 최고 높이가 ∞이면 물체가 탈출하므로 이때

$$\frac{1}{2}mv_0{}^2 = \frac{GMm}{R}$$

$$\therefore\ v_0 = \sqrt{\frac{2GM}{R}}$$

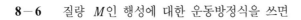

8－6 질량 M인 행성에 대한 운동방정식을 쓰면

$$M\frac{d}{2}w^2 = G\frac{M^2}{d^2}$$

$$\therefore\ w = \sqrt{\frac{2GM}{d^3}}$$

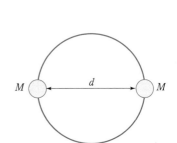

8－7 $\sum\tau = 0$에서 $mga = m_1gb$

$$\therefore\ ma = m_1b \qquad\qquad\qquad (1)$$

$\sum\tau = 0$에서 $m_2ga = mgb$

$$\therefore\ m_2a = mb \qquad\qquad\qquad (2)$$

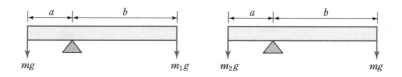

(1)과 (2)를 곱하면

$$m_1 m_2 ab = m^2 ab \, 2 \qquad \therefore \quad m = \sqrt{m_1 m_2}$$

8 – 8   옆모습을 보자.

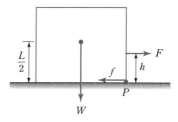

상자가 넘어진다는 것은 P점 주위로 회전한다는 것이다.

따라서 F에 의한 토크가 무게에 의한 토크보다 크면 상자는 넘어진다.

$$\mathrm{F}h \geq W\frac{L}{2} \quad \therefore \quad h \geq \frac{WL}{2F}$$

8 – 9

$\sum F = 0$에서

$$F_1 + F_2 = 4w \tag{1}$$

$\sum \tau = 0$에서

$$\frac{L}{4}\, w + \frac{L}{2}\, \cdot 3w = F_2 L \tag{2}$$

(2)에서

$$F_2 = \frac{7}{4}\, w \tag{3}$$

(3)을 (1)에 넣으면 $F_1 = \dfrac{9}{4}\, w$

8−10 $\sum F_x = 0$에서

$$F_x = T\cos45° = \frac{T}{\sqrt{2}} \qquad (1)$$

$\sum F_y = 0$에서

$$F_y + T\sin45° = W \qquad (2)$$

$\sum \tau_\rho = 0$에서

$$W\frac{L}{4} = T\sin45° \times L$$

$$\therefore\ T = \frac{\sqrt{2}}{4} W \qquad (3)$$

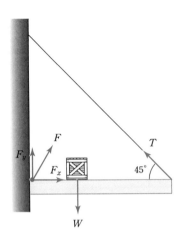

(3)을 $(1)(2)$에 넣으면 $F_x = \frac{W}{4}$, $F_y = \frac{3}{4} W$

$$\therefore\ F = \sqrt{F_x^2 + F_y^2} = \frac{\sqrt{10}}{4} W$$

8−11 $\sum F_x = 0$에서 $T_1\sin30° = T_2\sin60°$

$$\therefore\ T_1 = \sqrt{3}\, T_2 \qquad (1)$$

$\sum F_y = 0$에서 $T_1\cos30° + T_2\cos60° = W$

$$\therefore\ \sqrt{3}\, T_1 + T_2 = 2W \qquad (2)$$

(1) (2)에서 $T_1 = \frac{\sqrt{3}}{2} W$, $T_2 = \frac{1}{2} W$

$\sum \tau_p = 0$에서 $Wx - T_2L\cos60° = 0$

$$\therefore\ x = \frac{L}{4}$$

8−12 $\sum F_x = 0$에서

$$f_1 = N_2 = \mu_s N_1 \qquad (1)$$

$\sum F_y = 0$에서

$$F + N_1 + f_2 = W \qquad (2)$$

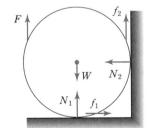

$\sum \tau = 0$(공의 중심에 대해)에서

$$FR - f_1R - f_2R = 0$$

$$\therefore\ F = f_1 + f_2 \qquad (3)$$

$\mu_s = \dfrac{1}{2}$ 이므로 (1)에서

$$f_1 = \frac{N_1}{2} \tag{4}$$

$$f_2 = \mu_s N_2 = \frac{1}{2} N_2 = \frac{1}{4} N_1 \tag{5}$$

(4)(5)를 (3)에 넣으면

$$F = \frac{N_1}{2} + \frac{N_1}{4} = \frac{3}{4} N_1 \tag{6}$$

(4)(5)(6)을 (2)에 넣으면

$$N_1 = \frac{W}{2} \tag{7}$$

(7)을 (6)에 넣으면

$$F = \frac{3}{8} W$$

8－13

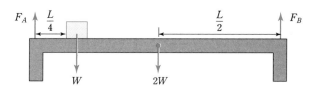

$$\sum F = 0 \text{에서} \quad F_A + F_B = 3W \tag{1}$$

$$\sum \tau_A = 0 \text{에서} \quad \frac{L}{4} W + \frac{L}{2} \cdot 2W = F_B L$$

$$\therefore \quad F_B = \frac{5}{4} W \tag{2}$$

(1)(2)에서

$$F_A : F_B = \frac{7}{4} W : \frac{5}{4} W = 7 : 5$$

8－14

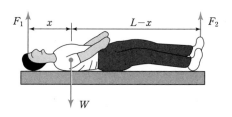

$$\sum F = 0 \text{에서} \quad F_1 + F_2 = W \tag{1}$$

$$\sum \tau = 0 \,(\text{머리끝 주위})\text{에서} \quad Wx = LF_2 \tag{2}$$

$$F_1 = 2k, \quad F_2 = k \text{라 두면 (1)에서} \quad k = \frac{W}{3}$$

$$\therefore \quad F_1 = \frac{2}{3}\,W, \quad F_2 = \frac{1}{3}\,W \tag{3}$$

(3)을 (2)에 넣으면

$$Wx = \frac{LW}{3} \qquad \therefore \quad x = \frac{L}{3}$$

8-15 $\sum F_x = 0$에서 $\quad N_A \sin 30° = N_B \sin 30°$

$$\therefore \quad N_A = N_B \tag{1}$$

$$\therefore \quad \sum F_y = 0 \text{에서}$$

$$N_A \cos 30° + N_B \cos 30° = W \tag{2}$$

(1)(2)에서 $\quad N_A = N_B = \dfrac{W}{\sqrt{3}}$

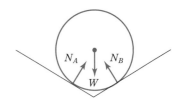

8-16 일정거리를 d라 하면

$$F = G\frac{m(M-m)}{d^2}$$

$f(m) = m(M-m)$이 최대일 때 F가 최대이다.

$$f(m) = -\left(m - \frac{M}{2}\right)^2 + \frac{M^2}{4}$$

이므로 $m = \dfrac{M}{2}$일 때 최대이다.

8-17 $G\dfrac{Mm}{x^2} = \dfrac{G \cdot 2M \cdot m}{(d-x)^2}$ 에서

$$2x^2 = (d-x)^2$$

$$\therefore \quad x = (\sqrt{2}-1)\,d$$

8-18 만유인력이 구심력 역할을 해야 한다.

$$mRw^2 \leqq G\frac{mM}{R^2} \qquad \therefore \quad w^2 \leqq \frac{GM}{R^3}$$

$$M = \rho \cdot \frac{4}{3}\pi R^3, \quad T = \frac{2\pi}{w} \text{이므로} \quad T \geqq \sqrt{\frac{3\pi}{G\rho}}$$

8 – 19

$$mrw^2 = \frac{G \cdot 2m \cdot m}{r^2} + \frac{Gm^2}{(2r)^2}$$

$$w^2 = \frac{9Gm}{4r^3}$$

$T = \frac{2\pi}{w}$ 이므로 $T = \frac{4}{3}\,\pi r \sqrt{\dfrac{r}{GM}}$

8 – 20

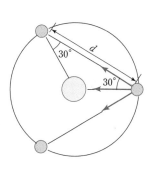

$d^2 = r^2 + r^2 - 2 \cdot r \cdot r \cos 120°$ 에서 $d = \sqrt{3}\,r$

$$\therefore \quad mrw^2 = \frac{GMm}{r^2} + \frac{Gm^2}{(\sqrt{3}\,r)^2}\cos 30°$$

$$\times 2$$

$$= \frac{GMm}{r^2} + \frac{\sqrt{3}\,Gm}{3r^2}$$

$$\therefore \quad w = \sqrt{\frac{G(3M + \sqrt{3}\,m)}{3r^3}}$$

8 – 21 만유인력이 구심력이므로

$$G\frac{Mm}{(R+h)^2} = m\frac{v^2}{R+h} \quad \therefore \quad v = \sqrt{\frac{GM}{R+h}}$$

높이 $2h$일 때 속력을 v'이라 하면 $v' = \sqrt{\dfrac{GM}{R+2h}}$

$$\therefore \quad v' = \sqrt{\frac{GM}{R+2h}} = \sqrt{\frac{R+h}{R+2h}}\sqrt{\frac{GM}{R+h}} = \sqrt{\frac{R+h}{R+2h}}\,v$$

8 – 22 각운동량 보존법칙에 의해

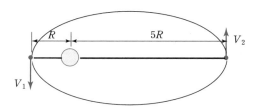

$$mv_1 R = mv_2 \cdot 5R \qquad \therefore \quad \frac{v_1}{v_2} = 5$$

8 – 23 위치에너지는 $\varepsilon = -\dfrac{GMm}{r}$ 이고 $G\dfrac{Mm}{r^2} = \dfrac{mv^2}{r}$ 에서 $v^2 = \dfrac{GM}{r}$ 이므로 운동에너지는 $T = \dfrac{1}{2}mv^2 = \dfrac{GMm}{2r} = -\dfrac{\varepsilon}{2}$

$$\therefore \quad (\text{역학적 에너지}) = \varepsilon + T = \varepsilon + \left(-\frac{\varepsilon}{2}\right) = \frac{\varepsilon}{2}$$

8-24 어떤 순간 질량, m, M인 두 물체의 속도를 각각 v_1, v_2라 하면

$$mv_1 - Mv_2 = 0 \qquad \text{(운동량 보존)} \qquad (1)$$

$$\frac{1}{2}mv_1{}^2 + \frac{1}{2}Mv_2{}^2 - \frac{GMm}{R} = 0 \qquad \text{(에너지 보존)} \qquad (2)$$

(1)(2)에서

$$v_1 = \sqrt{\frac{2G}{R(m+M)}} \cdot m$$

$$v_2 = \sqrt{\frac{2G}{R(m+M)}} \cdot m$$

$$\therefore \ (\text{상대속도}) = v_2 - (-v_1) = \sqrt{\frac{2G}{R(m+M)}} \cdot (m+M)$$

$$= \sqrt{\frac{2G(m+M)}{R}}$$

Chapter 9 단조화운동

9-1 두 물체의 평형상태로부터의 변위를 각각 x_1, x_2라 하자.

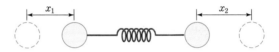

두 물체의 운동방정식은

$$m\frac{d^2 x_1}{dt^2} = -k(x_1 - x_2) \qquad (1)$$

$$m\frac{d^2 x_2}{dt^2} = -k(x_2 - x_1) \qquad (2)$$

(1) - (2)를 하면

$$m\frac{d^2}{dt^2}(x_1 - x_2) = -2k(x_1 - x_2)$$

$\therefore$ 두 물체의 상대운동의 주기는 $T = 2\pi\sqrt{\dfrac{m}{2k}}$

9−2 그림을 보자.

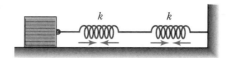

각각의 용수철이 늘어난 길이를 x_1이라 하면 전체 늘어난 길이는 $x = 2x_1$이다.

$$(물체가 받는 힘) = -kx_1 = -\frac{k}{2} \cdot x$$

에서 $k_{eff} = \frac{k}{2}$

$$\therefore \quad w_{eff} = \sqrt{\frac{k_{eff}}{m}} = \sqrt{\frac{\frac{k}{2}}{m}} = \sqrt{\frac{k}{2m}}$$

9−3 용수철이 x 만큼 늘어나면서 공이 θ 만큼 회전했다면

$$x = R\theta \tag{1}$$

한편 $\tau = I\alpha$ 에서

$$-kxR = I\frac{d^2\theta}{dt^2} \tag{2}$$

(1)을 (2)에 넣으면

$$-\frac{kR^2}{I}\theta = \frac{d^2\theta}{dt^2} \qquad \therefore \quad \frac{d^2\theta}{dt^2} + \frac{kR^2}{I}\theta = 0$$

$$\therefore \quad w = \sqrt{\frac{kR^2}{I}} \tag{3}$$

$$I = \frac{2}{5}MR^2 + MR^2 = \frac{7}{5}MR^2 \tag{4}$$

(4)를 (3)에 넣으면

$$w = \sqrt{\frac{5k}{7M}}$$

9−4 $\tau = -Mg\left(\frac{R}{2}\sin\theta\right) \approx -\frac{MgR}{2}\theta$

$$\therefore \quad K = \frac{MgR}{2}$$

$T = 2\pi\sqrt{\dfrac{I}{K}}$ 이고

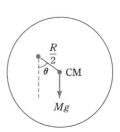

$$I = I_{CM} + M\left(\frac{R}{2}\right)^2 = \frac{1}{2}\left(\frac{R}{2}\right)^2 = \frac{1}{2}MR^2 + M\left(\frac{R}{2}\right)^2 = \frac{3}{4}MR^2$$

$$\therefore \quad T = 2\pi\sqrt{\frac{\frac{3}{4}MR^2}{\frac{MgR}{2}}} = 2\pi\sqrt{\frac{3R}{2g}}$$

9−5 $T = 2\pi\sqrt{\dfrac{m}{k}}$ 에서

$$2 = 2\pi\sqrt{\frac{m}{k}} \qquad\qquad (1)$$

$$3 = 2\pi\sqrt{\frac{m+1}{k}} \qquad\qquad (2)$$

(1)(2)에서 $\dfrac{\sqrt{m}}{2} = \dfrac{\sqrt{m+1}}{3}$

$$\therefore \quad m = \frac{4}{5}\ (\text{kg})$$

9−6 $x = x_m\cos\dfrac{2\pi}{T}t$ 에서 $x_m = \dfrac{d}{2}$ 이므로

$$\frac{d}{4} = \frac{d}{2}\cos\frac{2\pi}{T}t \qquad\qquad \therefore \quad \cos\frac{2\pi}{T}t = \frac{1}{2}$$

$$\therefore \quad \frac{2\pi}{T}t = \frac{\pi}{3} \qquad\qquad \therefore \quad t = \frac{T}{6} = \frac{12}{6} = 2\ (\text{h})$$

9−7 100kg 물체가 안 미끄러지므로 100kg 물체와 300kg 물체는 같은 가속도 a를 가진다.

$$\therefore \quad 100a = \mu\times100\times g \text{에서} \quad a = \mu g = 0.2\times10 = 2\ (\text{m/s}^2)$$

한편 400kg 물체가 가속도 $2\,\text{m/s}^2$으로 움직이므로

$$400a = kx_m \qquad \therefore \quad 400\times2 = 200\,x_m$$

$$\therefore \quad x_m = 4\ (\text{m})$$

9−8 $mg = mw^2x_m$ 에서

$$g = w^2x_m \qquad \therefore \quad x_m = \frac{g}{w^2} = \frac{10}{2^2} = 2.5\ (\text{m})$$

9−9 중력에 의해 5cm 늘어났으므로

$$mg = k\times2.5 \qquad \therefore \quad k = 4\ (\text{N/m})$$

따라서 진폭은 $\dfrac{5}{2} = 2.5\,\text{m}$이다.

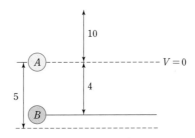

14m지점은 평형점에서 1.5m 떨어진 곳이므로 에너지보존법칙에 의해

$$\frac{1}{2} \times 4 \times 2.5^2 = \frac{1}{2} \times 4 \times 1.5^2 + \frac{1}{2} \times 1 \times v^2$$

$$\therefore \quad v = 4 \, (\text{m/s})$$

9-10 처음에 평형을 이루고 있으므로

$$ka = 4mg \sin \theta \tag{1}$$

한 개가 떨어지면 질량이 3m인 추가 단조화진동하므로

$$T = 2\pi \sqrt{\frac{3m}{k}} = 2\pi \sqrt{\frac{3ma}{4mg\sin\theta}} = 2\pi \sqrt{\frac{3a}{4g\sin\theta}}$$

9-11 총에너지는 $\frac{1}{2} kA^2$이므로 $\frac{1}{2} kx^2 = \frac{1}{2}\left(\frac{1}{2} kA^2\right)$에서

$$x = \pm \frac{A}{\sqrt{2}}$$

9-12 운동량 보존에 의해

$$mv = 4mV \qquad \therefore \quad V = \frac{1}{4} v \tag{1}$$

에너지보존법칙에 의해

$$\frac{1}{2} kx_m^2 = \frac{1}{2}(4m) V^2 \tag{2}$$

①을 ②에 넣으면

$$kx_m^2 = \frac{1}{4} mv^2 \qquad \therefore \quad x_m = \frac{v}{2}\sqrt{\frac{m}{k}}$$

9-13 $T = 2\pi \sqrt{\dfrac{I}{Mgd}} \quad \left(d = \dfrac{L}{3}\right)$

$$I = I_{CM} + Md^2 = \frac{1}{12} ML^2 + Md^2 = \frac{7}{36} ML^2$$

$$\therefore \quad T = 2\pi \sqrt{\frac{\frac{7}{36} ML^2}{Mg \cdot \frac{L}{3}}} = 2\pi \sqrt{\frac{7L}{12g}}$$

9 – 14 용수철이 x 늘어나면 $x = R\theta$이고 탄성력은 $-kx$ 이다.

$\sum \tau = I\alpha$에서

$$Mg \cdot \frac{L}{2} \cos \theta - kx \cdot L\cos \theta = I \frac{d^2\theta}{dt^2}$$

에서 θ가 작으면 $\cos \theta \approx 1$이므로

$$\frac{mgL}{2} - KL^2\theta = \frac{1}{3} ML^2 \frac{d^2\theta}{dt^2}$$

$$\therefore \; \frac{d^2\theta}{dt^2} + \frac{3K}{M} \theta = \frac{3g}{2L}$$

$$\therefore \; w = \sqrt{\frac{3k}{M}}$$

9 – 15 θ가 작을 때 $x = h\sin\theta \approx h\theta$이므로

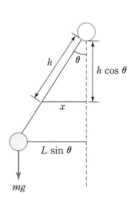

$$\sum \tau = MgL\sin\theta + kxh\cos\theta \approx MgL\theta + kh^2\theta$$

$$= (MgL + kh^2)\theta$$

$$\therefore \; K = MgL + kh^2$$

$$\therefore \; w = \sqrt{\frac{K}{L}} = \sqrt{\frac{MgL + kh^2}{ML^2}}$$

9 – 16 운동방정식은

$$T - kx = 0 \qquad\qquad\qquad (1)$$

$$mg - T' = m\frac{d^2x}{dt^2} \qquad\qquad\qquad (2)$$

$$R(T' - T) = I\frac{d^2\theta}{dt^2} \qquad\qquad\qquad (3)$$

$I = \frac{1}{2} MR^2$, $x = R\theta$를 이용하면

$$\left(m + \frac{1}{2} M\right) \frac{d^2x}{dt^2} + kx = mg$$

$$\therefore \; w = \sqrt{\frac{k}{m + \frac{M}{2}}}$$

9 – 17 m이 붙기 전에 $w = \sqrt{\frac{2k}{M}}$ 이고 m이 붙은 후에 $w' = \sqrt{\frac{2k}{M + m}}$ 이므로

$$w' = \sqrt{\frac{M}{M + m}} \, w$$

Chapter 10 전하와 전기장

10-1
$$F = k \cdot \frac{(+9) \times (-3)}{r^2} = -\frac{27k}{r^2}$$

접촉시킨 후 놓으면 두 금속구의 전하는 $\dfrac{9+(-3)}{2}=3$이므로

$$F' = k \cdot \frac{3^2}{r^2} = \frac{9k}{r^2} = -\frac{1}{3}F$$

10-2 빈 곳에 q가 있으면 $-q$가 받는 힘은 0이다.
구하는 힘을 F라 하면

$$F + k\frac{(-q)q}{\left(\frac{\sqrt{2}}{2}a\right)^2} = 0$$

$$\therefore \ F = \frac{2kq^2}{a^2}$$

10-3 $z \ll R$이면 $E \cong k\dfrac{qz}{(R^2)^{3/2}} = \dfrac{kq}{R^3}z$이므로 $-q$가 받는 힘 F는

$$F = -qE = -\frac{kq^2}{R^3}z$$

이다. 이때 힘 F는 $F = -Kz$의 꼴이므로 전하는 중심 $(z=0)$를 향하는 복원력에 의해 단조화운동을 한다. 그때 각진동수를 w라 하면

$$w = \sqrt{\frac{k}{m}} = \sqrt{\frac{k\frac{q^3}{R^3}}{m}} = \sqrt{\frac{kq^2}{mR^2}}$$

10-4 $q = \lambda L$이므로 $E_y = \dfrac{2k\lambda L}{y\sqrt{4y^2+L^2}}$에서 $L \to \infty$를 취하면 $E_y \cong \dfrac{2k\lambda}{y}$

10-5 $z \gg R$이면

$$\frac{z}{\sqrt{R^2+z^2}} = \frac{1}{\sqrt{1+\frac{R^2}{z^2}}} = \left(1+\frac{r^2}{z^2}\right)^{-1/2} \cong 1 - \frac{1}{2} \cdot \frac{R^2}{z^2}$$

이므로 $E \cong 2\pi k\sigma\left\{1-\left(1-\frac{R^2}{z^2}\right)\right\} = k\frac{q}{z^2}$, 여기서 $\sigma\pi R^2 = q$를 이용하였다.

10-6 공이 받는 힘을 모두 표시해보자.

그림에 보이는 듯이 공의 무게와 공이 받는 전기력의
방향이 반대이다. 그러므로 공을 단진자운동시키는 중
력은 mg가 아니라 $mg - qE$가 된다.

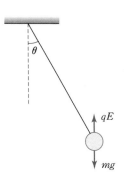

$$mg - qE = m\left(q - \frac{qE}{m}\right)$$

이므로 전기력을 받지 않을 때 주기 $T = 2\pi\sqrt{\dfrac{l}{g}}$ 에서

g 대신에 $g - \dfrac{qE}{m}$ 를 쓰면 된다. 구하는 주기는

$$T = 2\pi\sqrt{\frac{l}{g - \dfrac{qE}{m}}}$$

10-7　+1C이 받는 전기력이 0이므로

$$k\frac{2}{\left(\dfrac{3a}{2}\right)^2} + k\frac{q_2}{\left(\dfrac{a}{2}\right)^2} = 0$$

$$\therefore\ q_2 = -\frac{2}{9}\ \text{C}$$

10-8　$F = k\dfrac{q(Q-q)}{d^2}$ 에서

$$f(g) = q(Q-q) = -\left(q - \frac{Q}{2}\right)^2 + \frac{Q^2}{4}$$

이므로 $q = \dfrac{Q}{2}$ 일 때 F는 최대이다.

10-9　서로 마주 보는 전하량의 차이는 $4q$이므로 위
전화 분포는 다음과 같아진다.
구하는 전기장은

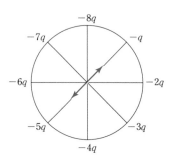

$$\vec{E} = \vec{E_1} + \vec{E_2} + \vec{E_3} + \vec{E_4}$$

$|\vec{E_1}| = |\vec{E_2}| = |\vec{E_3}| = |\vec{E_4}| = \dfrac{4kq}{a^2}$ 이므로

$\vec{E}$의 각 성분을 구하면

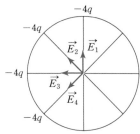

$$\begin{aligned}
\mathrm{E}_x &= -|\vec{E_2}|\cos 45° - |\vec{E_3}| - |\vec{E_4}|\cos 45° \\
&= -(\sqrt{2}+1)\frac{4kq}{a^2} \\
\mathrm{E}_y &= |\vec{E_1}| + |\vec{E_2}|\sin 45° - |\vec{E_4}|\sin 45° \\
&= \frac{4kq}{a^2}
\end{aligned}$$

따라서 전기장은 그림과 같다. 그러므로 전기장 $\vec{E}$의 방향은 6과 7 사이이다.

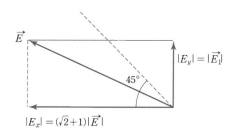

$|E_y| = |\vec{E_1}|$

$45°$

$|E_x| = (\sqrt{2}+1)|\vec{E}|$

10-10 다음 그림을 보자.

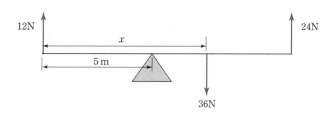

12N

24N

x

5 m

36N

회전축에 대해 $\sum \tau = 0$에서

$$12 \times 5 + (x-5) \times 36 - 24 \times 5 = 0$$

$$\therefore \quad x = \frac{20}{3} \ (\text{m})$$

10-11 $|-4q| > q$이므로 $x > 1$이다.

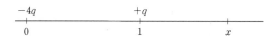

$-4q$

$+q$

0

1

x

$$E = -k\frac{4q}{x^2} + k\frac{q}{(x-1)^2} = 0$$

$$\therefore \quad 3x^2 - 8x + 4 = 0$$

$$\therefore \quad (3x-2)(x-2) = 0$$

$x > 1$이므로 $x = 2$

10-12 양의 전하부분과 음의 전하부분이 대칭을 이루므로 전기장의 방향은 연직 아래 방향이다. 양의 전기부분의 선전하 밀도를 λ라 하면

$$\lambda = \frac{q}{\frac{1}{4} \cdot 2\pi R} = \frac{2q}{\pi R} \tag{1}$$

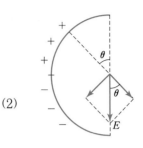

$$E = 2\int k\frac{dq}{R^2}\cos\theta$$

$$= \frac{2k}{R^2}\int_0^{\pi/2}\lambda R d\theta\cos\theta$$

$$= \frac{2k\lambda}{R}\left[\,\sin\theta\right]_0^{\pi/2} = \frac{2k\lambda}{R} \qquad (2)$$

(1)을 (2)에 넣으면

$$E = \frac{4kq}{\pi R^2}$$

10-13

선전하밀도는 $\lambda = \dfrac{q}{L}$ 이므로

$$E = k\int_0^L\frac{\lambda dx}{(L+d-x)^2}$$

$$= k\lambda\left[\frac{1}{L+d-x}\right]_0^L$$

$$= \frac{k\lambda L}{d(d+L)} = \frac{kq}{d(d+L)}$$

10-14

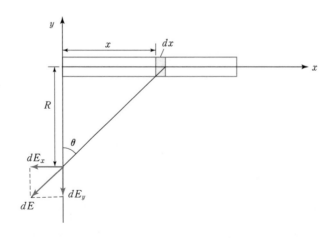

$$dE_x = -k\frac{\lambda dx}{r^2}\sin\theta \qquad (1)$$

$$dE_y = -k\frac{\lambda dx}{r^2}\cos\theta \qquad (2)$$

$$\therefore \ E_x = \int dE_x = -k\lambda \int_0^\infty \frac{xdx}{(x^2+R^2)^{3/2}} = -\frac{k\lambda}{R}$$

$$E_y = \int dE_y = -k\lambda R \int_0^\infty \frac{dx}{(x^2+R^2)^{3/2}} = -\frac{k\lambda}{R}$$

$$\therefore \ |E_x| : |E_y| = 1 : 1$$

10-15

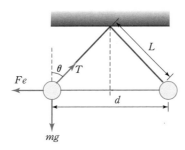

$F_e = k\dfrac{q^2}{d^2}$, $\ T\cos\theta = mg$, $\ T\sin\theta = F_e$에서

$$\tan\theta = \frac{kq^2}{mgd^2} \tag{1}$$

여기서

$$\tan\theta = \frac{\dfrac{d}{2}}{\sqrt{L^2 - \left(\dfrac{d}{2}\right)^2}} \tag{2}$$

(1)(2)에서

$$d = \left(\frac{2kq^2 L}{mg}\right)^{\frac{1}{3}}$$

하나가 방전이 되어 전하량이 0이 되면 두 공은 달라붙는다. 그 후 두 공은 전하량 $\dfrac{q}{2}$를 가지므로 다시 반발하는데 그때 떨어진 거리를 d'이라 하면

$$d' = \left(\frac{2k\left(\dfrac{q}{2}\right)^2 L}{mg}\right)^{\frac{1}{3}} = \left(\frac{1}{4}\right)^{\frac{1}{3}} d$$

10-16

처음 에너지 $U_i = -\mathrm{PE}\cos\theta$

나중 에너지 $U_f = -\mathrm{PE}\cos(\pi-\theta) = \mathrm{PE}\cos\theta$

∴ 쌍극자가 한 일 $= W = U_f - U_i = 2\mathrm{PE}\cos\theta$

10-17 $ma = qE$에서 $a = \dfrac{qE}{m}$

$d = \dfrac{1}{2}at^2$에서 $d = \dfrac{qE}{2m}t^2$

∴ $t = \sqrt{\dfrac{2md}{qE}}$

10-18 질량 m인 물체가 받는 힘을 모두 표시하면 (N은 벽의 수직항력이다.)

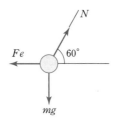

$\Sigma F_y = 0$에서

$$N\sin 60° = mg \qquad\qquad (1)$$

$\Sigma F_y = 0$에서

$$F_e = N\cos 60° \quad ∴ \quad \dfrac{kq^2}{R^2} = \dfrac{N}{2} \qquad\qquad (2)$$

(2)를 (1)에 넣으면

$$\dfrac{2kq^2}{R^2} \cdot \dfrac{\sqrt{3}}{2} = mg$$

$$∴ \quad q^2 = \dfrac{mgR^2}{\sqrt{3}\,k}$$

10-19 $\vec{\tau} = \vec{P} \times \vec{E}$의 방향은 반시계 방향이므로

$$\tau = -\mathrm{PE}\sin\theta \approx -\mathrm{PE}\,\theta\,(\,\theta가 작으므로)$$

$\tau = -K\theta$에서 $K = \mathrm{PE}$이므로

$$w = \sqrt{\dfrac{K}{I}} = \sqrt{\dfrac{\mathrm{PE}}{I}}$$

Chapter 11 전기선속과 가우스법칙

11-1 그림과 같다.

q가 중심에 오도록 8개의 정육면체를 붙이면 이때 총 전기

선속은 $\Phi = \dfrac{q}{\varepsilon_0}$ 이다.

따라서 하나의 정육면체에 대한 전기선속을 Φ_1이라 하면

$8\Phi_1 = \Phi$에서

$$\Phi_1 = \frac{q}{8\varepsilon_0}$$

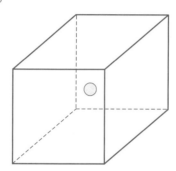

11-2 그림과 같이 가우스면을 택하자.

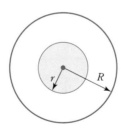

이때 가우스법칙을 쓰면

$$E \cdot 4\pi r^2 = \frac{\rho}{\varepsilon_0} \cdot \frac{4}{3}\pi r^3 \qquad \therefore E = \frac{\rho}{3\varepsilon_0}\, r$$

이때 점전하가 받는 전기력은 $-qE$이므로 운동방정식은

$$ma = -\frac{q\rho}{3\varepsilon_0}\, r$$

따라서 용수철 상수가 $\dfrac{q\rho}{3\varepsilon_0}$ 가 용수철 상수 역할을 하는 단조화운동을 한다.

$$\therefore\ w = \sqrt{\frac{q\rho}{3m\varepsilon_0}}$$

11-3 원통의 길이를 L 이라 하면 가우스법칙에 의해

$$E2\pi rL = \frac{1}{\varepsilon_0} \int \rho\, dv$$

$$= \frac{1}{\varepsilon_0} \int_0^r A\left(1 - \frac{r}{2}\right) 2\pi r\, dr\, L$$

$$= \frac{2\pi AL}{\varepsilon_0} \left[\frac{r^2}{2} - \frac{r^3}{6}\right]_0^r$$

$$= \frac{2\pi AL}{6\varepsilon_0}(3r^2 - r^3)$$

$$= \frac{A}{6\varepsilon_0}(3r - r^2)$$

11-4 안쪽껍질에는 정전기 유도에 의해 $-q$ 가 유도된다.
한편 구껍질의 바깥껍질의 전하를 q' 이라 하면

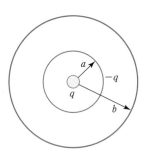

$$q' + (-q) = 3q$$

$$\therefore \quad q' = 4q$$

따라서 표면전하밀도를 σ 라 하면

$$\therefore \quad \sigma = \frac{q'}{4\pi b^2} = \frac{q}{\pi b^2}$$

11-5 평면에 대한 전기선속을 Φ_1, 반구면에 대한 전기선속을 Φ_2 라 하면

$$\Phi_1 + \Phi_2 = 0 \tag{1}$$

이다.

$$\Phi_1 = E \times \pi R^2 \times (-1) = -\pi R^2 E \quad (\because E\text{와 면에 수직인 방향이 반대})$$

$$\therefore \quad \Phi_2 = \pi R^2 E$$

11-6 s_1 에 대해 $\quad \phi_1 = \dfrac{3}{\varepsilon_0}$

s_2 에 대해 $\quad \phi_2 = \dfrac{3 + (-1)}{\varepsilon_0} = \dfrac{2}{\varepsilon_0}$

s_3 에 대해 $\quad \phi_3 = \dfrac{2}{\varepsilon_0}$

s_4 에 대해 $\quad \phi_4 = \dfrac{3 + (-1) + 2}{\varepsilon_0} = \dfrac{4}{\varepsilon_0}$

$$\therefore \quad s_4 \text{가 최대}$$

11-7 ③

11 − 8 내부의 전하를 q라 하면

$$\Phi_1 + \Phi_2 + \Phi_3 + \Phi_4 + \Phi_5 + \Phi_6 = \frac{q}{\varepsilon_0}$$

$$\therefore \quad a + 2a + 3a + 4a + 5a + 6a = \frac{q}{\varepsilon_0}$$

$$\therefore \quad q = 21\varepsilon_0 a$$

11 − 9

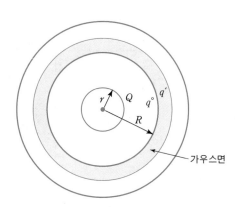

가우스면

도체 안쪽 껍질 전하를 q'이라 한다.

가우스면의 각 부분은 도체 내부이므로 $E = 0$

$$\therefore \quad Q + q + q' = 0$$

$$\therefore \quad q' = -(Q + q)$$

11 − 10 각 평행판에 의한 전기장은 그림으로 나타내면

∴ 두 판의 사이에서는 전기장이 상쇄된다.

(답) B

11 − 11 $\sum F_y = 0$에서 $\quad T \sin \theta = qE = \dfrac{q\sigma}{2\varepsilon_0}$

$\sum F_x = 0$에서 $\quad T \cos \theta = mg$

$$\therefore \quad \tan \theta = \frac{\dfrac{q\sigma}{2\varepsilon_0}}{mg}$$

$$\therefore \quad \sigma = \frac{2\varepsilon_0 mg \tan \theta}{q}$$

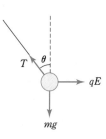

11−12 빈 곳은 채웠을 때 전기장을 $\overrightarrow{E_1}$, 빈 곳이 전하밀도 $-\rho$일 때 빈 곳에 의한 전기장을 $\overrightarrow{E_2}$라 하면 구하는 전기장은 $\overrightarrow{E} = \overrightarrow{E_1} + \overrightarrow{E_2}$이다.

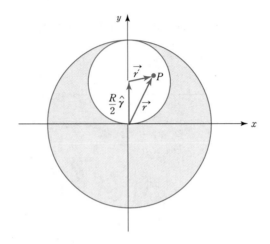

P점에 대해

$$\overrightarrow{E_1} = \frac{\rho r}{3\varepsilon}\,\hat{r} = \frac{\rho}{3\varepsilon_0}\,\overrightarrow{r} \tag{1}$$

$$\overrightarrow{E_2} = -\frac{\rho r'}{3\varepsilon_0}\,\hat{r}' = -\frac{\rho \overrightarrow{r'}}{3\varepsilon_0} \tag{2}$$

$$\therefore\quad \overrightarrow{E} = \frac{\rho}{3\varepsilon_0}(\overrightarrow{r} - \overrightarrow{r'}) = \frac{\rho}{3\varepsilon_0} \cdot \frac{R}{2}\,\hat{j} = \frac{\rho R}{6\varepsilon_0}\,\hat{j}$$

$$\therefore\quad |\overrightarrow{E}| = \frac{\rho R}{6\varepsilon_0}$$

11−13 (1) 다음과 같이 가우스면을 택하자.

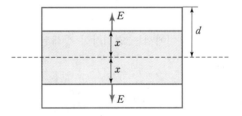

가우스법칙에 의해

$$EA + EA = \frac{\rho A \times 2x}{\varepsilon_0}$$

$$\therefore\quad E = \frac{\rho}{\varepsilon_0}\,x$$

(2) 다음과 같이 가우스면을 택하자.

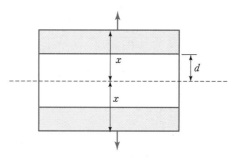

가우스법칙에 의해

$$EA + EA = \frac{\rho A \times 2d}{\varepsilon_0}$$

$$\therefore E = \frac{\rho}{\varepsilon_0} d$$

Chapter 12 전기퍼텐셜과 전기용량

12-1

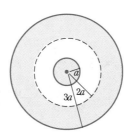

$$V_{3a} = \frac{Q}{4\pi\varepsilon_0 3a} \tag{1}$$

$$Q = \rho \left[\frac{4}{3}\pi(3a)^3 - \frac{4}{3}\pi a^3 \right] = \frac{4\pi}{3}\rho a^3 \times 26 \tag{2}$$

가우스법칙에 의해 $a < r < 3a$일 때

$$E \cdot 4\pi r^2 = \frac{\rho}{\varepsilon_0} \cdot \frac{4}{3}\pi(r^3 - a^3)$$이다.

$$\therefore E = \frac{\rho}{3\varepsilon_0}\left(r - \frac{a^3}{r^2}\right) \tag{3}$$

$V_{2a} - V_{3a} = -\displaystyle\int_{3a}^{2a} E dr$에서 (3)을 넣으면

$$V_{2a} - V_{3a} = -\int_{3a}^{2a} \frac{\rho}{3\varepsilon}\left(r - \frac{a^3}{r^2}\right) dr$$

$$= \frac{\rho}{3\varepsilon_0}\left[\frac{r^2}{2} + \frac{a^3}{r}\right]_{2a}^{3a}$$

$$= \frac{\rho}{3\varepsilon_0}\left(\frac{5a^2}{2} + \frac{a^2}{3} - \frac{a^2}{2}\right) \tag{4}$$

④에 ①②를 넣으면

$$V_{2a} = \frac{Q}{12\pi\varepsilon_0 a} + \frac{7\rho}{9\varepsilon_0}a^2 = \frac{11Q}{104\pi\varepsilon_0 a}$$

12-2 예제 2의 결과를 이용하면

$$V = 2 \cdot k\lambda \ln \frac{a + \sqrt{a^2 + d^2}}{d}$$

12-3 반지름의 비가 1:3이므로 두 구의 전하는 q를 1:3으로 나눈 $\frac{1}{4}q$, $\frac{3}{4}q$가 된다.

12-4 면전하밀도를 σ라 하면

$$C = \frac{Q}{V} = \frac{\sigma A}{Ed} = \frac{\sigma A}{\dfrac{\sigma}{\varepsilon_0}d} = \frac{\varepsilon_0 A}{d}$$

12-5 다음과 같다.

$$C = C_1 + C_2 = K_1\varepsilon_0 \frac{\dfrac{A}{2}}{d} + K_2\varepsilon_0 \frac{\dfrac{A}{2}}{d}$$

$$= \frac{\varepsilon_0 A}{d}\left(\frac{K_1 + K_2}{2}\right)$$

12-6 처음에 전하는 C_1에만 있었지만 시간이 흐르면 전하 재배치가 이루어져 두 축전기의 퍼텐셜차가 같아진다. 그때 전하량을 각각 q_1, q_2라 하면

$$q_1 + q_2 = q \tag{1}$$

$$\frac{q_1}{C_1} = \frac{q_2}{C_2} \tag{2}$$

$\dfrac{C_1}{C_2} = \dfrac{m}{n}$ 이므로

$$q_1 = \frac{m}{n}q_2 \tag{3}$$

③을 ①에 넣으면

$$q_1 = \frac{m}{m+n}q, \quad q_2 = \frac{n}{m+n}q$$

12 – 7 간격이 $2d$일 때 전기용량을 C', 퍼텐셜차를 V'이라 하면

$$q = CV = C'V'$$

$$\therefore \ \varepsilon_0 \frac{AV}{d} = \varepsilon_0 \frac{AV'}{2d} \qquad \therefore \quad V' = 2V \tag{1}$$

처음 전기에너지는 $U_i = \frac{1}{2} CV^2 = \dfrac{\varepsilon_0 A V^2}{2d}$

나중 전기에너지는 $U_f = \frac{1}{2} C'V'^2 = \dfrac{\varepsilon_0 A V^2}{d}$

따라서 필요한 일 W는

$$W = \varDelta U = U_f - U_i = \frac{\varepsilon_0 A V^2}{2d}$$

12 – 8 $V = \left| - \displaystyle\int_a^b E dr \right| = \displaystyle\int_a^b \frac{\lambda}{2\pi\varepsilon_0 r} \, dr = \frac{\lambda}{2\pi\varepsilon_0} \ln \frac{b}{a}$

$$E = \frac{\lambda}{2\pi\varepsilon_0 a} = \frac{1}{2\pi\varepsilon_0 a} \frac{2\pi\varepsilon_0 V}{\ln \dfrac{b}{a}} = \frac{V}{a \ln \dfrac{b}{a}}$$

12 – 9 구하는 지점까지 거리를 d라 하면

$$Ed = V$$

$$\frac{\sigma d}{2\varepsilon_0} = V$$

$$\therefore \ d = \frac{2\varepsilon_0 V}{\sigma}$$

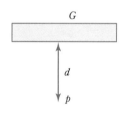

12 – 10 $$V_R - V_\infty = - \int_\infty^R E dr = - \int_\infty^R \frac{Q dr}{4\pi\varepsilon_0 r^2}$$

$V_\infty = 0$이므로 $V_R = \dfrac{Q}{4\pi\varepsilon_0 R} = V$이고 $Q = \sigma \cdot 4\pi R^2$이므로

$$\sigma = \frac{\varepsilon_0 V}{R}$$

12 – 11 $V_A = 0$에서

$$\frac{1}{4\pi\varepsilon_0} \left(\frac{q}{R+P} - \frac{2q}{R+P+d} \right) = 0 \tag{1}$$

$V_B = 0$에서

$$\frac{1}{4\pi\varepsilon_0} \left(\frac{q}{R-P} - \frac{2q}{d-(R-P)} \right) = 0 \tag{2}$$

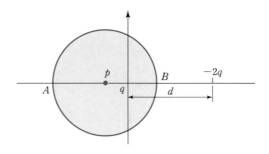

(1)(2)에서 $R = \dfrac{2}{3} d$

12-12 $V = \dfrac{-q}{4\pi\varepsilon_0 \cdot \left(\dfrac{d}{2}\right)} \times 2 = -\dfrac{q}{\pi\varepsilon_0 d}$

12-13 대칭에 의해 $V = 0$

12-14 $V = \displaystyle\int_d^{d+L} \dfrac{1}{4\pi\varepsilon_0} \dfrac{\lambda\,dx}{x}$

$\qquad\quad = \dfrac{\lambda}{4\pi\varepsilon_0}\left[\ln \lambda\right]_d^{d+L} = \dfrac{\lambda}{4\pi\varepsilon_0}\ln\left(\dfrac{d+L}{d}\right)$

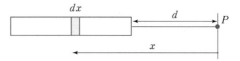

12-15 $V = \displaystyle\int_0^{\frac{2}{3}\pi} k\,\dfrac{\lambda(R\,d\theta)}{R} = k\lambda \int_0^{\frac{2\pi}{3}} d\theta = k\lambda\,\dfrac{2}{3}\,\pi$

12-16 $V = \displaystyle\int_0^{\frac{2}{3}\pi} \dfrac{\lambda_{\ominus}\cdot 3a\,d\theta}{4\pi\varepsilon_0 \cdot 5a} + \int_{\frac{2}{3}\pi}^{2\pi} \dfrac{\lambda_{\oplus}\cdot 3a\,d\theta}{4\pi\varepsilon_0 \cdot 5a}$

$\qquad\quad = \dfrac{\lambda_{\ominus}}{10\,\varepsilon_0} + \dfrac{2\lambda_{\oplus}}{10\,\varepsilon_0} \qquad\qquad\qquad\qquad\qquad (1)$

한편 $\lambda_{\ominus} \times \dfrac{1}{3} \times 2\pi \cdot 3a = -3Q$ 에서

$\qquad\quad \lambda_{\ominus} = -\dfrac{3Q}{2\pi a} \qquad\qquad\qquad\qquad\qquad\qquad (2)$

$\lambda_{\oplus} \times \dfrac{2}{3} \times 2\pi \cdot 3a = +2Q$ 에서

$\qquad\quad \lambda_{\oplus} = \dfrac{Q}{2\pi a} \qquad\qquad\qquad\qquad\qquad\qquad\quad (3)$

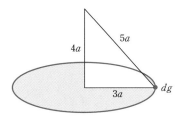

(2)(3)을 (1)에 넣으면

$$V = \frac{1}{10\varepsilon_0}\left\{\left(\frac{-3Q}{2\pi a}\right) + 2\left(\frac{Q}{2\pi a}\right)\right\} = -\frac{Q}{20\pi a\varepsilon_0}$$

12-17
$$W = \Delta U = kq^2\left(\frac{-1}{3a} + \frac{1}{5a} + \frac{-1}{4a} + \frac{-1}{4a} + \frac{1}{5a} + \frac{-1}{3a}\right)$$
$$= \frac{-23kq^2}{30a}$$

12-18

에너지보존법칙에 의해

$$K + O = O + \frac{qQ}{4\pi\varepsilon_0 r_{min}}$$

$$\therefore \quad r_{min} = \frac{qQ}{4\pi\varepsilon_0 K}$$

12-19

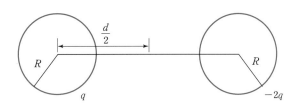

$$V = \frac{kq}{\frac{d}{2}} + \frac{k(-2q)}{\frac{d}{2}} = -\frac{2kq}{d}$$

12-20 전기퍼텐셜의 정의에 의해

$$V = k\frac{q}{r-d} + k\frac{q}{r} + k\frac{(-q)}{r+d}$$

$$\frac{1}{r+d} = \frac{1}{r\left(1+\dfrac{d}{r}\right)} = \frac{1}{r}\left(1+\frac{d}{r}\right)^{-1} \cong \frac{1}{r}\left(1-\frac{d}{r}\right)$$

이고 마찬가지로

$$\frac{1}{r-d} \cong \frac{1}{r}\left(1+\frac{d}{r}\right)$$

이므로

$$V \cong kq\left(\frac{1}{r}+\frac{d}{r^2}+\frac{1}{r}-\frac{1}{r}+\frac{d}{r^2}\right)$$

$$= \frac{kq}{r}\left(1+\frac{2d}{r}\right)$$

12−21
$$V = k\int_a^{a+L}\frac{\lambda dx}{\sqrt{x^2+b^2}} = k\lambda\left[\ln\left(x+\sqrt{x^2+b^2}\right)\right]_a^{a+L}$$

$$= k\lambda\ln\left[\frac{a+L+\sqrt{(a+L)^2+b^2}}{a+\sqrt{a^2+b^2}}\right]$$

12−22 고리 중심에서 전기퍼텐셜은 $V_i = \dfrac{kQ}{R}$ 이고 이때 전하 Q의 퍼텐셜에너지는 $U_i = \dfrac{kQ^2}{R}$ 이다. 무한대에서 퍼텐셜에너지는 0이므로 에너지보존법칙에 의해

$$0+\frac{kQ^2}{R} = \frac{1}{2}mv^2+0$$

$$\therefore\ v = \sqrt{\frac{2kQ^2}{mR}}$$

12−23 $r_1{}^2 = r^2+a^2-2ra\cos\left(\dfrac{\pi}{2}-\theta\right) = r^2+a^2-2ra\sin\theta$

$r_2{}^2 = r^2+a^2-2ra\cos\left(\dfrac{\pi}{2}+\theta\right) = r^2+a^2+2ra\sin\theta$

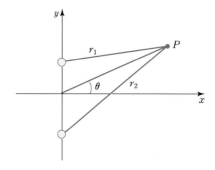

(1) $V = k\left(\dfrac{q}{r_1} - \dfrac{q}{r_2}\right)$

$\qquad = kq\left(\dfrac{1}{\sqrt{r^2+a^2-2ar\sin\theta}} - \dfrac{1}{\sqrt{r^2+a^2+2ar\sin\theta}}\right)$

$\qquad = kq\left(\dfrac{1}{r}\left(1+\dfrac{a^2}{r^2}-\dfrac{2a}{r}\sin\theta\right)^{-1/2} - \dfrac{1}{r}\left(1+\dfrac{a^2}{r^2}+\dfrac{2a}{r}\sin\theta\right)^{-1/2}\right)$

$\qquad \cong \dfrac{kq}{r}\left\{1+\dfrac{a}{r}\sin\theta - 1 + \dfrac{a}{r}\sin\theta\right\}$

$\qquad = \dfrac{2kqa\sin\theta}{r^2} = \dfrac{2kqa}{r^2}\cdot\dfrac{y}{r}$

$\qquad = \dfrac{2kqay}{(x^2+y^2)^{3/2}}$

(2) $E_x = -\dfrac{\partial V}{\partial x} = \dfrac{2kPxy}{(x^2+y^2)^{5/2}}$

$\qquad E_y = -\dfrac{\partial V}{\partial y} = \dfrac{kP(2y^2-x^2)}{(x^2+y^2)^{5/2}}$

여기서 $P = 2aq$

12-24

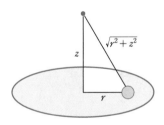

$$V = k\int\dfrac{dq}{\sqrt{r^2+z^2}} = k\sigma\int_0^R\dfrac{2\pi r\,dr}{\sqrt{r^2+z^2}}$$

$$= 2k\sigma\pi\left[\sqrt{r^2+z^2}\right]_0^R = 2k\sigma\pi\left(\sqrt{R^2+z^2}-z\right)$$

12-25 구리는 도체이므로 도선처럼 간주하면 된다. 그러므로 그림과 같다.

간격이 $\dfrac{d-a}{2}$ 인 축전기의 전기용량은

$$C_0 = \varepsilon_0\dfrac{A}{\dfrac{d-a}{2}} = \dfrac{2\varepsilon_0 A}{d-a}$$

두 개가 직렬연결되어 있으므로 전체 전기용량 C는

$$C = \frac{1}{2} C_0 = \frac{\varepsilon_0 A}{d-a}$$

12-26 $q = 4CV$

12-27

$$3\varepsilon_0 \frac{A}{d} = \varepsilon_0 \frac{A}{d'} \text{에서} \quad d' = \frac{1}{3} d$$

12-28

$$\frac{1}{3} \varepsilon_0 \frac{A}{d} = \varepsilon_0 \frac{A}{d'} \text{에서} \quad d' = 3d$$

12-29
$$C_1 = K_1 \varepsilon_0 \frac{A}{\frac{d}{2}} = \frac{2K_1 \varepsilon_0 A}{d}$$

$$C_2 = K_2 \varepsilon_0 \frac{A}{\frac{d}{2}} = \frac{2K_2 \varepsilon_0 A}{d}$$

$$\frac{1}{C} = \frac{1}{C_1} + \frac{1}{C_2} \text{에서}$$

$$C = \frac{2\varepsilon_0 A}{d} \left(\frac{K_1 K_2}{K_1 + K_2} \right)$$

12-30

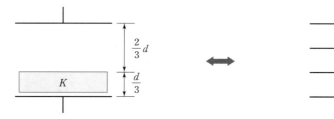

$$C_1 = \varepsilon_0 \, \frac{A}{\frac{2}{3}d} = \frac{3\varepsilon_0 A}{2d}$$

$$C_2 = K\varepsilon_0 \, \frac{A}{\frac{1}{3}d} = \frac{3K\varepsilon_0 A}{d}$$

$\dfrac{1}{C} = \dfrac{1}{C_1} + \dfrac{1}{C_2}$ 에서

$$C = \frac{3\varepsilon_0 A}{d}\left(\frac{K}{2K+1}\right)$$

12-31

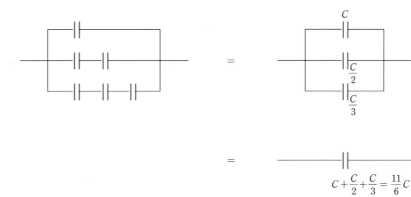

$C + \dfrac{C}{2} + \dfrac{C}{3} = \dfrac{11}{6}C$

12-32 $C = 2\pi\varepsilon_0 \, \dfrac{L}{\ln\dfrac{b}{a}}$

12-33 주어진 회로는 다음 그림과 같다.

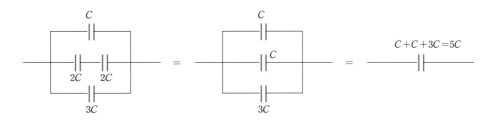

$C + C + 3C = 5C$

12-34

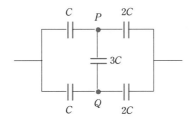

P점과 Q점은 전기퍼텐셜이 같다.

그러므로 PQ로는 전하의 이동이 없다.

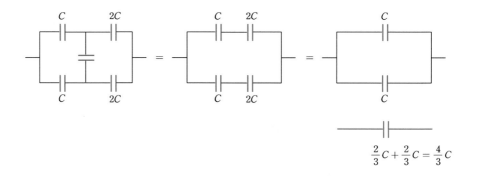

$$\frac{2}{3}C + \frac{2}{3}C = \frac{4}{3}C$$

12−35

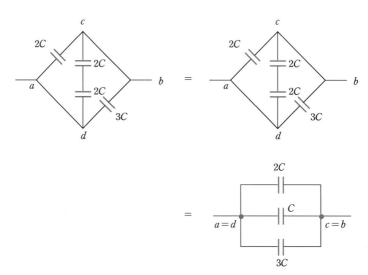

$$\therefore \quad C_{eq} = 2C + C + 3C = 6C$$

12−36 주어진 회로는 다음과 같다.

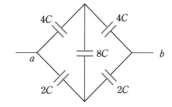

대칭성에 의해 $8C$에는 전하의 이동이 없으므로 주어진 회로는 다음과 같다.

12－37

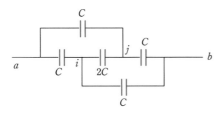

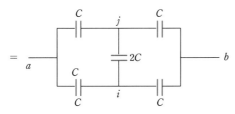

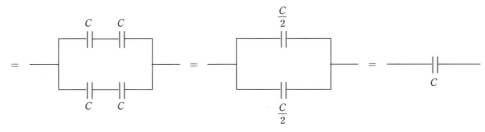

Chapter 13 저항과 전기회로

13－1 $R = \rho \dfrac{L}{A} = \rho \dfrac{3a}{\pi\left(a^2 - \left(\dfrac{a}{2}\right)^2\right)} = \dfrac{4\rho}{\pi a}$

13－2 $V = 5R = 3(R+3)$

  $\therefore\ R = 4.5\,(\Omega)$

13－3 $abcd$ 회로에서

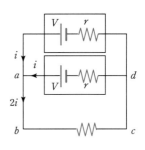

$$V = ir + 2iR \qquad \therefore\ i = \frac{V}{2R+r}$$

(여기서 i는 전지를 흐르는 전류이다.)

$$P = (2i)^2 R = \frac{4RV^2}{(2R+r)^2}$$

$$\frac{dP}{dR} = 0 = 4V^2\left\{\frac{(2R+r)^2 - 2(2R+r)2R}{(2R+r)^4}\right\} = 0$$

$$\therefore \quad r = 2R \text{일 때} \quad P\text{가 최대이다.}$$

$$\therefore \quad P_{\max} = \frac{4 \cdot \frac{r}{2} \cdot V^2}{(2r)^2} = \frac{V^2}{2r}$$

13−4 키르히호프 법칙을 쓰면

$$I_1 + I_2 = I_3 \tag{①}$$

위쪽회로 :

$$25 - 10I_1 + 20I_2 - 5 = 0 \tag{②}$$

아래쪽회로 :

$$5 - 20I_2 - 30I_3 = 0 \tag{③}$$

①을 ③에 넣으면

$$6I_1 + 10I_2 = 1 \tag{④}$$

②③을 연립하여 풀면

$$I_1 = 1\,(\text{A}) \quad I_2 = -0.5\,(\text{A}) \quad I_3 = 0.5\,(\text{A})$$

(여기서 (−)부호는 그림의 화살표 방향과 반대방향으로 전류가 흐름을 의미한다.)

13−5　ab의 전위차를 V라 하면

$$V = \frac{i}{3}\,r + \frac{i}{6}\,r + \frac{i}{3}\,r = \frac{5}{6}\,ir = iR$$

에서 $R = \frac{5}{6}\,r$

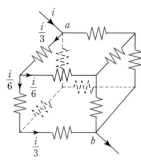

13−6　$Q_1 = C \cdot 2V = 2CV$

$Q_2 = CV$

$$\therefore \quad \frac{Q_1}{Q_2} = 2$$

13−7　$i = \int J\,da$

$$= \int_0^R \frac{J_0}{R}\,r \cdot 2\pi r\,dr$$

$$= \frac{2\pi J_0}{R} \int_0^R r^2\,dr$$

$$= \frac{2}{3} \pi R^2 J_0$$

13-8 $150 - 50 = i \times 2 + i \times 3 \quad \therefore \ i = 20\,(\text{A})$

전류는 반시계방향으로 흐르므로

$$V_Q + 150 - 20 \times 3 = V_P$$

$$\therefore \ V_Q = 10\,(\text{V})$$

13-9 새로운 단면적을 A'이라 하면

$$AL = A' \cdot 2L \quad \therefore \ A' = \frac{A}{2}$$

$$\therefore \ R' = \rho \frac{2L}{A'} = \rho \frac{2L}{\frac{A}{2}} = 4\rho \frac{L}{A} = 4R$$

13-10 $20 - i \times 2 - i \times 3 - 10 = 0$

$$\therefore \ i = 2\,(\text{A})$$

13-11 $\dfrac{1}{R} = \dfrac{1}{r} + \dfrac{1}{r} + \dfrac{1}{r} + \dfrac{1}{r} = \dfrac{4}{r} \qquad \therefore \ R = \dfrac{r}{4}$

$R = \rho \dfrac{l}{\pi\left(\frac{D}{2}\right)^2}, \ r = \rho \dfrac{l}{\pi\left(\frac{d}{2}\right)^2}$ 이므로

$$\frac{1}{D^2} = \frac{1}{4}\frac{1}{d^2} \quad \therefore \ D = 2d$$

13-12 주어진 회로는 다음과 같다.

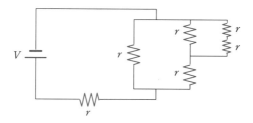

$$\therefore \ V = \frac{13}{8} ir \quad \therefore \ i = \frac{8V}{13r}$$

13-13 $i = \dfrac{V}{r+R}$ 이므로

$$P = i^2 R = \frac{V^2 R}{(r+R)^2}$$

$$\frac{dP}{dR} = \frac{V^2(r-R)}{(r+R)^3} = 0$$

$r = R$일 때 P는 최대이다.

13-14

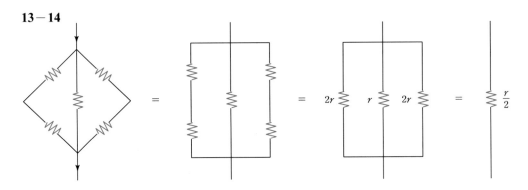

13-15 키르히호프 법칙을 쓰면

$$25 - 5I_1 - 10(I_1 + I_2) = 0 \qquad ①$$

$$V - 2I_2 - 10(I_1 + I_2) = 0 \qquad ②$$

$I_1 + I_2 = 2A$ 이므로 ①에서

$$I_1 = I_2 = 1\,(\text{A})$$

②에서 $V = 1 \times 2 + 2 \times 10 = 22\,(\text{V})$

13-16

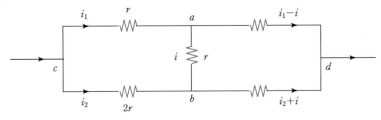

$$V_{cd} = V = i_1 r + (i_1 - i)r \qquad ①$$

$$V_{cd} = V = i_2 \cdot 2r + (i_2 + i)r \qquad ②$$

$V_{ab} = ir$이고 왼쪽 사각형에서 키르히호프 법칙을 쓰면

$$i_1 r + ir - i_2 \times 2r = 0$$

$$\therefore\ ir = 2i_2 r - i_1 r \qquad ③$$

①, ②에서

$$i_1 = \frac{ir + V}{2r}, \quad i_2 = \frac{V - ir}{3r} \qquad ④$$

④를 ③에 넣으면

$$V = 13\,i\,r$$

$$\therefore\quad i = \frac{V}{13r}$$

13-17

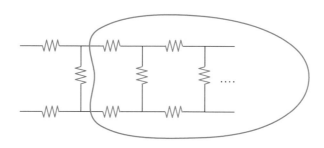

합성저항을 R이라고 하면

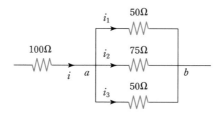

$$R = 2r + \frac{Rr}{R+r}$$

$$R^2 - 2rR - 2r^2 = 0$$

$$\therefore\quad R = r \pm \sqrt{3}\,r$$

$R > 0$이므로 $R = (1 + \sqrt{3})r$

13-18 주어진 회로는 다음과 같다.

합성저항을 R이라 하면

$$R = 100 + \frac{75}{4} = \frac{475}{4} \qquad \therefore \quad i = \frac{24}{475}$$

ab 간의 전위차를 ε라 하면

$$\varepsilon = i_1 \times 50 = i_2 \times 75 = i_3 \times 50$$

$$\therefore \quad i_1 = i_3 = \frac{3}{2} i_2$$

한편 $i_1 + i_2 + i_3 = i = \frac{24}{475}$

$$\therefore \quad i_2 = \frac{6}{475} \, (\text{A})$$

13 – 19 합성저항을 R이라 하면 $\dfrac{1}{R} = \dfrac{1}{10} + \dfrac{1}{10}$ $\therefore$ $R = 5 \, (\Omega)$

$100 = i \times 5$에서 $i = 20 \, (\text{A})$

5Ω과 7Ω에 각각 10A의 전류가 흐르므로 B점은 $5 \times 10 = 50 \, (\text{V})$ 낮아지고 A점은 $7 \times 10 = 70 \, (\text{V})$ 낮아진다.

$\therefore$ A점이 B점보다 20 V 낮다.

13 – 20 축전기의 충전이 완료되면 전류는 저항으로만 흐른다. 이때 전류 I는

$$I = \frac{10}{4 + 6} = 1 \, (\text{A})$$

이다. $2\mu\text{F}$, $4\mu\text{F}$에 걸리는 전위차와 6Ω 양단의 전위차는 $V = I \times 6 = 6 \, (\text{V})$로 같다.

두 축전기의 합성용량을 C라 하면

$$\frac{1}{C} = \frac{1}{2} + \frac{1}{4} = \frac{3}{4} \qquad \therefore \quad C = \frac{4}{3} \, (\mu\text{F})$$

각 축전기에 충전되는 전하량은 전체 전하량과 같으므로(∵ 직렬이므로)

$$Q = CV = \frac{4}{3} \times 6 = 8 \, (\mu\text{C})$$

13 – 21 주어진 회로에서 가운데 두 저항($2r$과 $2r$)은 병렬이므로 합성저항은

$$\frac{1}{R} = \frac{1}{2r} + \frac{1}{2r} = \frac{1}{r}$$에서 $R = r$이다. 따라서 주어진 회로는 다음과 같이 바뀐다.

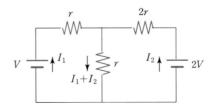

키르히호프 법칙을 쓰면

$$V = I_1 r + (I_1 + I_2) r$$

$$2V = I_2 \cdot 2r + (I_1 + I_2) r$$

$$\therefore \quad I_1 = \frac{V}{5r}, \quad I_2 = \frac{3V}{5r}$$

13-22 다음 그림을 보자.

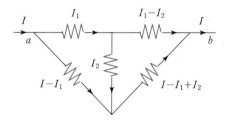

ab 사이의 전위차 V_{ab}를 다음과 같이 세 가지로 쓸 수 있다.

$$V_{ab} = 1 \times I_1 + 1 \times (I_1 - I_2)$$

$$V_{ab} = 1 \times I_1 + 1 \times I_2 + 5 \times (I - I_1 + I_2)$$

$$V_{ab} = 3 \times (I - I_1) + 5 \times (I - I_1 + I_2)$$

세 식을 연립하면 $V_{ab} = \dfrac{27}{17} I$

$$\therefore \quad R_{ab} = \frac{V_{ab}}{I} = \frac{27}{17} (\Omega)$$

13-23 그림을 보자.

$$I_1 = I_2 + I_3$$

$$12 - 2I_3 - 4I_1 = 0$$

$$8 - 6I_2 + 2I_3 = 0$$

$$\therefore \quad I_3 = 0.909 \, (\text{A})$$

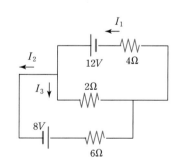

13-24 가운데 두 저항의 합성 저항은 2Ω 이므로 주어진 회로는 다음과 같다.

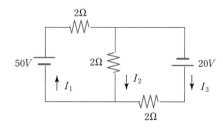

$$I_1 = I_2 + I_3$$

$$50 - 2I_1 - 3I_2 = 0$$

$$20 - 2I_3 + 2I_2 = 0$$

$$\therefore \quad I_1 = 20\,(\text{A}), \quad I_3 = 15\,(\text{A})$$

$\mathcal{C}hapter\,14$ 자기장

14-1 입자의 속도를 v라고 하면

$$K = \frac{1}{2}\,mv^2 \qquad\qquad\qquad\qquad ①$$

이때 자기력이 구심력의 역할을 하므로

$$qvB = m\frac{v^2}{R} \qquad \therefore \quad r = \frac{mv}{qB} \qquad\qquad ②$$

①을 ②에 넣으면

$$r = \frac{\sqrt{2mK}}{qB}$$

14-2 직선부분에서는 $d\vec{l}\,/\!/\,\hat{r}$이므로 $d\vec{l}\times\hat{r}=0$이다. 그러므로 직선부분에 의한 자기장은 0이다.

반지름이 a, b인 부분에 의한 자기장을 각각 B_a, B_b라고 하고 지면으로 들어가는 방향의 단위벡터와 지면에서 나오는 방향의 단위벡터를 각각 $\otimes$, $\odot$라고 하면 그때 $\vec{\otimes} = -\vec{\odot}$이다.

B_a는 반지름이 a인 원형전류에 의한 자기장의 세기의 $\dfrac{\theta}{2\pi}$ 이므로

$$B_a = \frac{\mu_0 I}{2a} \times \frac{\theta}{2\pi} = \frac{\mu_0 I\theta}{4\pi a}$$

이고 마찬가지로 $B_b = \dfrac{\mu_0 I\theta}{4\pi b}$

따라서 자기장 벡터는 다음과 같다.

$$\vec{B} = B_a\vec{\otimes} + B_b\vec{\odot}$$

$$= \frac{\mu_0 I\theta}{4\pi a}\vec{\otimes} + \frac{\mu_0 I\theta}{4\pi b}\vec{\odot}$$

$$= \left(\frac{\mu_0 I\theta}{4\pi a} - \frac{\mu_0 I\theta}{4\pi b}\right)\vec{\odot}$$

$$= \frac{\mu_0 I \theta}{4\pi}\left(\frac{1}{b} - \frac{1}{a}\right)\overrightarrow{\odot}$$

따라서 자기장의 크기는 $\frac{\mu_0 I \theta}{4\pi}\left(\frac{1}{b} - \frac{1}{a}\right)$이고 방향은 지면에서 나오는 방향이다.

14-3 줄의 장력을 T라 하면

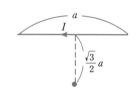

$$2T\sin\theta = ILB \qquad\qquad ①$$
$$2T\cos\theta = mg \qquad\qquad ②$$

①÷② 하면 $\tan\theta = \frac{ILB}{mg}$

$$\therefore \quad B = \frac{mg}{IL}\tan\theta$$

14-4 수평방향전류는 자기장을 만들지 않는다. ($\because \ \overrightarrow{dl} \ // \ \hat{r}$)

$$\therefore \quad B = \frac{1}{2}\left(\frac{\mu_0 I}{2\pi d}\right) = \frac{\mu_0 I}{4\pi d}$$

14-5 한 변이 만드는 자기장을 B_1이라 하면

$$\therefore \quad B_1 = \frac{\mu_0 I}{2\pi\left(\frac{\sqrt{3}}{2}a\right)} \frac{a}{\sqrt{a^2 + 4\left(\frac{\sqrt{3}}{2}a\right)^2}}$$

$$= \frac{\mu_0 I}{\pi\sqrt{3}} \cdot \frac{1}{2a} = \frac{\mu_0 I}{2\sqrt{3}\,\pi a}$$

$$\therefore \quad \text{전체자기장은} \quad B = 6B_1 = \frac{\sqrt{3}\,\mu_0 I}{\pi a}$$

14-6

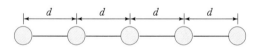

대칭에 의해 $F = 0$

14-7 $r = \frac{3}{2}a$인 앙페르 곡선에 대해 앙페르 법칙을 쓰면

$$B\times 2\pi\left(\frac{3}{2}a\right) = \mu_0 I' \qquad\qquad ①$$

한편 $I' : I = \pi\left(\left(\frac{3}{2}a\right)^2 - a^2\right) : \pi\left((2a)^2 - a^2\right) = \ 5 : 12$

$$\therefore \quad I' = \frac{5}{12}\,I \qquad\qquad ②$$

②를 ①에 넣으면

$$B = \frac{5\mu_o I}{36\pi a}$$

14-8 구멍 ①, ②를 채웠을 때 자기장을 B_0, 구멍 ①, ②에 의한 자기장을 B_1, B_2 라 하자.

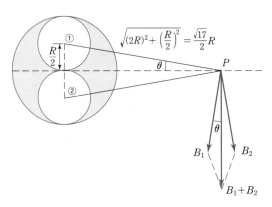

전류밀도는

$$J = \frac{I}{A} = \frac{I}{\pi R^2 - 2\pi\left(\frac{R}{2}\right)^2} = \frac{2I}{\pi R^2}$$

따라서 구하는 자기장 B는

$$B = B_0 - \left|\vec{B_1} + \vec{B_2}\right|$$
$$= B_0 - 2B_1 \cos\theta$$
$$= \frac{\mu_0 J\pi R^2}{2\pi(2R)} - 2 \times \frac{\mu_0 J\pi\left(\frac{R}{2}\right)^2}{2\pi\left(\frac{\sqrt{17}}{2}R\right)} \times \frac{2R}{\left(\frac{\sqrt{17}}{2}R\right)}$$
$$= \frac{9\mu_0 I}{34\pi R}$$

14-9 입자는 원운동하므로 그 반지름을 r이라 하면

$$qvB = m\frac{v^2}{r} \qquad \therefore \ r = \frac{mv}{qB} \qquad\qquad ①$$

$r \leqq d$ 이어야 하므로

$$\frac{mv}{qB} \leqq d \qquad \therefore \ B \geqq \frac{mv}{dq}$$

14-10 ②

14−11 $F = idB = ma$ 에서 $a = \dfrac{idB}{m}$

$$v^2 - 0^2 = 2as$$

$$\therefore \quad v = \sqrt{\dfrac{2idBs}{m}}$$

14−12 한 코일의 둘레길이는 $\dfrac{L}{N}$ 이므로 코일의 반지름 r 은 $r = \dfrac{L}{2\pi N}$

코일단면적 $A = \pi r^2 = \pi \left(\dfrac{L}{2\pi N}\right)^2 = \dfrac{L^2}{4\pi N^2}$

$\therefore \quad \tau = Ni\,AB = Ni\,\dfrac{L^2}{4\pi N^2}\,B = \dfrac{iL^2 B}{4\pi N}$

$\therefore \quad N = 1$ 일 때 τ 가 최대가 된다.

14−13 0

14−14 $B = \dfrac{\mu_0 I}{2R} \times \dfrac{180°}{360°} = \dfrac{\mu_0 I}{4R}$

14−15 $\vec{B} = \dfrac{\mu_0 I}{4R}\,\widehat{\otimes} + \dfrac{\mu_0 I}{4(2R)}\,\widehat{\odot} = \dfrac{\mu_0 I}{8R}\,\widehat{\otimes}$

자기장의 크기는 $\dfrac{\mu_0 I}{8R}$ 이고 방향은 지면 속으로 들어가는 방향이다.

14−16 $B = \dfrac{4\mu_0 I a^2}{\pi \left(4\left(\dfrac{a}{2}\right)^2 + a^2\right)\sqrt{a^2 + 2a^2}}$

$\qquad\quad = \dfrac{2\mu_0 I}{\sqrt{3}\,\pi a}$

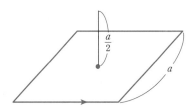

14−17 그림에서 $B_p = \dfrac{\mu_0 I}{4\pi D}\dfrac{L}{\sqrt{L^2 + D^2}}$ 이므로 구하는 자기장 $\vec{B}$ 는

$$\vec{B} = 2\left(\dfrac{\sqrt{2}\,\mu_0 I}{8\pi a}\right)\widehat{\otimes} + 2\cdot\dfrac{\sqrt{2}\,\mu_0 I}{8\pi\cdot 2a}\,\widehat{\odot}$$

$$= \dfrac{\sqrt{2}\,\mu_0 I}{8\pi a}\,\widehat{\otimes}$$

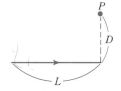

14−18 $\dfrac{\mu_0 i}{2\pi x} = \dfrac{\mu_0(2i)}{2\pi(d-x)}$ 에서

$\qquad\quad x = \dfrac{d}{3}$

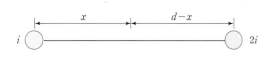

14-19 $F = \dfrac{\mu_0 I(2I)L}{2\pi}\left(\dfrac{1}{a} - \dfrac{1}{5a}\right) = \dfrac{4\mu_0 I^2 L}{5\pi a}$

14-20

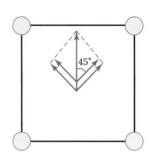

$$B = 4\left(\dfrac{\mu_0 I}{2\pi\left(\dfrac{a}{\sqrt{2}}\right)}\right)\cos 45° = \dfrac{2\mu_0 I}{\pi a}$$

14-21 앙페르 법칙을 쓰면

$$B \cdot 2\pi\left(\dfrac{5}{2}a\right) = \mu_0 I - \mu_0 I' \qquad\qquad ①$$

여기서 $I : I' = \pi\{(3a)^2 - (2a)^2\} : \pi\left\{\left(\dfrac{5}{2}a\right)^2 - (2a)^2\right\} = 5 : \dfrac{9}{4}$

$$\therefore\ I' = \dfrac{9}{20}I \qquad\qquad ②$$

②를 ①에 넣으면

$$B = \dfrac{11\mu_0 I}{100\pi a}$$

14-22 반원 부분이 받는 힘은 0이다.(∵ 직선 전류에 의해 자기장과 반원전류의 방향이 나란하기 때문에)

따라서 다음 그림과 같이 두 도선에 의해 가운데 도선이 받는 힘 F를 구하면 된다.

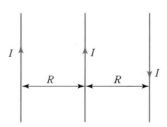

$$F = ILB = IL\left(2 \cdot \dfrac{\mu_0 I}{2\pi R}\right) = \dfrac{\mu_0 I^2 L}{\pi R}$$

14 – 23

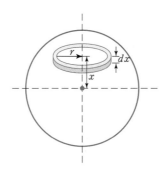

$$dB = \frac{\mu_0 r^2 dI}{2(x^2 + r^2)^{3/2}} \qquad ①$$

$$dI = \frac{dq}{t} = \frac{dq}{\frac{2\pi}{w}} = \frac{w\,dq}{2\pi} = \frac{w\rho}{2\pi}\,dv = \frac{w\rho}{2\pi}(2\pi\, rdrdx) \qquad ②$$

$$\therefore \quad dB = \frac{\mu_0 \rho w r^3 drdx}{2(x^2 + r^2)^{3/2}} \qquad ③$$

$$\therefore \quad B = \int_{x=-R}^{R} \int_{r=0}^{\sqrt{R^2 - x^2}} \frac{\mu_0 \rho w}{2} \frac{r^3 drdx}{(x^2 + r^2)^{3/2}}$$

$v = r^2 + x^2$이라 하면 $dv = 2rdx$

$$\therefore \quad B = \int_{-R}^{R} \left(\int_{v=x^2}^{R^2} \frac{\mu_0 \rho w}{2} \frac{(v - x^2)}{2v^{3/2}}\, dv \right) dx$$

$$= \frac{\mu_0 \rho w}{4} \int_{-R}^{R} \left[2\sqrt{v} + \frac{2x^2}{\sqrt{v}} \right]_{x^2}^{R^2} dx$$

$$= \frac{\mu_0 \rho w}{4} \int_{-R}^{R} \left(2(R - x) + 2x^2 \left(\frac{1}{R} - \frac{1}{x} \right) \right) dx$$

$$= \frac{\mu_0 \rho w}{3} R^2$$

14 – 24 $B = \dfrac{\mu_0 I}{2\pi R} + \dfrac{\mu_0 I}{2R}$ (종이 속으로 들어가는 방향)

14 – 25 $B = \dfrac{1}{4} \cdot \dfrac{\mu_0 I}{2R} = \dfrac{\mu_0 I}{8R}$ (종이 속으로 들어가는 방향)

14 – 26 $\quad I = \displaystyle\int_0^R J \cdot 2\pi rdr = \int_0^R 2\pi b r^2 dr = \frac{2\pi b R^3}{3} \quad \therefore \quad b = \frac{3I}{2\pi R^3} \qquad ①$

(1) $r > R$이면

$$2\pi r B_1 = \mu_0 I \qquad \therefore \quad B_1 = \frac{\mu_0 I}{2\pi r}$$

(2) $r < R$이면

$$2\pi r B_2 = \mu_0 \int_0^r J \cdot 2\pi r dr = \mu_0 2\pi b \cdot \frac{r^3}{3}$$

$$\therefore \quad B_2 = \frac{b\mu_0}{3} r^2 \qquad \qquad ②$$

①을 ②에 넣으면

$$B_2 = \frac{\mu_0}{3} \cdot \frac{3I}{2\pi R^3} r^2 = \frac{\mu_0 I}{2\pi R^3} r^2$$

14-27 다음 그림과 같이 좌표를 택하자.

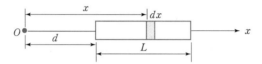

dx 부분의 전류를 dI라고 하면

$$dI = \frac{dx}{L} I$$

이 전류에 의한 P점에서의 자기장의 크기를 dB라 하면

$$dB = \frac{\mu_0 dI}{2\pi x} = \frac{\mu_0 I dx}{2\pi L x}$$

따라서 자기장은

$$B = \int dB = \int_d^{d+L} \frac{\mu I dx}{2\pi L x}$$

$$= \frac{\mu_0 I}{2\pi L} \left[\ln x \right]_d^{d+L}$$

$$= \frac{\mu_0 I}{2\pi L} \ln \frac{d+L}{d}$$

$$= \frac{\mu_0 I}{2\pi L} \ln \left(1 + \frac{L}{d} \right)$$

Chapter 15 전자기 유도

15-1 $\Phi = BA = n\mu_0 i A = n\mu_0 A i_0 \sin wt$

$$\therefore \quad \varepsilon = -N \frac{d\phi}{dt} = -n\mu_0 A i_0 w \cos wt$$

15-2 패러데이 법칙에 의해

$$\varepsilon = -\frac{d\Phi}{dt} = -\frac{\mu_0 b}{2\pi} \ln\left(\frac{a}{b-a}\right)\frac{di}{dt} = -\frac{\mu_0 bk}{2\pi} \ln\left(\frac{a}{b-a}\right)$$

I가 시간에 따라 증가하므로 Φ도 증가한다. 따라서 고리에 흐르는 전류는 반시계 방향이다.

15-3 $\dfrac{dx}{dt} = v$이므로

$$\begin{aligned}
\varepsilon = -\frac{d\Phi}{dt} &= -\frac{\pi\mu_0 i r^2 R^2}{2}\frac{d}{dt}\left(\frac{1}{x^3}\right) \\
&= -\frac{\pi\mu_0 i r^2 R^2}{2}\frac{d}{dx}\left(\frac{1}{x^3}\right)\frac{dx}{dt} \\
&= -\frac{\pi\mu_0 i r^2 R^2}{2}\frac{d}{dx}\left(\frac{1}{x^3}\right)\frac{dx}{dt} \\
&= -\frac{\pi\mu_0 i r^2 R^2}{2}\left(-\frac{3}{x^4}\right)v \\
&= \frac{3\pi\mu_0 i r^2 R^2 v}{2x^4}
\end{aligned}$$

15-4 $L = \dfrac{N\Phi}{I} = \dfrac{N}{I}\cdot\dfrac{N}{l}\mu_0 IA = \dfrac{N^2}{l}\mu_0 A$

$$\therefore\quad \frac{L}{l} = \frac{N^2}{l^2}\mu_0 A$$

15-5 그림을 보자.

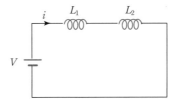

회로에 흐르는 전류를 I라고 하면

$$\varepsilon = L_1\frac{di}{dt} + L_2\frac{di}{dt} = (L_1 + L_2)\frac{di}{dt} \tag{1}$$

합성인덕턴스를 L이라고 하면

$$\varepsilon = L\frac{di}{dt} \tag{2}$$

(1)(2)를 비교하면

$$L = L_1 + L_2$$

15-6 솔레노이드에 흐르는 전류를 i_s라고 하면

$$M = M_{CS} = \frac{N\Phi_{CS}}{i_s}$$

여기서 자속은 $\Phi_{CS} = (\mu_0 i_s n) \times (\pi R^2)$이므로

$$M = \frac{N\mu_0 i_s n\pi R^2}{i_s} = \mu_0 \pi R^2 nN$$

15-7 $I = \dfrac{V}{R}$

15-8 $E = \dfrac{V}{d}$

$$i_d = \varepsilon_0 A \frac{dE}{dt} = \varepsilon_0 A \frac{d}{dt}\left(\frac{v_0}{d}\cos wt\right) = -\frac{\varepsilon_0 A v_0 w}{d}\sin wt$$

15-9 $P = 0.3 \times \left(\dfrac{I}{C}\right) + 0.7 \times \left(\dfrac{2I}{C}\right) = \dfrac{17I}{10C}$

15-10 일정한 속도로 내려오려면 막대에 작용하는 합력이 0이어야 한다. 궤도의 끝에서 막대까지의 거리가 x일 때 막대와 궤도로 이루어진 회로에 대한 자속 Φ는 $\Phi = Blx\cos\theta$이다. 이때 회로에 생기는 유도기전력 ε은

$$\varepsilon = -\frac{d\Phi}{dt} = -Blv\cos\theta \qquad \therefore \ |\varepsilon| = Blv\cos\theta$$

이제 막대에 작용하는 힘을 모두 그려보자.

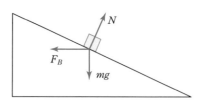

여기저 자기력은 $F_B = ilB = \dfrac{B^2 l^2 v}{R}\cos\theta$이다. 따라서 막대의 속도가 일정하기 위해서는 합력이 0이어야 하므로 $N = mg\cos\theta$, $F_B\cos\theta = mg\sin\theta$

두 식을 연립하면 $v = \dfrac{mgR\sin\theta}{B^2 l^2 \cos^2\theta}$

15-11 $B(t) = at+b$라 두면 $B(0) = b = B$, $B(T) = 0 = aT+b$

$$\therefore \ a = -\frac{B}{T} \qquad \therefore \ B(t) = -\frac{B}{T}t + B$$

$$\therefore \quad \varPhi = B(t)A = BA\left(-\frac{t}{T}+1\right)$$

$$\therefore \quad \varepsilon = -\frac{d\varPhi}{dt} = \frac{BA}{T}$$

$$\therefore \quad P = \frac{\varepsilon^2}{R} = \frac{B^2 A^2}{RT^2}$$

15－12 $w = 2\pi f$ 이므로 $\varPhi = NBA\cos wt = NabB\cos 2\pi ft$

$$\therefore \quad \varepsilon = -\frac{d\varPhi}{dt} = NabB\,2\pi f\sin 2\pi ft$$

15－13

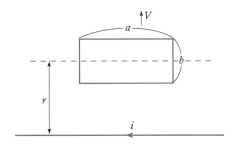

$v = \dfrac{dr}{dt}$ 이므로

$$\varPhi = \int B\,da = \int_{r-\frac{b}{2}}^{r+\frac{b}{2}} \frac{\mu_0 i}{2\pi r}\,a\,dr = \frac{\mu_0\,ia}{2\pi}\ln\left(\frac{r+\frac{b}{2}}{r-\frac{b}{2}}\right)$$

$$\therefore \quad \varepsilon = -\frac{d\varPhi}{dt} = -\frac{d\varPhi(r)}{dr}\frac{dr}{dt} = \frac{\mu_0\,iav}{2\pi}\left(\frac{1}{r-\frac{b}{2}} - \frac{1}{r+\frac{b}{2}}\right)$$

15－14 $A = \dfrac{1}{2}\cdot vt\cdot 2vt = v^2\,t^2$

$$\therefore \quad \varepsilon = -\frac{d\varPhi}{dt} = -B\frac{dA}{dt} = -2Bv^2 t$$

15－15 그림과 같이 좌표를 도입하자.

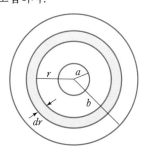

이때 자기에너지밀도는

$$u_B = \frac{B^2}{2\mu} = \frac{1}{2\mu}\left(\frac{\mu i}{2\pi r}\right)^2 = \frac{\mu i^2}{8\pi^2 r^2}$$

한편 부피요소는 $dV = 2\pi r l dr$ 이므로 자기에너지는

$$U = \int u_B\, dv = \int_a^b \frac{\mu i^2}{8\pi^2 r^2}\cdot 2\pi r l dr = \frac{\mu i^2 l}{4\pi}\ln\frac{b}{a}$$

15-16 $u_B = \dfrac{B^2}{2\mu_0} = \dfrac{1}{2\mu_0}(n\mu_0 I)^2 = \dfrac{1}{2\mu_0}\left(\dfrac{N\mu_0}{L}I\right)^2$

$$= \frac{N^2\mu_0 I^2}{2L^2}$$

15-17

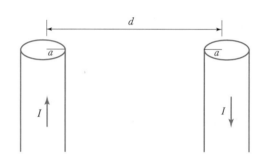

$$\Phi = \int_a^{d-a} B da \times 2 = 2\int_a^{d-a}\frac{\mu_0 I}{2\pi r}l dr = \frac{\mu_0 Il}{\pi}\ln\frac{d-a}{a}$$

$$\therefore\ L = \frac{\Phi}{I} = \frac{\mu_0 l}{\pi}\ln\frac{d-a}{a}$$

15-18 예제 4를 이용하면

$$M = N_2\frac{\Phi_{\text{출}}}{I_{\text{코}}} = \frac{N_2}{I}\ \frac{N_1\mu_0 Ih}{2\pi}\ \ln\frac{b}{a} = \frac{\mu_0 h N_1 N_2}{2\pi}\ln\frac{b}{a}$$

15-19 $M = \dfrac{N_2}{I}\Phi = \dfrac{N_2}{I}\left(\dfrac{N_1}{l}\mu_0 I\cdot \pi R_1{}^2\right) = n_1 n_2 \mu_0\, l\pi R_1{}^2$

15-20 $i = \dfrac{v_0 \sin wt}{R}$

15-21 $\Delta V_{12} = A\sin wt - A\sin(wt-120°) = \sqrt{3}A\cos(wt-60°)$

$\therefore$ 진폭은 $\sqrt{3}A$ 이다.

15-22 $i = I \sin wt$ 의 주기를 T 라 하면 구하는 평균을 $\overline{i^2}$ 이라 하면

$$\overline{i^2} = \frac{1}{T} \int_0^T i^2 dt$$

$$= \frac{1}{T} \int_0^T I^2 \sin^2 wt \, dt$$

$$= \frac{I^2}{T} \int_0^T \frac{1 - \cos 2wt}{2} dt$$

$$= \frac{I^2}{T} \left[\frac{t}{2} - \frac{\sin 2wt}{4w} \right]_0^T = \frac{I^2}{2}$$

15-23 (1) 코일이 x 만큼 들어가면

$$\Phi = BA = Bwx$$

$$\therefore \ |\varepsilon| = N \frac{d\Phi}{dt} = NBw \frac{dx}{dt} = NBwv$$

(2) Φ 가 변하지 않으므로 $|\varepsilon| = 0$

15-24 자기력의 방향은 왼쪽이므로 막대는 왼쪽으로 움직인다.

그 속도를 v 라고 하면

$$m \frac{dv}{dt} = IBd \tag{①}$$

막대가 왼쪽으로 움직이므로 유도기전력은 $-Bvd$ 이다.

$$\therefore \ I = \frac{\varepsilon + (-Bvd)}{R} \tag{②}$$

②를 ①에 넣으면

$$\frac{dv}{dt} = \frac{Bd}{mR} (\varepsilon - Bdv) \tag{③}$$

$t = 0$ 일 때 $v = 0$ 이므로

$$v(t) = \frac{\varepsilon}{Bd} \left(1 - e^{-\frac{B^2 d^2}{mR} t} \right)$$

15-25 $|\varepsilon| = \left| -\frac{d}{dt} (BA) \right| = \left| -\frac{dB}{dt} \cdot A \right| = \pi a^2 K$

$$\therefore \ Q = C|\varepsilon| = CK\pi a^2$$

15-26 $\Phi = \int_r^{r+w} \frac{\mu_0 I l \, dx}{2\pi x} = \frac{\mu_0 I l}{2\pi} \ln \left(1 + \frac{w}{r} \right)$

$$\varepsilon = -\frac{d\phi}{dt} = -\frac{\mu_0 I l}{2\pi} \frac{-\frac{w}{r^2}}{1 + \frac{w}{r}} \frac{dr}{dt} = \frac{\mu_0 I l v w}{2\pi r (r + w)} \left(\because \frac{dr}{dt} = v \right)$$

15－27 $Mg - T = Ma$

$T - IlB = ma$

$\therefore \ (m + M)a = Mg - IlB$

$I = \dfrac{|\varepsilon|}{R} = \dfrac{Blv}{R}$

$a = \dfrac{dv}{dt} = \dfrac{mg}{m+M} - \dfrac{B^2 l^2}{(m+M)R} v$

$t = 0$일 때 $v = 0$이므로

$v(t) = \dfrac{MgR}{B^2 l^2} \left(1 - e^{-\frac{B^2 l^2}{R(M+m)} t} \right)$

$\mathcal{C}hapter\,16$ 일과 에너지

16－1 $\Delta \rho \approx \dfrac{d\rho}{dT} \Delta T = \dfrac{d}{dT} \left(\dfrac{m}{V} \right) \Delta T$

$\qquad = -\dfrac{m}{V^2} \dfrac{dV}{dT} \Delta T$

$\qquad = -\dfrac{m}{V^2} V\beta \Delta T = -\beta \rho \Delta T$

$\therefore \ \dfrac{\Delta \rho}{\Delta T} = -\beta \rho$

16－2   (A) $W = p\Delta V = 40 \times (4-1) + 0 = 120\,\mathrm{J}$

(B) 직선의 식은 $p = 50 - 10V$ 이므로

$W = \displaystyle\int_1^4 pdV = \int_1^4 (50 - 10V)\,dV$

$\qquad = [50V - 5V^2]_1^4 = 75\,\mathrm{J}$

(C) $W = p\Delta V = 0 + 10 \times (4-1) = 30\,\mathrm{J}$

16－3 $\Delta \mathrm{E}_{int} = na\Delta T + 2n \cdot 2a \cdot \Delta T + 3n \cdot 3a \cdot \Delta T$

$\qquad = 14na\Delta T$

$\qquad = (n + 2n + 3n)C\Delta T$

에서

$C = \dfrac{14na}{6n} = \dfrac{14}{6} a$

16-4
$$\overline{v_2} = \sqrt{\frac{8kT}{\pi M}}, \quad v_{rms,1} = \sqrt{\frac{3kT}{m}}$$

$\overline{v_2} = 2v$ 이고 $v_{rms,1} = v$ 이므로

$$\sqrt{\frac{8kT}{\pi M}} = 2\sqrt{\frac{3kT}{m}} \qquad \therefore \quad \frac{m}{M} = \frac{3\pi}{2}$$

16-5
$$PV^r = P'\left(\frac{27}{8}V\right)^r$$

$$\therefore \quad P = P'\left(\frac{27}{8}\right)^r = P'\left(\left(\frac{3}{2}\right)^3\right)^{\frac{5}{3}} = P' \cdot \left(\frac{3}{2}\right)^5 = \frac{243}{32}P'$$

$$\therefore \quad P' = \frac{32}{243}P$$

$PV \propto T$ 이므로

$$TV^{r-1} = T'\left(\frac{27}{8}V\right)^{r-1}$$

$$T = T'\left(\left(\frac{3}{2}\right)^3\right)^{\frac{2}{3}} = \frac{9}{4}T'$$

$$\therefore \quad T' = \frac{4}{9}T$$

16-6 (a) $\Delta E_{int}^{a} = C_v(T_1 - T_0), \quad W^a = P_0(V_1 - V_0)$

$Q = \Delta E + W$ 에서 (여기서 $\Delta E > 0$)

$$Q^a = \frac{3R}{2}(T_1 - T_0) + P_0(V_1 - V_0) \qquad\qquad ①$$

(b) 등온이므로 $\Delta T = 0 \quad \therefore \quad \Delta E = 0$

$$Q^b = W^b = \int p\,dv = RT_0 \ln\frac{V_1}{V_0} \qquad\qquad ②$$

$P_0(V_1 - V_0) > W^b$ 이므로 ①②에서 $Q^a > Q^b$

(c) 단열이므로 $Q^c = 0 \quad \therefore \quad \Delta E + W = 0, \quad W > 0$ 이므로 $\Delta E < 0$

$$\therefore \quad Q^a > Q^b > Q^c, \quad \Delta E^a > \Delta E^b > \Delta E^c$$

16-7
$$\int_{\Delta T_0}^{\Delta T} \frac{d\Delta T}{\Delta T} = -\int_0^t A\,dt$$

$$\ln\frac{\Delta T}{\Delta T_0} = -At \qquad\qquad \therefore \quad \Delta T = ke^{-At}$$

16-8

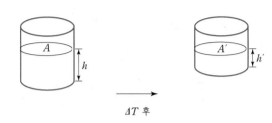

$$\Delta T \text{ 후}$$

$$V' = A'h' = (Ah)(1+\beta\Delta T) \text{이고}, \quad A' = A(1+2\alpha\Delta T) \text{이므로}$$

$$h' = h\frac{1+\beta\Delta T}{1+2\alpha\Delta T} = \frac{1+\beta}{1+2\alpha}\cdot h$$

16-9
$$Q = \int_{T}^{2T} cmdT$$

$$= \int_{T}^{2T}(a+bT)dT$$

$$= \left[aT + \frac{bT^2}{2}\right]_{T}^{2T} = aT + \frac{3}{2}bT^2$$

16-10
$$W_{BA} = -40\times3 + \frac{(10+40)\times3}{2} = -45\,(\mathrm{J})$$

$$W_{BC} = +75 - 10\times3 = 45\,(\mathrm{J})$$

16-11 $\Delta E = 0$ 이므로 $W = Q$ 이다.

$$\therefore \quad W = Q_{AB} + Q_{BC} + Q_{CA}$$

$$\therefore \quad Q_{CA} = W - Q_{AB} - Q_{BC}$$

$$= 15 - 20 - 0 = -5\,(\mathrm{cal})$$

따라서 소비한 열량은 5 cal이다.

16-12
$$W = \int_{V}^{2V} P\,dV = \int_{V}^{2V}\frac{RT}{V}\,dv = RT\ln\frac{2V}{V} = RT\ln 2$$

16-13 나중온도를 T' 이라 하면 $P_0V_0 = RT$ 와 $(3P_0)(3V_0) = RT'$ 에서

$$T' = 9T \qquad \therefore \quad \Delta T = 8T$$

$$\therefore \quad \Delta E_1 = \Delta E_2 = \frac{3}{2}R\Delta T = 12RT$$

$$W_1 = \int_{V_0}^{3V_0}\frac{RT}{V}\,dV = RT\ln\frac{3V_0}{V_0} = RT\ln 3$$

$$W_2 = \int_{V_0}^{\frac{V_0}{3}}\frac{RT}{V}\,dV + 3P_0\left(3V_0 - \frac{1}{3}V_0\right) = RT(8-\ln 3)$$

16−14 원래의 기체의 내부에너지는

$$E_0 = \frac{3}{2} NkT \qquad\qquad ①$$

여기서 $N = n_1 N_0$ (N_0는 아보가드로 수)

주입된 기체의 에너지는 $E_0' = N' \times \frac{1}{2} m_2 v_0^{\,2}$ ($N' = n_2 N_0$)

$\therefore$ 총에너지는 $\quad E = E_0 + E_0' = \frac{3}{2} NkT + \frac{1}{2} N' m_2 v_0^{\,2} \qquad ②$

평형 때 $\frac{1}{2} m_1 \overline{v_1}^{\,2} = \frac{1}{2} m_2 \overline{v_2}^{\,2}$ 이며 총에너지는

$$E = \frac{N}{2} m_1 \overline{v_1}^{\,2} + \frac{N'}{2} m_2 \overline{v_2}^{\,2} \qquad\qquad ③$$

②＝③에서

$$\frac{N+N'}{2} m_1 \overline{v_1}^{\,2} = \frac{3}{2} NkT + \frac{1}{2} N' m_2 v_0^{\,2}$$

$$\therefore \ \sqrt{\overline{v_1}^{\,2}} = \sqrt{\frac{n_2}{n_1 + n_2} \frac{kT}{m_1} + \frac{n_2}{n_1 + n_2} \frac{m_2}{m_1} v_0^{\,2}}$$

16−15 $\dfrac{PV}{T} = \dfrac{P'V'}{T'} = \dfrac{P' \cdot \dfrac{V}{2}}{\dfrac{T}{2}} = \dfrac{P'V}{T} \qquad \therefore \ P' = P$

$\therefore \ \Delta P = P' - P = 0$

16−16 (1) $E = \frac{1}{2} m \overline{v}^{\,2} = \frac{(m\overline{v})^2}{2m} = \frac{3}{2} kT$

$\therefore \ m\overline{v} = \sqrt{3mkT} \qquad\qquad \therefore \ \overline{v} \propto \sqrt{T}$

$B,\ C$의 온도를 각각 $T_B,\ T_C$라 하면

$$3P_0 V_0 = RT_B, \quad 3P_0 \cdot 4V_0 = RT_C \quad \therefore \ T_C = 4T_B$$

$$\therefore \ \overline{v}_c = \sqrt{4}\ \overline{v}_B = 2\overline{v}_B$$

$\therefore$ 운동량은 2배이다.

(2) $W = (3P_0 - P_0)(4V_0 - V_0) = 6P_0 V_0$

16−17 오른쪽, 왼쪽 기체의 나중 압력을 각각 $P_R,\ P_L$이라 하면

$$PV = P_R \cdot \frac{V}{2} \qquad\qquad ①$$

$$PV = P_L \cdot \frac{3}{2} V \qquad\qquad ②$$

$$\therefore \ P_R = 2P, \ P_L = \frac{2}{3} P \text{에서}$$

$$\Delta P = P_R - P_L = \frac{4}{3} P$$

16-18 $mgh = MC\Delta T \times 4.2$

$$\therefore \ \Delta T = \frac{mgh}{MC}$$

16-19 $A \to B$일 때 W는 (+) ($\because$ 팽창)

$$\Delta E = Q - W \text{에서} \ \Delta E \text{가} \ (+) \text{이므로} \ Q \text{는} \ (+)$$

$B \to C$일 때 $W = 0 (\because \ \Delta V = 0)$

$$\Delta E = Q \text{에서} \ Q \text{가} \ (+) \text{이므로} \ \Delta E \text{는} \ (+)$$

$C \to A$일 때 W는 (−) ($\because$ 수축)

한편 $A \to B \to C \to A$의 경우 $\Delta E = 0$이고 W는 (−)이므로 Q는 (−)이다. $Q_{A \to B} + Q_{B \to C} + Q_{C \to A}$가 (−)이고 $Q_{A \to B}$, $Q_{B \to C}$는 (+)이므로 $Q_{C \to A}$는 (−)이다. 따라서 $C \to A$일 때 Q는 (−)이고 W도 (−)이다.

한편 $A \to B \to C \to A$에서 $\Delta E = 0$ 즉, $\Delta E_{A \to B} + \Delta E_{B \to C} + \Delta E_{C \to A} = 0$이고 $\Delta E_{A \to B}$는 (+), $\Delta E_{B \to C}$도 (+)이므로 $\Delta E_{C \to A}$는 (−)이다.

16-20 $\dfrac{k_1 A(T_X - T_C)}{L_1} = \dfrac{k_2 A(T_H - T_X)}{L_2}$ 에서

$$T_X = \frac{k_1 L_2 T_C + k_2 L_1 T_H}{k_1 L_2 + k_2 L_1}$$

$$\therefore \ H = \frac{A(T_H - T_C)}{\dfrac{L_1}{k_1} + \dfrac{L_2}{k_2}} = k_e A \frac{(T_H - T_C)}{L}$$

$$\therefore \ k_e = \frac{L_1 + L_2}{\dfrac{L_1}{k_1} + \dfrac{L_2}{k_2}}$$

16-21 $w = RT \ln \dfrac{V_f}{V_i}$ 이고 등온이므로 $V_i P_o = RT$, $V_f \left(\dfrac{1}{2} P_0 \right) = RT$에서

$$\frac{V_f}{V_i} = \frac{P_o}{\dfrac{1}{2} P_o} = 2$$

$$\therefore \ W = V_o P_o \ln 2$$

16-22 $P = P_1 + P_2 = \dfrac{n_1 RT}{V} + \dfrac{n_2 RT}{V} = (n_1 + n_2)\dfrac{RT}{V}$

$$\therefore \ \frac{P_2}{P} = \frac{n_2 \dfrac{RT}{V}}{(n_1 + n_2)\dfrac{RT}{V}} = \frac{n_2}{n_1 + n_2} = \frac{0.5}{2 + 0.5} = \frac{1}{5}$$

16-23 $\qquad \dfrac{P_o V_o}{T_o} = \dfrac{PV}{2T_o}$ ①

$\qquad\qquad PA = P_o A + kZ$ ②

$\qquad\qquad V = V_o + AZ$ ③

②③을 ①에 넣으면

$$\frac{\left(P_o + \dfrac{kZ}{A}\right)(V_o + AZ)}{2T_o} = \frac{P_o V_o}{T_o}$$

$$\therefore \ kZ^2 + \left(P_o A + \frac{kV_o}{A}\right)Z - P_o V_o = 0$$

$$\therefore \ 20Z^2 + 12Z - 1 = 0$$

$Z > 0$이므로 $Z = \dfrac{-3 + \sqrt{14}}{10}$ (m)

Chapter 17 열역학제2법칙

17-1 $e = \dfrac{Q_H - Q_C}{Q_H} = \dfrac{50 - 30}{50} = 0.4$

17-2 $e = \dfrac{T_H - T_C}{T_H} = \dfrac{2T - T}{2T} = \dfrac{1}{2}$

$e = \dfrac{|W|}{|Q_H|}$ 에서 $|W| = e|Q_H| = \dfrac{1}{2} \times Q = \dfrac{Q}{2}$

17-3 등온이므로 $\Delta E = 0$

$$\therefore \ Q = W = \int P dV = \int_V^{3V} \frac{RT}{V} dV = RT \ln 3$$

$$\therefore \ \Delta S = \frac{Q}{T} = R \ln 3$$

17-4 (1) $P_1 V_1 = P_2 V_2$ 에서 $V_2 = 8V_1$ $\therefore \ P_2 = \dfrac{1}{8} P_1$

$$P_3 V_3{}^r = P_1 V_1{}^r \text{에서} \quad r = \frac{5}{3}, \ V_3 = 8V_1 \quad \therefore \quad P_3 = \frac{1}{32} P_1$$

$$P_1 V_1 = RT_1$$

$$P_3 V_3 = RT_3$$

$$\text{에서} \quad T_3 = \frac{P_3 V_3}{R} = \frac{\frac{1}{32} P_1 \cdot 8V_1}{R} = \frac{1}{4} T_1$$

(2) (i) $1 \to 2$

$$\Delta E = 0 \text{이므로} \ Q = W = \int P dV = \int_{V_1}^{8V_1} \frac{RT_1}{V} \, dV = RT_1 \ln 8$$

$$\therefore \quad \Delta S = \frac{Q}{T_1} = R \ln 8$$

(ii) $2 \to 3$

$$W = 0 \text{이므로}$$

$$Q = \Delta E = C_v R (T_3 - T_2) = \frac{3}{2} R \left(\frac{1}{4} T_1 - T_1 \right) = -\frac{9}{8} RT_1$$

$$\Delta S = S_3 - S_2 = S_1 - S_2 \ (\because \ 1 \to 3 \text{가 단열})$$

$$= -(\Delta S)_{1 \to 2} = -R \ln 8$$

(iii) $3 \to 1$

$$Q = 0 \text{이므로} \ \Delta S = 0$$

$$\Delta E = -W = C_v R (T_3 - T_2) = \frac{3}{2} R \left(\frac{1}{4} T_1 - T_1 \right) = -\frac{9}{8} RT_1$$

17−5 (1) $Q_H = W + Q_C = 2000 + 6000 = 8000 \ (\mathrm{J})$

(2) $e = \dfrac{W}{Q_H} = \dfrac{2000}{8000} = 0.25$

17−6 (1) $e = \dfrac{W}{Q} = \dfrac{P \cdot t}{Q}$ 에서 $\dfrac{Q}{t} = \dfrac{1}{e} P = \dfrac{200 \times 1000}{0.25} = 8 \times 10^5 \ (\mathrm{J/s})$

(2) $\dfrac{Q - W}{t} = \dfrac{Q}{t} - P = 8 \times 10^5 - 2 \times 10^5 = 6 \times 10^5 \ (\mathrm{J/s})$

17−7 $\dfrac{Q_1}{Q_2} = \dfrac{T_1}{T_2}, \ \dfrac{Q_2}{Q_3} = \dfrac{T_2}{T_3}$ 이고

$$e = \frac{W_1 + W_2}{Q_1}$$

$$= \frac{Q_1 - Q_2 + Q_2 - Q_3}{Q_1}$$

$$= \frac{Q_1 - Q_3}{Q_1} = 1 - \frac{T_3}{T_1}$$

17－8 $\dfrac{T_1-T_2}{T_1}=\dfrac{W}{Q_1}$ 에서

$$W=\dfrac{T_1-T_2}{T_1}Q_1$$ ①

$W+Q_4=Q_3$ 이므로 $\dfrac{Q_3-W}{W}=\dfrac{T_4}{T_3-T_4}$ 에서

$$\dfrac{T_4}{T_3-T_4}=\dfrac{Q_3}{W}-1=\dfrac{Q_3\,T_1}{Q_1(T_1-T_2)}-1$$

$$\therefore\ \dfrac{Q_3}{Q_1}=\dfrac{1-T_2/T_1}{1-T_4/T_3}$$

17－9 (1) 60초 : 120 = x : 1   ∴ $x=\dfrac{1}{2}=0.5$(초)

$$W=Pt=80\times0.5=40\,(\text{J})$$

(2) $\dfrac{W}{Q_H}=0.2$ ∴ $Q_H=\dfrac{40}{0.2}=200\,(\text{J})$

(3) $W=Q_H-Q_C$ 에서

$$Q_C=Q_H-W=200-40=160\,(\text{J})$$

17－10 (1) $W_{ab}=R\cdot2T\ln\dfrac{2V_a}{V_a}=2RT\ln2$

$$W_{bc}=W_{da}=0$$

$$W_{cd}=RT\ln\dfrac{V_a}{2V_a}=-RT\ln2$$

(2) $P=\dfrac{W}{t}=\dfrac{W}{\dfrac{1}{n}}=nRT\ln2$

(3) $\varDelta E=0$ 이므로 $Q=W=RT\ln2$

(4) $e=\dfrac{W}{Q_H}=\dfrac{RT\ln2}{R(2T)\ln2}=0.5$

17－11 (1) $\varDelta E=0$ 에서 $W_H=Q$

(2) $\dfrac{Q_C}{Q_H}=\dfrac{T_C}{T_H}=\dfrac{3T}{4T}$ ∴ $Q_C=\dfrac{3}{4}Q$

(3) $\varDelta E=0$ 이므로 $W_C=Q_C=\dfrac{3}{4}Q$

17－12 (1) $K=\dfrac{Q_C}{W}=2$ 에서 $Q_C=Q$ 이므로 $W=\dfrac{Q}{2}$

(2) $Q_H - Q_C = W$에서 $Q_H = Q_C + W = \dfrac{3}{2} Q$

17-13 (1) $W = Q_H - Q_C = 500 - 300 = 200 \,(\mathrm{J})$

(2) $\dfrac{Q_C}{Q_H} = \dfrac{T_C}{T_H}$ 에서 $T_C = T_H \dfrac{Q_C}{Q_H} = 600 \times \dfrac{300}{500} = 360 \,(\mathrm{K})$

(3) $e = 1 - \dfrac{T_C}{T_H} = 1 - \dfrac{360}{600} = 0.4$

17-14 $e = \dfrac{Q_H - Q_C}{Q_H}$, $W = Q_H - Q_C$에서 Q_H를 소거하면

$$W = \dfrac{e}{1-e} Q_C = \dfrac{0.5}{1-0.5} Q_C = Q_C$$

$P = \dfrac{W}{t} = \dfrac{Q_C}{t}$ 이고

$$\dfrac{Q_C}{t} = 2\,\mathrm{kg/s} \times 2.3 \times 10^6 \,\mathrm{J/kg} = 4.6 \times 10^6 \,(\mathrm{J/s})$$

$$\therefore \ P = \dfrac{Q_C}{t} = 4.6 \times 10^6 \,(\mathrm{J/s})$$

17-15 (1) bc는 등압과정이므로

$$Q = C_P \varDelta T = \dfrac{5}{2} R(T_C - T_b) \qquad\qquad ①$$

$$P_o \cdot 4 V_o = RT_a = RT$$

$$5P_o \cdot V_o = RT_b$$

$$5P_o \cdot 2 V_o = RT_c$$

에서

$$T_b = \dfrac{5}{4} T, \quad T_c = \dfrac{5}{2} T \qquad\qquad ②$$

②를 ①에 넣으면

$$Q = \dfrac{5}{2} R \left(\dfrac{5}{2} T - \dfrac{5}{4} T \right) = \dfrac{25}{8} RT$$

(2) da에서 방출된 열량은

$$|Q'| = |C_V(T_a - T_d)| = \left| \dfrac{3}{2} R(T - 2T) \right| = \dfrac{3}{2} RT$$

$$\therefore \ e = 1 - \dfrac{|Q'|}{Q} = 1 - \dfrac{\dfrac{3}{2} RT}{\dfrac{25}{8} RT} = 0.52$$

Chapter 18 빛의 반사 굴절

18-1 그림을 보라.

각 층에 대해 스넬의 법칙을 쓰면

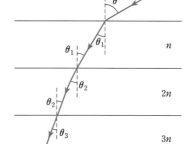

$$\frac{\sin\theta}{\sin\theta_1} = \frac{n}{1} \qquad ①$$

$$\frac{\sin\theta_1}{\sin\theta_2} = \frac{2n}{n} = 2 \qquad ②$$

$$\frac{\sin\theta_2}{\sin\theta_3} = \frac{3n}{2n} = \frac{3}{2} \qquad ③$$

①, ②, ③을 곱하면

$$\frac{\sin\theta}{\sin\theta_3} = 3n$$

$$\therefore \quad \sin\theta_3 = \frac{1}{3n}\sin\theta$$

18-2 액체를 넣으면 빛이 굴절이 되므로 다음 그림과 같다.

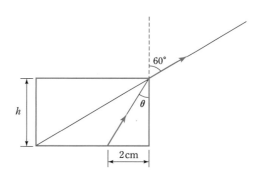

굴절각을 θ 라 하면 스넬의 법칙에 의해

$$1 \times \sin 60° = \frac{\sqrt{3}}{\sqrt{2}}\sin\theta, \quad \sin\theta = \frac{\sqrt{2}}{2} \quad \therefore \ \theta = 45°$$

한편 $\tan\theta = \dfrac{2}{h} = \tan 45°$ $\quad \therefore \ h = 2\,\mathrm{cm}$

18-3 다음 그림을 보라.

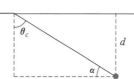

전반사의 임계각에 대한 식을 쓰면

$$n = \sin\theta_C = 1 \times \sin 90° \quad \therefore \quad \sin\theta_c = \frac{1}{n}$$

올려다본 각을 α라 하면

$$\alpha = 90° - \theta_c = 90° - \sin^{-1}\left(\frac{1}{n}\right)$$

18-4 6개의 면 중 하나의 면에 대해 생각하자.(윗면에 대해 생각하자).

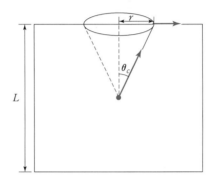

$\theta \geqq \theta_c$일 때 전반사가 일어나므로 위 그림에서 반지름 r인 원의 내부는 전반사가 일어나지 않아 빛이 밖으로 나오게 된다.

그러므로 윗면 중 가려야 할 부분의 넓이는 πr^2이다.

전반사의 임계각 θ_C는 $\sin\theta_C = \frac{1}{n}$을 만족하고

$$r = \frac{L}{2}\tan\theta_C = \frac{L}{2}\frac{\sin\theta_C}{\cos\theta_C} = \frac{L}{2}\frac{\sin\theta_C}{\sqrt{1-\sin^2\theta_C}} = \frac{L}{2\sqrt{n^2-1}}$$

따라서 전체 6면에 대해 가려야 하는 부분의 비율은

$$\frac{6\pi r^2}{6L^2} = \frac{\pi\left(\dfrac{L}{2}\dfrac{1}{\sqrt{n^2-1}}\right)^2}{L^2} = \frac{\pi}{4(n^2-1)}$$

18-5 다음 그림을 보자.

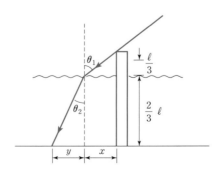

굴절에 대한 스넬의 법칙에 의해

$$1 \times \sin \theta_1 = n \times \sin \theta_2 \qquad \text{①}$$

그림자의 길이를 S라 하면 $S = x + y$ 이고

$$x = \frac{l}{3} \tan \theta_1, \quad y = \frac{2l}{3} \tan \theta_2$$

이므로

$$S = \frac{l}{3} \tan \theta_1 + \frac{2l}{3} \tan \theta_2 \qquad \text{②}$$

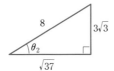

①에서 $\theta_1 = 60°$ 이므로

$$\frac{4}{3} \sin \theta_2 = \frac{\sqrt{3}}{2} \qquad \therefore \ \sin \theta_2 = \frac{3\sqrt{3}}{8} \qquad \text{③}$$

$$\tan \theta_2 = \frac{3\sqrt{3}}{\sqrt{37}}$$

$$\therefore \ S = \frac{l}{3}\sqrt{3} + \frac{2l}{3} \cdot \frac{3\sqrt{3}}{\sqrt{37}}$$

18-6 전등에서 연직아래로 내려간 광선과 전등에서 비스듬히 물에 입사한 광선을 그리면 다음과 같이 상이 만들어진다.

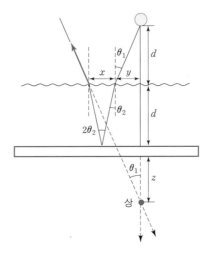

전등에서 수직방향 근처의 광선이므로 θ_1은 아주 작다.

$$\therefore\ \tan\theta_1 \approx\ \sin\theta_1 \approx\ \theta_1 \qquad\qquad ①$$

$\tan\theta_1 = \dfrac{x+y}{d+z}$ 에서 ①을 쓰면

$$z = \frac{x+y}{\theta_1} - d \qquad\qquad ②$$

또한

$$y = d\tan\theta_1 \approx\ d\theta_1,$$

$$x = 2d\tan\theta_2 \approx\ 2d\theta_2 \qquad\qquad ③$$

③을 ②에 넣으면

$$Z = \frac{d\theta_1 + 2d\theta_2}{\theta_1} - d = 2d\frac{\theta_2}{\theta_1} \qquad\qquad ④$$

한편 스넬법칙에서 $1\times\sin\theta_1 = n\times\sin\theta_2$는 $\theta_1 \approx\ n\theta_2$이므로

$$Z = \frac{2d}{n}$$

$\therefore$ 거울 밑 $\dfrac{2d}{n}$ 지점에 상이 생긴다.

18-7 다음 그림을 보자.

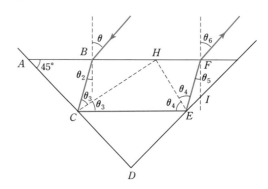

$1\times\sin\theta = n\times\sin\theta_2$에서

$$\sin\theta_2 = \frac{1}{n}\sin\theta \qquad\qquad ①$$

$\triangle$ ABC에서

$$45° + (90° - \theta_2) + (90° - \theta_3) = 180°$$

$$\theta_3 = 45° - \theta_2 \qquad\qquad ②$$

$\triangle$ CEH에서 $\theta_3 + \theta_4 = 90°$이므로

$$\theta_4 = 45° + \theta_2 \qquad\qquad\qquad ③$$

△FEI에서 ∠FIG=45°이고 ∠FEI=90°−θ_4이므로

$$45° = \theta_5 + (90° - \theta_4) \qquad ∴\quad \theta_5 = \theta_2 \qquad\qquad ④$$

한편 $n \times \sin \theta_5 = 1 \times \sin \theta_6$에서

$$\sin \theta_6 = n \times \sin \theta_2 = n \times \frac{1}{n} \sin \theta = \sin \theta$$

$$∴\quad \theta_6 = \theta$$

18−8 다음 그림을 보자.

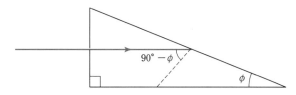

전반사 조건에 의해

$$n \sin (90° - \phi) \geqq 1$$

$$n \cos \phi \geqq 1$$

$$\cos \phi \geqq \frac{1}{n}$$

18−9 다음 그림을 보자.

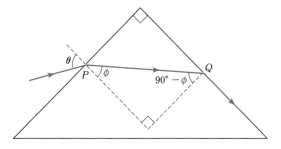

P점에서 스넬의 법칙에 의해

$$1 \times \sin \theta = n \times \sin \phi \qquad\qquad\qquad ①$$

Q에서 전반사의 임계각이 90°−ϕ이므로

$$n \times \sin (90° - \phi) = 1 \times \sin 90°$$

$$n \cos \phi = 1 \qquad\qquad\qquad\qquad ②$$

①, ②를 제곱하여 더하면

$$n^2 = 1 + \sin^2\theta \qquad \therefore \quad n = \sqrt{1 + \sin^2\theta}$$

18－10 단면의 옆모습을 그리면

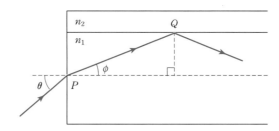

P에서 스넬의 법칙에 의해

$$1 \times \sin\theta = n_1 \sin\phi \qquad\qquad ①$$

Q에 입사되는 빛의 입사각은 $90° - \phi$이므로 이것이 전반사 조건을 만족하려면

$$n_1 \sin(90° - \phi) \geqq n_2 \qquad \therefore \quad n_1 \cos\phi \geqq n_2 \qquad\qquad ②$$

①, ②를 제곱하여 더하면

$$n_1{}^2 \geqq n_2{}^2 + \sin^2\theta$$

$$\therefore \quad \sin^2\theta \leqq n_1{}^2 - n_2{}^2$$

$$\therefore \quad \sin\theta \leqq \sqrt{n_1{}^2 - n_2{}^2}$$

$$\therefore \quad \sin\theta의 \ 최대값은 \ \sqrt{n_1{}^2 - n_2{}^2} 이다.$$

18－11 $\sin\theta_c = \dfrac{R}{\sqrt{R^2 + d^2}} = \dfrac{1}{n} = \dfrac{3}{4}$

$$\therefore \quad R = \sqrt{\frac{9}{7}}\, d$$

18－12 $1 \times \sin 30° = 1.5 \sin\theta \qquad \therefore \quad \sin\theta = \dfrac{1}{3}$

$$\theta + \varphi + 120° = 180° \qquad \therefore \quad \varphi = 60° - \theta$$

$$\frac{3}{2} \sin\varphi = 1 \times \sin\theta'$$

$$\therefore \quad \sin\theta' = \frac{3}{2} \sin(60° - \theta)$$

$$= \frac{3}{2}(\sin 60° \cos\theta - \cos 60° \sin\theta)$$

$$= \frac{3}{2}\left(\frac{\sqrt{3}}{2} \cdot \frac{2\sqrt{2}}{3} - \frac{1}{2} \cdot \frac{1}{3}\right) = \frac{2\sqrt{6} - 1}{4}$$

18-13 액체의 굴절률을 n이라 하면

$$\sin 60° \geqq \sin\theta_C = \frac{n}{\frac{4}{3}}$$

$$n \leqq \frac{4}{3} \times \sin 60° = \frac{2\sqrt{3}}{3}$$

$\mathcal{C}$hapter 19 거울과 렌즈

19-1 AB의 상 A′B′을 E에서 보기위한 거울의 최소길이는 CD이다.

△ EA′B′과 △ ECD 는 닮음이므로

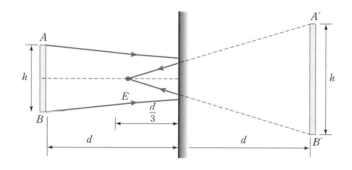

$$\frac{CD}{A'B'} = \frac{\dfrac{d}{3}}{d+\dfrac{d}{3}} = \frac{1}{4}$$

$$\therefore \quad CD = \frac{1}{4}\,A'B' = \frac{1}{4}\,h$$

19-2 다음 그림을 보라.

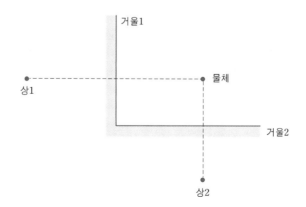

우선 2개의 거울에 대한 상1과 상2가 생긴다.

또한 두 거울을 모두 부딪친 상이 다음과 같이 만들어진다.

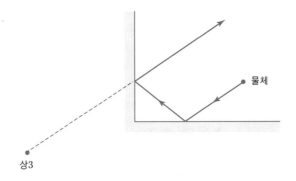

따라서 상은 모두 3개 생기며 다음과 같다.

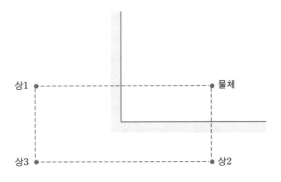

19－3

A, B의 상의 위치를 각각 i_A, i_B라 하면 $\dfrac{1}{3a+L} + \dfrac{1}{i_A} = \dfrac{1}{-2a}$ 에서

$$\frac{1}{i_A} = -\frac{1}{2a} - \frac{1}{3a+L} = -\frac{5a+L}{2a(3a+L)}$$

$$\therefore \ i_A = -\frac{2a(3a+L)}{5a+L}$$

$\dfrac{1}{3a} + \dfrac{1}{i_B} = -\dfrac{1}{2a}$ 에서

$$\frac{1}{i_{\rm B}} = -\left(\frac{1}{2a} + \frac{1}{3a}\right) = -\frac{5}{6a}$$

$$\therefore \quad i_{\rm B} = -\frac{6}{5}a$$

따라서 상의 길이를 L'이라 하면

$$L' = |i_{\rm A} - i_{\rm B}| = \left| -\frac{2a(3a+L)}{5a+L} + \frac{6a}{5} \right| = \frac{4aL}{5(5a+L)}$$

19-4 $n_1 = n = 1.5$, $n_2 = 1$이고 $P = 3$, $r = 1$이므로 $\dfrac{n_1}{P} + \dfrac{n_2}{i} = \dfrac{n_2 - n_1}{r}$ 에 넣으면

$$\frac{1.5}{3} + \frac{1}{i} = \frac{1-1.5}{1}$$

$$\therefore \quad i = -1$$

따라서 0에서 오른쪽으로 2cm인 곳에 상이 생긴다.

19-5 두면의 곡률의 중심이 모두 왼쪽에 있으므로

$$r_1 = -\infty \qquad r_2 = -0.2$$

$$\frac{1}{f} = (n-1)\left(\frac{1}{r_1} - \frac{1}{r_2}\right)$$

$$= (1.5-1)\left(-\frac{1}{\infty} - \frac{1}{(-0.2)}\right)$$

$$= 2.5$$

$$\therefore \quad f = 0.4\,(\text{cm})$$

$\dfrac{1}{p} + \dfrac{1}{i} = \dfrac{1}{f}$ 에서 $p = 0.6$이므로

$$\frac{1}{i} = \frac{1}{0.4} - \frac{1}{0.6} = \frac{10}{12} \quad \therefore \quad i = 1.2\,(\text{cm})$$

즉 렌즈오른쪽 1.2cm 지점에 상이 생긴다.

19-6 다음 그림을 보라.

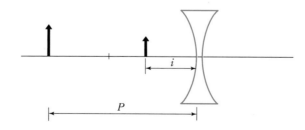

$P=30$, $f=-20$이므로 $\dfrac{1}{P}+\dfrac{1}{i}=\dfrac{1}{f}$에서

$$\dfrac{1}{30}+\dfrac{1}{i}=-\dfrac{1}{20} \qquad \therefore\ i=-12\,(\text{cm})$$

따라서 상은 렌즈에서 왼쪽으로 12cm인 곳에 생긴다.

19-7 렌즈 A에 대해 상위치를 i_A라 하면 $\dfrac{1}{P}+\dfrac{1}{i_A}=\dfrac{1}{f_A}$에서 $P=4$, $f_A=+2$ 이므로

$$\dfrac{1}{4}+\dfrac{1}{i_A}=\dfrac{1}{2} \quad \therefore\ i_A=4\,(\text{cm})$$

따라서 A에 의한 상은 렌즈 B의 오른쪽 2cm인 지점에 놓인다. 이 상이 렌즈 B에 대해 물체처럼 작용하며 렌즈 B의 오른쪽에 있으므로 $P_B=-2$, $f_B=-3$이다.

$$\therefore\ \dfrac{1}{-2}+\dfrac{1}{i_B}=-\dfrac{1}{3} \quad \therefore\ i_B=6\,(\text{cm})$$

즉 렌즈 B에 대한 상은 렌즈 B의 오른쪽 6cm 지점에 있다. 이것은 거울 C의 오른쪽 4cm 지점에 있고 이상이 거울에 대해 물체처럼 작용하므로 $P_C=-4$이고 $f_C=-3$이므로

$$\dfrac{1}{-4}+\dfrac{1}{i_C}=-\dfrac{1}{3}\text{에서}\quad i_C=-12\,(\text{cm})$$

즉 상은 거울에서 오른쪽으로 12cm 지점이며 허상이다.

19-8 다음 그림을 보자.

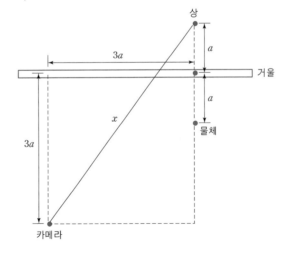

피타고라스 정리를 쓰면

$$x^2 = (3a)^2 + (4a)^2 = 25a^2$$

$$\therefore \quad x = 5a$$

19−9 처음 B가 S에게 보이는 순간은 그림과 같다.

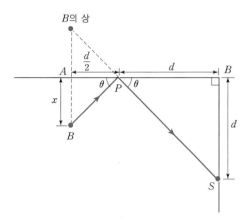

△APB와 △BPS는 닮음이므로

$$\frac{\dfrac{d}{2}}{x} = \frac{d}{d} \qquad \therefore \quad x = \frac{d}{2}$$

19−10 S의 상은 그리면 다음과 같다.

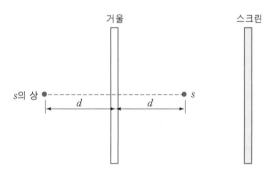

따라서 스크린 중심에 생기는 빛의 세기는 S에 의한 빛의 세기와 S의 상에 의한 빛의 세기의 합이 된다. 빛의 세기와 S의 상에 의한 빛의 세기의 합이 된다. 빛의 세기는 스크린으로부터의 거리의 제곱에 반비례하므로 S에 의한 빛의 세기는 $\dfrac{A}{d^2}$ 이고 S의 상에 의한 빛의 세기는 $\dfrac{A}{(3d)^2}$ 이다.

$$\therefore \quad \frac{A}{d^2} + \frac{A}{(3d)^2} = \frac{10}{9} \cdot \frac{A}{d^2}$$

따라서 빛의 세기는 $\dfrac{10}{9}$ 배가 된다.

19-11 $\dfrac{1}{f} \propto \left(\dfrac{1}{r_1} - \dfrac{1}{r_2} \right)$ 이다.

① r_1은 $(+)$ $r_2 = +\infty$ 이므로

$\quad f$는 $(+)$ $\qquad \therefore$ 수렴

② $r_1 = -\infty$, r_2는 $(+)$ 이므로

$\quad f$는 $(-)$ $\qquad \therefore$ 발산

③ $\dfrac{1}{f} \propto \dfrac{r_2 - r_1}{r_1 r_2}$ 이고 $r_1, r_2 > 0$ 이며 $r_1 < r_2$ 이므로

$\quad f$는 $(+)$ $\qquad \therefore$ 수렴

④ $\dfrac{1}{f} \propto \dfrac{r_2 - r_1}{r_1 r_2}$ 이고 $r_1, r_2 > 0$ 이며 $r_1 > r_2$ 이므로

$\quad f$는 $(-)$ $\qquad \therefore$ 발산

19-12 그림을 보자.

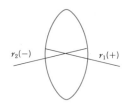

$r_2 = -2r_1$ 이라면 $\dfrac{1}{f} = (n-1) \left(\dfrac{1}{r_1} - \dfrac{1}{r_2} \right)$ 에서

$$\frac{1}{100} = (1.5 - 1)\left(\frac{1}{r_1} + \frac{1}{2r_1} \right)$$

$$\therefore \ r_1 = 0.75 \times 10^{-2} \, (\text{m})$$

19-13 렌즈에 의한 상을 i_L 이라 하면

$$\frac{1}{2f} + \frac{1}{i_L} = \frac{1}{f}$$

$$\therefore \ i_L = 2f$$

렌즈의 상은 렌즈의 오른쪽 $2f$ 위치에 생긴다.

이것이 거울에 대한 물체이므로 거울까지의 물체거리는 $P = +2f$ 이고 거울의 상을 i_M 이라 하면

$$\frac{1}{2f} + \frac{1}{i_M} = \frac{1}{f} \quad \therefore \ i_M = 2f$$

따라서 거울에 의한 상은 거울 왼쪽 $2f$ 지점에 생긴다.

따라서 물체로부터의 거리는 $4f$ 이다.

19 - 14 다음 그림을 보자.

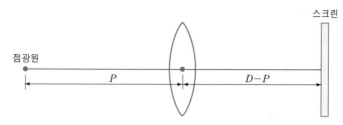

$\dfrac{1}{P} + \dfrac{1}{D-P} = \dfrac{1}{f}$ 에서

$$P^2 - Dp + Df = 0$$

이 두근을 P_1, P_2라 하면 ($P_1 < P_2$)

$$P_1 + P_2 = D, \quad P_1 P_2 = Df$$

두 위치 사이 거리를 d라 하면

$$d = P_2 - P_1 = \sqrt{(P_1 + P_2)^2 - 4P_1 P_2} = \sqrt{D^2 - 4Df}$$

19 - 15 볼록거울에서

$$\frac{1}{P_1} + \frac{1}{i_1} = \frac{1}{f_1} \text{에서} \quad f_1 = \frac{-r_1}{2} = -\frac{0.4}{2} = -0.2$$

이고 $P_1 = 0.6 - x$

$$\therefore \ \frac{1}{0.6 - x} + \frac{1}{i_i} = -\frac{1}{0.2}$$

$$\therefore \ i_1 = -0.2 \times \frac{0.6 - x}{0.8 - x} \ (<0)$$

따라서 볼록거울에 의한 상은 볼록거울의 왼쪽 $|i_1|$거리인 곳에 있다. 따라서 오목거울에 대해서

$$P_2 = |i_1| + 0.6 = 0.2 \times \frac{0.6 - x}{0.8 - x} + 0.6 = \frac{0.6 - 0.8x}{0.8 - x}$$

$i_2 = +x$이므로

$$\frac{1}{P_2} + \frac{1}{i_2} = \frac{1}{f_2} \text{에서} \quad f_2 = \frac{+r_2}{2} = \frac{0.4}{2} = 0.2$$

이므로

$$\frac{0.8-x}{0.6-0.8x} + \frac{1}{x} = \frac{1}{0.2}$$

$$\therefore \quad x = \frac{1-\sqrt{0.2}}{2} \text{ (m)}$$

19－16 $\frac{1}{30} + \frac{1}{i_1} = \frac{1}{20}$ 에서 $i_1 = 60 \text{ (cm)}$, $m_1 = \frac{60}{30} = 2$

볼록렌즈의 상이 오목렌즈의 오른쪽에 20cm 지점이므로 허물체로 다루어야 한다.

$$\therefore \quad P_2 = -20$$

$$-\frac{1}{20} + \frac{1}{i_2} = -\frac{1}{60} \quad \therefore \quad i_2 = 30 \text{ (cm)}, \quad m_2 = \left| \frac{30}{20} \right| = \frac{3}{2}$$

상의 위치는 오목렌즈의 오른쪽 30cm이고 배율 m은

$$m = m_1 \times m_2 = 2 \times \frac{3}{2} = 3$$

19－17 $\frac{dp}{dt} = 5 \text{ (cm/s)}$, $f = 10$에서 $\frac{1}{p} + \frac{1}{i} = \frac{1}{f}$ 을 쓰면

$$i = \frac{fp}{p-f} = \frac{10p}{p-10}$$

$$\therefore \quad \frac{di}{dt} = \frac{10(p-10-p)}{(p-10)^2} \frac{dp}{dt}$$

$$= \frac{-100 \times 5}{(p-10)^2} = -\frac{500}{(p-10)^2} \text{ (cm/s)}$$

Chapter20 파동광학

20－1 굴절률이 4인 매질 속의 파동수는 $\frac{4}{\lambda} \times L = \frac{4L}{\lambda}$ 이고 굴절률이 n인 매질 속의 파동수는 $\frac{n}{\lambda} \times 3L = \frac{3nL}{\lambda}$ 이다.

이들의 위상차 $\triangle \phi = 0$이므로

$$\triangle \phi = 2\pi \left(\frac{3nL}{\lambda} - \frac{4L}{\lambda} \right) = 0 \qquad \therefore \quad n = \frac{4}{3}$$

따라서 굴절률 n인 매질의 파동수는

$$\frac{3 \times \frac{4}{3} \times L}{\lambda} = \frac{4L}{\lambda}$$

이다.

20−2

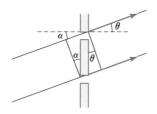

경로차는 $d\sin\theta - d\sin\alpha$이므로 보강간섭이 일어나면

$$d(\sin\theta - \sin\alpha) = m\lambda \ (m=0, 1, 2, \cdots)$$

20−3 7개의 어두운 곳이 있다. 즉, 소멸간섭이 일어나는 곳이 7개이다.

소멸간섭조건 $2\times(간격) = m\lambda$에서 $m=0, 1, 2, 3, 4, 5, 6$

간격의 최대값은 d이고 m의 최대값은 6이므로

$$2d = 6\lambda$$

$$\therefore \ d = \frac{6}{2}\lambda = 3\lambda$$

20−4 $\triangle r = r_{m+1} - r_m$

$$= \sqrt{\frac{(2m+3)\lambda R}{2}} - \sqrt{\frac{(2m+1)\lambda R}{2}}$$

$$= \sqrt{\frac{\lambda R}{2}}(\sqrt{2m+3} - \sqrt{2m+1})$$

$$= \sqrt{\frac{\lambda R}{2}}\left(\sqrt{2m}\left(1+\frac{3}{2m}\right)^{\frac{1}{2}} - \sqrt{2m}\left(1+\frac{1}{2m}\right)^{\frac{1}{2}}\right)$$

$$\cong \sqrt{m\lambda R}\left\{1 + \frac{1}{2}\cdot\left(\frac{3}{2m}\right) - \left(1 + \frac{1}{2}\cdot\frac{1}{2m}\right)\right\}$$

$$= \sqrt{m\lambda R}\times\frac{1}{2m} = \frac{1}{2}\sqrt{\frac{\lambda R}{m}}$$

20−5 위상차를 $\triangle\phi$라 하면 소멸간섭조건에서

$$\phi = \frac{2\pi}{\lambda}\times(경로차)$$

$$= \frac{2\pi}{\lambda}\left(\sqrt{d^2 + x_m{}^2} - x_m\right) = (2m+1)\pi$$

$$\therefore \ \sqrt{d^2 + x_m{}^2} = x_m + \frac{2}{\lambda}(2m+1)$$

$$\therefore \ d^2 + x_m{}^2 = \left(x_m + \frac{2}{\lambda}(2m+1)\right)^2$$

$$\therefore \ x_m = \frac{d^2}{(2m+1)\lambda} - \frac{(2m+1)\lambda}{4}$$

$m = 0$일 때 x_m이 최대가 되므로

$$(x_m)_{최대} = x_o = \frac{d^2}{\lambda} - \frac{\lambda}{4}$$

20-6 처음 빛과 두 번 반사한 빛의 위상차는 π이고 경로차는 $2L$이므로

$$\triangle \phi = \frac{2\pi}{\lambda} \cdot 2L = \pi \qquad \therefore L = \frac{\lambda}{4}$$

20-7 두께를 kL이라 하면

보강간섭 조건 $2kL = \left(m + \frac{1}{2}\right) \cdot \frac{\lambda}{n}$ 에서

$$k = \frac{\left(m + \frac{1}{2}\right)\lambda}{2nL} = \frac{2m+1}{40}$$

따라서 $m = 2$일 때 $k = \frac{1}{8}$ 은 보강간섭조건을 만족하므로 답은 ④이다.

20-8 $E_1 + E_2 = E_0(\sin wt + \sin(wt + \phi))$

$$= E_o \cdot 2 \sin\left(\frac{2wt + \phi}{2}\right) \cos\left(-\frac{\phi}{2}\right)$$

$$= 2E_o \cos\frac{\phi}{2} \cdot \sin\left(wt + \frac{\phi}{2}\right)$$

$\therefore$ 새로운 진폭은 $2E_o \cos\frac{\phi}{2}$ 이다.

20-9 경로차 $= d\sin\phi + d\sin\theta$이므로 극대조건은

$$d(\sin\phi + \sin\theta) = m\lambda \quad (m = 0, 1, 2 \cdots)$$

20-10 $\lambda = \frac{c}{\nu} = \frac{3 \times 10^8}{7.5 \times 10^6} = 40 \, (m)$

(경로차) $= (110 - x) - x = 110 - 2x$

$110 - 2x = n\lambda \quad (n = 0, \pm 1, \pm 2 \cdots)$에서

$110 - 2x = 0, \pm 40, \pm 80, \cdots\cdots$

$\therefore x = 15, 35, 55, 75, 95$ (단위 m)

20-11 $\frac{y}{x} = \frac{h}{L}$ 에서 $x = \frac{Ly}{h}$

보강간섭 조건에서

$$2y_m = \frac{\lambda}{2}(2m + 1)$$

$$2y_{m+1} = \frac{\lambda}{2}\{2(m+1)+1\}$$

$$\therefore \quad \triangle y = y_{m+1} - y_m = \frac{\lambda}{2}$$

$$\therefore \quad \triangle x = \frac{L}{h}\,\triangle y = \frac{L}{h}\cdot\frac{\lambda}{2} = \frac{\lambda L}{2h}$$

20-12 $2t = \dfrac{\lambda}{2}(2m+1)$에 $m=2$를 넣으면

$$2t = \frac{5}{2}\lambda \quad \therefore \quad t = \frac{5}{4}\lambda$$

$r^2 + (R-t)^2 = R^2$에서

$$r = \sqrt{2Rt - t^2} = \sqrt{2R\cdot\left(\frac{5}{4}\lambda\right) - \left(\frac{5}{4}\lambda\right)^2} = 1.5\times10^{-3}\,(\mathrm{m})$$

$\mathcal{C}$hapter 21 양자론과 원자모형

21-1 광전자의 최대 속력을 $v_{\max}$라 하면

$$K_{\max} = eV \quad (e\text{는 전자의 전하량})$$

이고 $K_{\max} = \dfrac{1}{2}\,mv_{\max}^{\,2}$

$$\therefore \quad \frac{1}{2}\,mv_{\max}^{\,2} = eV$$

$$\therefore \quad v_{\max} = \sqrt{\frac{2eV}{m}}$$

21-2 $P = \displaystyle\int_0^\infty \frac{8\pi h\nu^3}{c^3}\,\frac{1}{e^{\frac{h\nu}{kT}} - 1}\,d\nu$

$\dfrac{h\nu}{kT} = x$라 두면 $\nu = \dfrac{kT}{h}\,x$이므로

$$P = \int_0^\infty \frac{8\pi h}{c^3}\left(\frac{kT}{h}\,x\right)^3 \frac{1}{e^x - 1}\left(\frac{kT}{h}\right)dx$$

$$= \frac{8\pi h}{c^3}\left(\frac{kT}{h}\right)^4 \int_0^\infty \frac{x^3}{e^x - 1}\,dx$$

$$= \frac{\pi^4}{15}\cdot\frac{8\pi h}{c^3}\cdot\frac{k^4}{h^4}\,T^4 = \frac{8\pi^5 k^4}{15\,c^3 h^3}\,T^4$$

21−3　$(손실률) = \dfrac{\lambda' - \lambda}{\lambda'} = 0.75 = \dfrac{3}{4}$

$$\therefore \ \lambda' = 4\lambda$$

$\therefore$ 파장은 네 배 길어진다.

21−4　$\varDelta x = 15\text{m}$이므로

$$\varDelta p = \frac{\hbar}{\varDelta x} = \frac{1.05 \times 10^{-34}}{15} \fallingdotseq 7 \times 10^{-36}\,(\text{kg} \cdot \text{m/s})$$

$$\varDelta v = \frac{\varDelta p}{m} = \frac{7 \times 10^{-36}}{0.1} = 7 \times 10^{-35}\,(\text{m/s})$$

21−5　$v_n = \dfrac{n\hbar}{mr_n} = \dfrac{\dfrac{nh}{2\pi}}{m\left(\dfrac{h^2 \varepsilon_0}{\pi m e^2}\right)n^2} = \dfrac{e^2}{2h\varepsilon_0 n}$

21−6　광자가 공 표면에 흡수되는 비율을 R이라고 하면

$$R = \frac{P}{hf} = \frac{P}{h\left(\dfrac{c}{\lambda}\right)} = \frac{P\lambda}{hc}$$

$\therefore$ 초당 R개의 광자가 흡수된다.

21−7　$E = hf = \dfrac{hc}{\lambda} = \dfrac{1240\,eV \cdot nm}{300\,nm} = 4.13\,eV$

$\therefore K_{\max} = hf - \varPhi = 4.13 - 2.46 = 1.67\,eV$

21−8　$\lambda = \dfrac{h}{p} = \dfrac{h}{m_e v} = \dfrac{6.63 \times 10^{-34}}{(9.1 \times 10^{-31}) \times (1.0 \times 10^7)} = 7.28 \times 10^{-11}\,(\text{m})$

21−9　$K = \dfrac{p^2}{2m}$　$\therefore \ p = \sqrt{2mK}$

$$\therefore \ \lambda = \frac{h}{p} = \frac{h}{\sqrt{2mK}}$$

21−10　전자의 질량을 m_e라고 하면

$$m_e a = m_e \frac{v^2}{r} = \frac{1}{4\pi\varepsilon_0} \frac{e^2}{r^2}$$

①

$$E = -\frac{e^2}{4\pi\varepsilon_0 r} + \frac{1}{2} m_e v^2 \qquad ②$$

①을 ②에 넣으면

$$E = -\frac{e^2}{8\pi\varepsilon_0 r}$$

$$\frac{dE}{dt} = +\frac{e^2}{8\pi\varepsilon_0 r^2} \frac{dr}{dt} = -\frac{1}{6\pi\varepsilon_0} \frac{e^2 a^2}{c^3}$$

$$\therefore \frac{dr}{dt} = -\frac{e^4}{12\pi^2 \varepsilon_0^2 r^2 m_e^2 c^3}$$

따라서 r은 시간에 따라 점점 감소한다.

21-11 $\dfrac{1}{\lambda} = R\left(\dfrac{1}{1^2} - \dfrac{1}{2^2}\right) = \dfrac{3}{4} R$

$\therefore \lambda = \dfrac{4}{3R} = \dfrac{4}{3\times 1.097\times 10^7} = 1.215\times 10^{-7}\,(\text{m}) = 121.5\times\,(\text{nm})$

21-12 $\dfrac{1}{\lambda} = R\left(\dfrac{1}{n^2} - \dfrac{1}{(n+1)^2}\right) = R\left(\dfrac{1}{n^2} - \dfrac{1}{n^2}\left(1+\dfrac{1}{n}\right)^{-2}\right)$

$\approx R\left(\dfrac{1}{n^2} - \dfrac{1}{n^2}\left(1-\dfrac{2}{n}\right)\right) = \dfrac{2R}{n^3}$

$\therefore \lambda \approx \dfrac{n^3}{2R}$

21-13 만유인력이 구심력 역할을 하므로

$$G\frac{M_S M_E}{r^2} = M_E \frac{v^2}{r} \qquad ①$$

보어의 양자가설은

$$M_E v r = n\hbar \quad (n = 1,\, 2,\, 3,\, \cdots) \qquad ②$$

②를 ①에 대입하면

$$r = \frac{n^2 \hbar^2}{G M_S M_E^2}$$

21-14 $\lambda' - \lambda_0 = \dfrac{h}{m_e c}(1 - \cos\theta)$

$$E' = \frac{hc}{\lambda'} = \frac{hc}{\lambda_0 + \dfrac{h}{m_e c}(1 - \cos\theta)}$$

$$= \frac{hc}{\lambda_0}\left(1 + \frac{h}{m_e c \lambda_0}(1 - \cos\theta)\right)^{-1}$$

$$= \frac{hc}{\lambda_0}\left(1 + \frac{hc}{m_e c^2 \lambda_0}(1 - \cos\theta)\right)^{-1}$$

$$= E_0\left(1 + \frac{E_0}{m_e c^2}(1 - \cos\theta)\right)^{-1}$$

21-15 $E = \dfrac{p^2}{2m^2} + \dfrac{1}{2}kx^2$ 이고 $p = \dfrac{h}{x}$ 이므로

$$E = \frac{h^2}{2mx^2} + \frac{1}{2}kx^2$$

$$\frac{dE}{dx} = -\frac{h^2}{mx^3} + kx = 0 \text{에서}$$

$$x^4 = \frac{h^2}{mk}$$

즉, $x^2 = \dfrac{h}{\sqrt{mk}}$ 일 때 E 는 최소가 된다.

$$\therefore E_{\min} = \frac{h^2}{2m}\frac{\sqrt{mk}}{h} + \frac{1}{2}k\frac{h}{\sqrt{mk}}$$

$$= h\sqrt{\frac{k}{m}}$$

Chapter 22 핵과 방사선

22-1 $\rho = \dfrac{M}{V} = \dfrac{M}{\dfrac{4}{3}\pi r^3}$ (M = 지구의 질량)

$$r = \left(\frac{3M}{4\pi\rho}\right)^{\frac{1}{3}} = \left(\frac{3 \times 5.98 \times 10^{24}}{4\pi \times 2.3 \times 10^{17}}\right)^{\frac{1}{3}} \fallingdotseq 1.8 \times 10^2 \,(\text{m})$$

22−2 $22920 = 4 \times 5730$이다. 반감기가 한 번 경과하면 600개가 남고 다시 반감기만큼 시간이 경과하면 300개가 남고 다시 반감기만큼 시간이 흐르면 150개가 남고 다시 반감기만큼 시간이 흐르면 75개의 핵이 남는다.

22−3 붕괴에너지를 계산하면

$$Q = (M_U - M_{Pa} - M_H) \times 931.494 \text{ MeV/u}$$

$$= -7.68 \text{ MeV}$$

Q가 음수이므로 이런 붕괴과정은 일어나지 않는다.

22−4 $\lambda = \dfrac{\ln 2}{T_{\frac{1}{2}}} = \dfrac{0.693}{(5730\text{년}) \times (3.16 \times 10^7 \text{s/년})} = 3.83 \times 10^{-12} (\text{s}^{-1})$

$t = 0$일 때 붕괴율을 R_0라 하면 $R = R_0 e^{-\lambda t}$에서

$$-\lambda t = \ln\left(\frac{R}{R_0}\right) = \ln\left(\frac{250}{370}\right) = -0.39$$

$$\therefore \ t = \frac{0.39}{\lambda} = \frac{0.39}{3.84 \times 10^{-12}} = 1.0 \times 10^{11} (\text{s})$$

22−5 $\qquad Z_1 = 8Z_2$ ①

$\qquad\qquad N_1 = 5N_2$ ②

$\qquad\qquad N_1 = Z_1 + 4$ ③

$\qquad\qquad N_1 + Z_1 = 6(N_2 + Z_2)$ ④

④를 다시 쓰면

$$N_1 + Z_1 = 6\left(\frac{N_1}{5} + \frac{Z_1}{8}\right)$$

$$\therefore \ N_1 = \frac{5}{4}Z_1 \qquad\qquad ⑤$$

⑤를 ③에 넣으면

$$Z_1 + 4 = \frac{5}{4}Z_1$$

$$\therefore \ Z_1 = 16$$

$$\therefore \ Z_2 = \frac{1}{8} \times 16 = 2$$

핵 1의 원자번호는 16, 핵 2의 원자번호는 2이다.

22-6 $r = r_0 A^{\frac{1}{3}}$에서 A 대신 $8A$를 넣으면

$$r' = r_0 (8A)^{\frac{1}{3}} = 8^{\frac{1}{3}} \cdot r_0 A^{\frac{1}{3}} = 2r$$

∴ 2배로 된다.

22-7 $\dfrac{E_b}{A} = \dfrac{(1.008665 + 1.007825 - 2.014102) \times 931.494}{2}$

$$= 1.11 \,(\text{MeV/핵자})$$

22-8 $R = \lambda N = \dfrac{\ln 2}{5.27\,\text{년}} \times \dfrac{100\,\text{g}}{59.93\,\text{g/mol}} \times 6 \times 10^{23}$

$$= 1.32 \times 10^{21} \,(\text{붕괴/년})$$

$$= 4.18 \times 10^{13} \,(\text{붕괴/초})$$

$$= 4.18 \times 10^{13} \,\text{Bq}$$

22-9 t_1, t_2일 때 남은 핵의 수를 각각 N_1, N_2라 하면 t_1과 t_2 사이 동안 붕괴된 핵의 수는

$$N_1 - N_2 = N_0 \left(e^{-\lambda t_1} - e^{-\lambda t_2} \right)$$

$$\lambda = \frac{\ln 2}{\tau}$$

$\lambda N_0 = R_0$이므로

$$N_0 = \frac{R_0}{\lambda} = \frac{R_0 \tau}{\ln 2}$$

$$\therefore \ N_1 - N_2 = \frac{R_0 \tau}{\ln 2} \left(e^{-\frac{\ln 2}{\tau} t_1} - e^{-\frac{\ln 2}{\tau} t_2} \right)$$

22-10 감마붕괴에서는 질량수와 양성자수가 달라지지 않으므로 X는 $^{65}_{28}\text{N}_i$의 들뜬 상태이다.

22-11 알파붕괴에서는 질량수가 4 작아지고 양성자수가 2 작아진다. 원자번호 82번 원소는 Pb(납)이므로

$$\text{X} = {}^{211}_{82}\text{Pb}$$

22-12 이 베타붕괴에서는 원자번호가 하나 줄어든다. 그러므로 X의 원자번호는 27이므로 X는 $^{55}_{27}\text{C}_o$이다.

22−13
$$Q = (M_{Ca} - M_K - 2m_e) \times 931.494 \, (\text{MeV/u})$$
$$= (39.962591 - 39.963999 - 2 \times 0.000549) \times 931.494$$
$$= -2.33 \, (\text{MeV})$$

Q가 음수이므로 이 붕괴는 일어나지 않는다.

22−14
$$Q = (91.905287 - 93.905088 - 4.002603) \times 931.494$$
$$= -2.24 \, (\text{MeV})$$

Q가 음수이므로 이 붕괴는 일어나지 않는다.

22−15
$$Q = (143.910083 - 139.905434 - 4.002603) \times 931.494$$
$$= 1.91 \, (\text{MeV})$$

Q가 양수이므로 이 붕괴는 일어난다.

|저자소개|

정완상

서울대학교 졸업

한국과학기술원(KAIST) 물리학 박사

현재 경상대학교 물리학과 교수

대표저서 : 피즈의 물리여행, GoGo과학특공대 외 다수

퍼펙트 물리 개정판

1판 1쇄 인쇄 | 2006년 2월 25일
1판 4쇄 발행 | 2009년 3월 10일
개정판 10쇄 발행 | 2023년 3월 25일

지은이 | 정 완 상
펴낸이 | 조 승 식
펴낸곳 | (주)도서출판 북스힐

등 록 | 1998년 7월 28일 제22-457호
주 소 | 서울시 강북구 한천로 153길 17
전 화 | (02) 994-0071
팩 스 | (02) 994-0073

홈페이지 | www.bookshill.com
이메일 | bookshill@bookshill.com

정가 18,000원
ISBN 978-89-5526-634-4